SNSマーケティングのやさしい教科書。

改訂3版

Facebook・Twitter・Instagram——
つながりでビジネスを加速する最新技術

株式会社グローバルリンクジャパン／清水将之 著

エムディエヌコーポレーション

はじめに

本書は、『SNSマーケティングのやさしい教科書。 Facebook・Twitter・Instagram――つながりでビジネスを加速する技術』(2016年10月発行) の改訂3版です。初版の発行時点からSNSはさらに世間に定着し、企業活用もより一般的なものとなりましたが、新たなSNSへの対応や仕様変更などでますます複雑なものに変化してきています。実際に弊社にも「SNSを運用できる人材が不足している」「効果が見えにくい」といったお問い合わせをいただくことがあります。従来はSNS自体の目新しさが先行していたため、各SNSの特性にあわせた運用を行っていないアカウントでもそれなりの効果がありました。しかし現在、それぞれのSNSの流儀を無視した運用方法で効果を期待するのは困難な状況になっています。

新たな導入や運用方法が困難な理由として、SNS自体の仕様が頻繁に変更されることに加え、ユーザーの使い方が日々変化していることも挙げられます。新たなSNSの機能を習得しても、実際に実践してみないとわからないケースが多々あるため、既存の広告サービスと違って効果予測が難しく、精度を向上させるためには社内のノウハウを蓄積していく必要があります。また、ユーザーと企業がコミュニケーションを取る場合、日々変化していくユーザーへの対応は運用ポリシーの枠に収まらないこともあり、効果的なコミュニケーション方法はまだまだ手探りの状態ではないでしょうか。

本書ではそういった状況にも対応すべく、SNS全体の様相から、導入・活用までがわかりやすくなるような改訂を行いました。どのように企業活用すれば良いのか悩んでいるみなさまのお役に立てれば幸いです。

最後に、本書にご協力いただいたすべての方に感謝致します。

株式会社グローバルリンクジャパン／清水将之

CONTENTS

CHAPTER 1
SNSマーケティングとは

CHAPTER 2
Facebookマーケティング

CHAPTER 3
Twitter マーケティング

CONTENTS

CHAPTER 4

Instagram マーケティング

CHAPTER 5

その他の マーケティング

YouTube・LINE・TikTok・Snapchat・Pinterest

CHAPTER 6

SNSマーケティングの分析と改善

CHAPTER 7

SNSマーケティング活用事例

本書の使い方

本書はSNSマーケティングについて知りたい方、実際に導入して活用してみたい方を対象に、基礎的なSNSマーケティングの知識から、Facebook、Twitter、Instagramをはじめとした SNSを活用したマーケティングの基本から、導入、運用、分析まで解説したSNSマーケティングの入門書です。本書は7つの章に分かれており、各ページは以下のように構成されています。

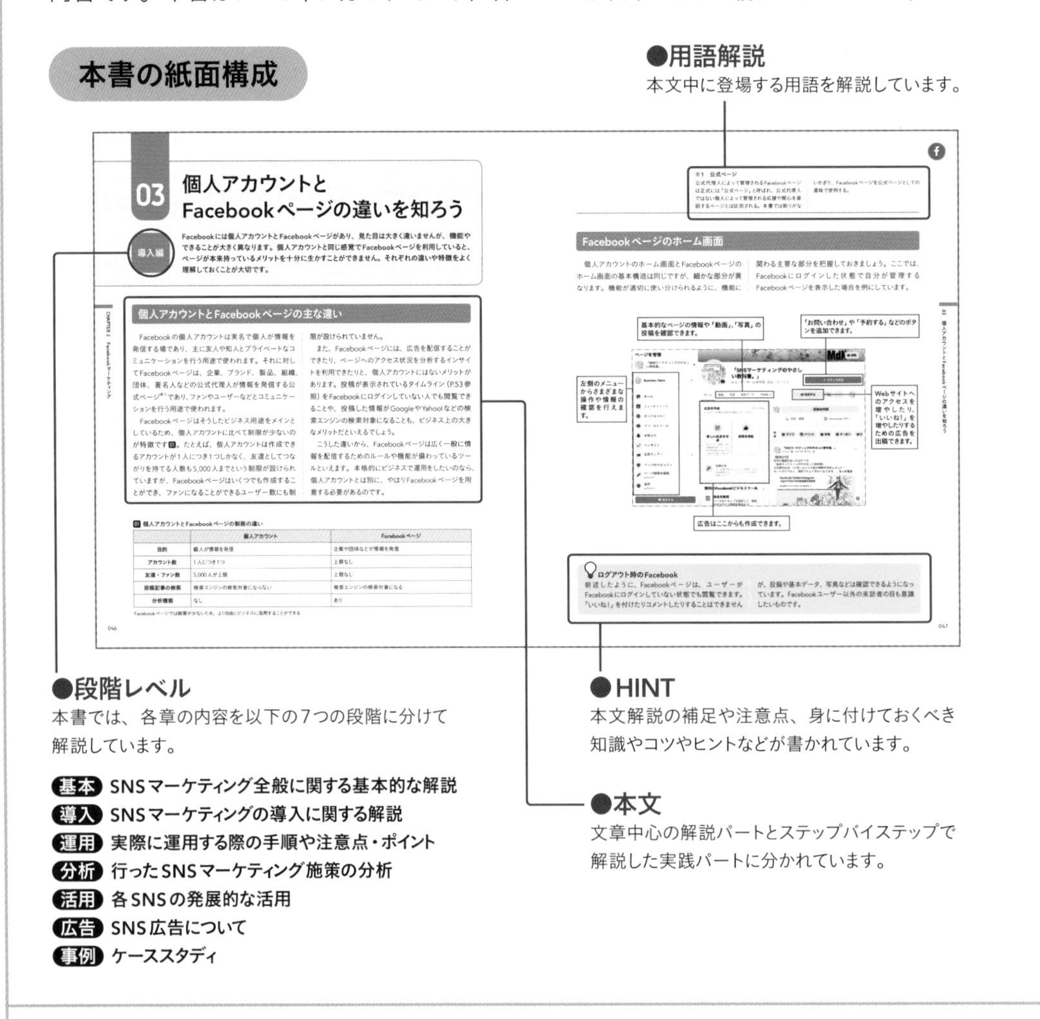

ご注意

本書に掲載されている情報は2021年9月現在のものです。以降の技術仕様の変更等により、記載されている内容が実際と異なる場合があります。また、本書に記載されている固有名詞・サイト名やURLについても、予告なく変更される場合があります。あらかじめご了承ください。

CHAPTER 1

SNSマーケティングとは

Webを活用したマーケティング手法が日々進化を続けている中で、Facebook やTwitterなどといった人気のSNSを活用する「SNSマーケティング」の存在感は現在も高まっています。どういった理由でSNSマーケティングが注目され、どのような活用が可能なのでしょうか。

01 Webマーケティングの現状を把握しよう

基本編

Webマーケティングの手法は、ITやメディア、社会の変化にともなって、目まぐるしく発展を続けています。そのような状況の中、さらに存在感を増しているのがSNS（ソーシャルネットワーキングサービス）の活用です。では、どのような背景からSNSの活用が注目され続けているのでしょうか。SNSの観点から、まずWebマーケティングの現状を把握しておきましょう。

Webマーケティングにおける SNS

Webマーケティングとひと口にいっても、SEO対策やWeb広告など、実にさまざまな施策があります。これらはITや社会の変化に応じて絶えず変化を遂げているため、まずは現在の主要な施策の状況から把握しておきましょう。

株式会社フルスピードの調査によれば、顧客獲得のためのWeb施策でもっとも高い割合を占めるのは「ホームページ上での商品・サービスなどの情報配信」です01。上位の施策を見るかぎり、商品・サービスなどの情報配信やSEO対策などで自社サイトに集客し、アクセス解析でWebサイト改善をしている企業が多いとうかがわれ、LINEやFacebookなどSNSを活用した施策は、これからスタンダードな施策になりつつある状況です。

その割合は37.1%と決して少ないわけではなく、SEO対策との差も8.7%程度であり、数年前に比べるとその差は僅差になりつつあります。さらに、経済産業省のソーシャルメディア活用に関する調査報告書によれば、ソーシャルメディアの活用目的として製品開発やサポート等での活用と比べて、販売促進（商品売り上げの向上、店舗誘導の増加、CRM戦略の一環）や認知向上（企業・商品ブランドの認知向上、理解促進）を目的にしている企業が圧倒的に多い状況です02。数年前まで効果に懐疑的だったSNSマーケティングも徐々にスタンダードな施策として認識されてきているのはないでしょうか。

01 企業が実施しているWebマーケティング施策

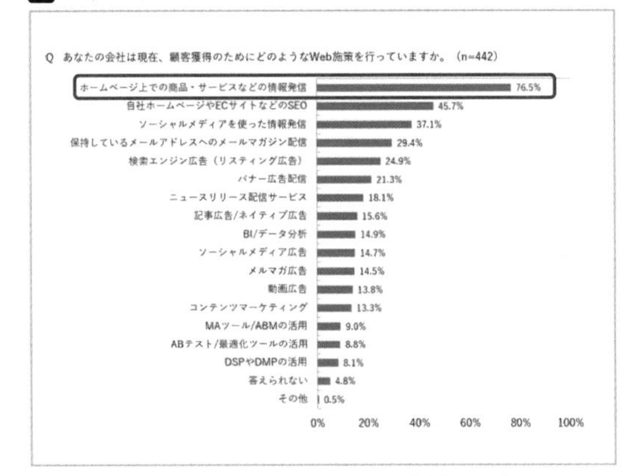

株式会社フルスピードによる企業のWebマーケティングに関する調査
http://www.fullspeed.co.jp/press/wp-content/uploads/2018/04/fullspeed_report01_20180405.pdf

02 大企業がもっとも効果があったと感じる施策

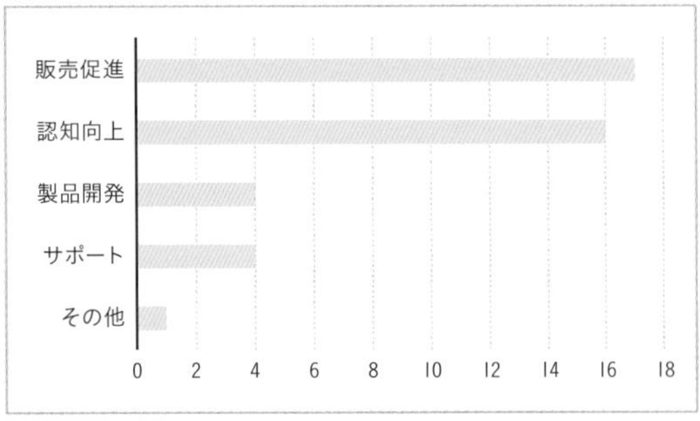

経済産業省のソーシャルメディア活用に関する調査報告

※1　SEO
GoogleやYahoo!などの検索エンジンの検索結果ページで、Webページが上位に載ることを目的として行う施策のこと。Search Engine Optimizationの略。

過熱するコンテンツマーケティング

　ところで、企業が実施しているWebマーケティング施策の中で、近年にわかに注目されているのがコンテンツマーケティングです。コンテンツマーケティングとは、ユーザーにとって必要とされるコンテンツを積極的に提供することで、顧客獲得を加速させるマーケティング手法です03。Webサイトを検索エンジンの上位に表示させるSEO対策においても、有用なコンテンツを提供することが非常に効果的になってきています。

　コンテンツマーケティングでは主に、自社サイトや自社ブログへの流入を目的とした施策と、SNSでの情報の拡散を目的とした施策がありますが、国内ではSNSを活用した施策が主流となっています。その意味でも、SNSを活用することが有効だといえるでしょう。

03 コンテンツマーケティングのイメージ

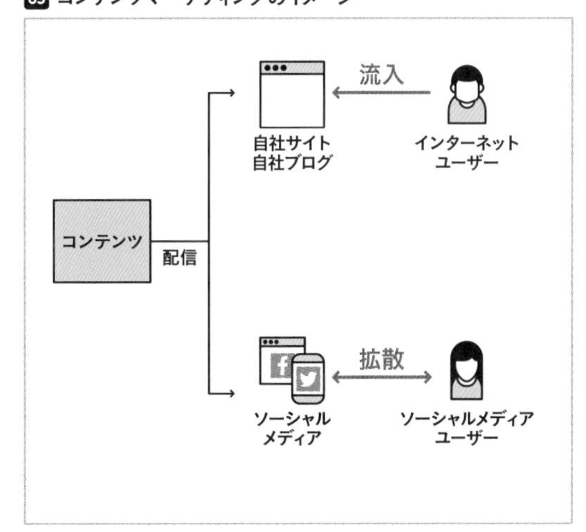

コンテンツマーケティングを行ううえでも、SNSの活用はますます重要になってきている

SNSユーザーの増加

　SNSユーザー数にも注目してみましょう。2015年末には約6,488万人だったSNSユーザー数は、2019年末には約7,786万人に増加しており、2022年末には約8,241万人にまで増加することが予想されています04。また、インターネット利用人口に対するSNSユーザーの割合は2019年末時点で78.2%となっており、インターネットユーザーの8割弱が利用しているこの状況を考えると、Webマーケティングにおいてやはり SNSは無視できない存在です。まだまだSNSが効果的に活用されていない今だからこそ、反対にうまく活用すればチャンスが広がるといえるでしょう。

04 日本におけるSNS利用者数

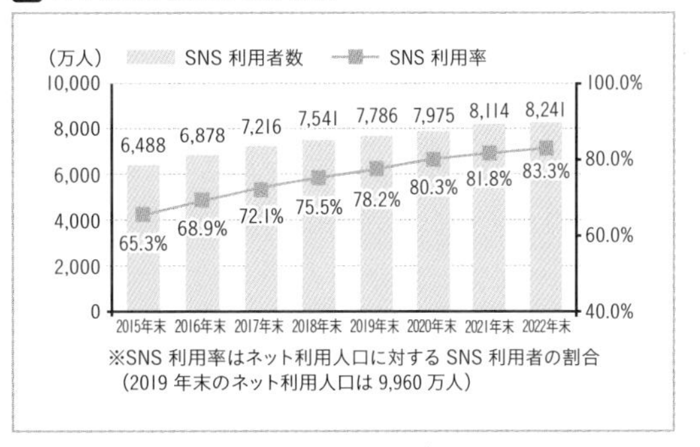

株式会社ICT総研によるマーケティングに関する調査
https://ictr.co.jp/report/20200729.html/

02 スマートフォンの普及で高まるSNSの存在感

基本編

前のセクションでは、Webマーケティングにおいて高まりつつあるSNSの存在感に触れました。ここではさらに詳しく、SNSがますます重要になってきている理由について、スマートフォンの普及とからめて解説します。SNSマーケティングを展開するうえでのヒントにもなるため、しっかりと把握しておきましょう。

パソコンからのインターネットユーザー数は減少傾向

総務省の調査(https://www.soumu.go.jp/johotsusintokei/whitepaper/ja/r02/html/nd252120.html)によれば、2019年末のインターネット利用者数は1億835万人であり、利用割合は前年から10%増加して89.8%となっています。パソコンとスマートフォンの内訳を見てみると、パソコンからの利用者数は2.2%増加しているのに対し、スマートフォンからの利用者は3.8%増加していることがわかります。このパソコンからスマートフォンへのユーザーの移行が、Webマーケティングを考えるうえで重要なポイントとなります。

企業のWeb担当者であれば、自社サイトのアクセスログを見る機会が多いと思いますが、新たな集客施策を打ち出していない場合、前年比で大幅にアクセス数が伸びている企業は少ないのではないでしょうか。筆者の会社でも、顧客のWebサイトのアクセス数を分析する機会がありますが、パソコン経由のユーザーの流入数が減少しているケースを目にする機会が増えてきました。

令和2年の「情報通信白書」を見ると、2017年ごろにはスマートフォンと拮抗していたパソコンの利用率は、かなり下がりました 01。数年前と同様の集客施策をしていたとしても、パソコンの利用者自体が減少しているため、アクセス数自体が減少しているケースが多いのではないでしょうか。

01 インターネット利用端末の種類

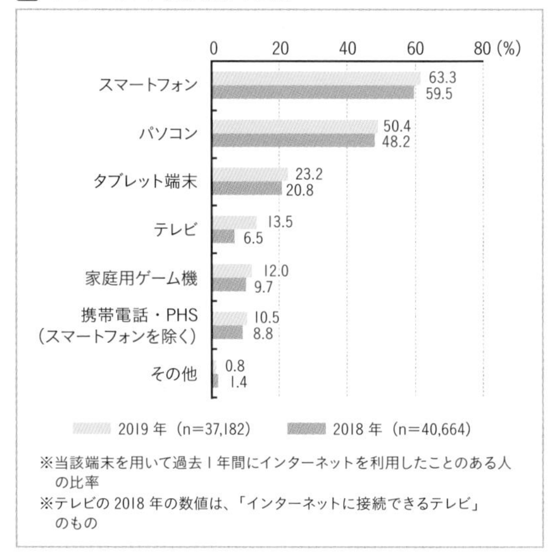

総務省の令和2年「情報通信白書」
https://www.soumu.go.jp/johotsusintokei/whitepaper/ja/r02/html/nd252120.html

スマートフォンからのインターネットユーザー数は増加傾向

一方、スマートフォン経由のインターネットサービス利用者数ランキングをみると、パソコンとは反対に、トップ10のうち9つのサービスでユーザー数が大幅に増加しています02。商材やサービスにもよりますが、一般的な傾向として、一般消費者を対象としたビジネス（B to C）のWebサイトでは、パソコン経由のユーザーが減少して、スマートフォン経由のユーザーが増加しているケースがとりわけ多いのではないでしょうか。

ここで注目したいのは、スマートフォン経由のインターネットサービスユーザーが増加しているということだけではありません。同ランキングを見ればわかるように、LINE、Facebook、TwitterといったSNSが、パソコンからよりも多く、スマートフォンから利用されているという事実です。

02 日本におけるスマートフォンからの利用者数 TOP10

ランク	サービス名	平均月間利用者数	対昨年増加率
1	Google	6,561万人	8%
2	Yahoo Japan	6,033万人	7%
3	LINE	5,816万人	11%
4	YouTube	5,330万人	14%
5	Facebook	4,617万人	18%
6	Rakuten	4,561万人	4%
7	Amazon	3,910万人	11%
8	Twitter	3,908万人	11%
9	Instagram	3,102万人	39%
10	Ameba	2,566万人	0%

ニールセン株式会社による2018年 日本のインターネットサービス利用者数ランキング（スマートフォン経由）
https://www.screens-lab.jp/article/12799

スマートフォンユーザーの約92%はSNSを利用している

そこで、スマートフォンにおけるアプリユーザー数ランキングを見てみましょう03。やはり1位はSNSのLINEで、2位以下と1,500万人以上もの大差を付けています。Facebookは9位、Twitterは7位であり、サービスのユーザー数と同様に、SNSアプリのユーザー数も大幅に増加しています。

さらに、総務省による調査（http://www.soumu.go.jp/main_content/000357568.pdf）では、平成26年のスマートフォンユーザーにおけるSNSユーザーの割合は、全年代では91.6%となっており、スマートフォンの普及にともなってSNSユーザーが増加しているという因果関係がわかります。

03 日本におけるスマートフォンアプリ利用者数 TOP10

ランク	サービス名 [App]	平均月間利用者数	対昨年増加率
1	LINE	5,528万人	11%
2	Google Maps	3,936万人	19%
3	YouTube	3,845万人	22%
4	Google App	3,465万人	16%
5	Gmail	3,309万人	17%
6	Google Play	3,136万人	6%
7	Twitter	2,875万人	14%
8	Yahoo! JAPAN	2,670万人	23%
9	Facebook	2,301万人	6%
10	McDonald's Japan	2,053万人	18%

ニールセン株式会社による2018年 日本のインターネットサービス利用者数ランキング（スマートフォン経由）
https://www.screens-lab.jp/article/12799

10 ～ 20代ではメールや電話よりもSNSが使われている

スマートフォンの普及によってSNSユーザーがますます増加しているとわかったところで、ユーザー層についても分析を深めてみましょう。トレンド総研が15 ～ 29歳の男女500人を対象に行ったインターネット調査を見ると、友人とのコミュニケーションツールとして、LINE、TwitterなどのSNSが、メールや電話以上に利用されているのがわかります04。インターネットやスマートフォンなどの環境が整えば、若者にかぎらずコミュニケーションのツールが変わるのは当然ですが、主な調査対象である10 ～ 20代の多くが、物心が付いたときには商用インターネットに触れていた「デジタルネイティブ」と呼ばれる世代であることに注目しましょう。この世代は新しいツールやアプリを積極的に利用する傾向があるため、SNSによるコミュニケーションが主流になるのは自然な流れと考えられます。

04 コミュニケーションツールとして利用しているソーシャルメディア

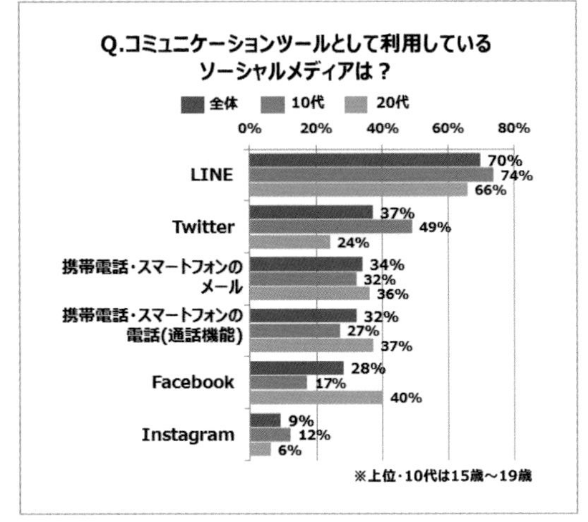

トレンド総研による「10 ～ 20代のコミュニケーション事情」に関する調査
http://www.trendsoken.com/report/mobile/1308/

高年齢層にはLINEやFacebookが人気

では、高年齢層の動向はどうでしょうか。ニュースでも「少子高齢化」という言葉を聞かない日のない昨今ですが、国勢調査によると、いまや日本の人口の4人に1人が65歳以上です。さらに、20年後には3人に1人が高齢者になるともいわれています。

今、その波がSNSにも押し寄せつつあります。総務省の調査を見ると、若年層に比べるとまだSNSの利用率は低いですが、それでもFacebookやLINEを中心に高年齢層に活用されていることがうかがえます05。Facebookでは高年齢層の利用率上昇にともない、年代別の広告配信システムに50代以上の区分を設けているほどです。若年層だけでなく、高年齢層をターゲットとしたビジネスでも、SNSの可能性が大いに感じられる状況だといえるでしょう。

05 世代別のSNS利用率

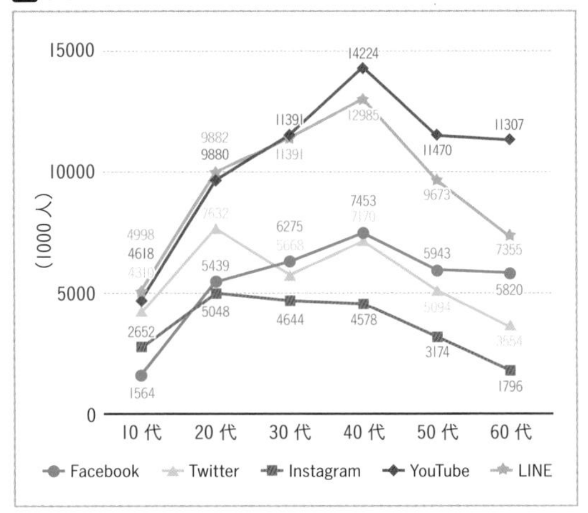

OgaWeb「2018年ソーシャルメディア（SNS）の年代別利用者比較」
https://www.make-light.work/web/2018sns/

企業がもっとも活用しているのはFacebook

これまでの解説で、SNSの存在感がもはや無視できないほどになっていることが再確認できたかと思います。そのためやはり企業としても積極的にSNSを活用すべきといえますが、この数年で新しいSNSが次々と登場し、消費者の好みや行動パターンも大きく移り変わってきました。ひと昔前のように、特定のサービスだけをおさえておけば大丈夫、といえる状況ではありません。

国内では2010年頃から企業のSNS活用が注目されてきましたが、当初は企業としてのアカウント（企業アカウント）を開設しただけで大きな話題になっていたものです。そうした状況から10年ほどが経ち、今日ではSNSユーザー数の増加も手伝って、企業アカウントを持つことは特段めずらしいことではなくなりました。その先の施策が続かなければ、うまく活用できない状況なのです。

アディッシュ株式会社によると、企業がもっとも活用しているSNSはFacebookです06。その他はTwitter、Instagram、YouTubeと続きます。一方、今後活用したいSNSとしては、Twitter、YouTube、LINEが増加傾向にありますが、中でもInstagramが大幅に増加していることは注目に値します07。

07 企業が今後活用したいSNS

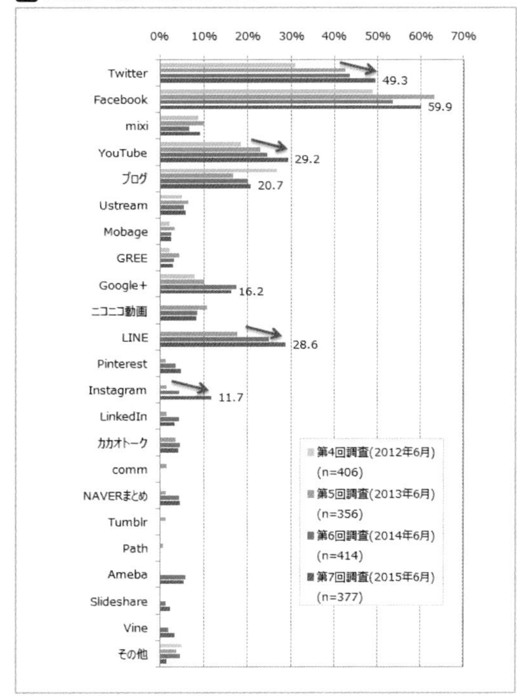

NTTコムリサーチによる「第7回 企業におけるソーシャルメディア活用に関する調査」
http://research.nttcoms.com/database/data/001978/

06 企業が活用しているSNS

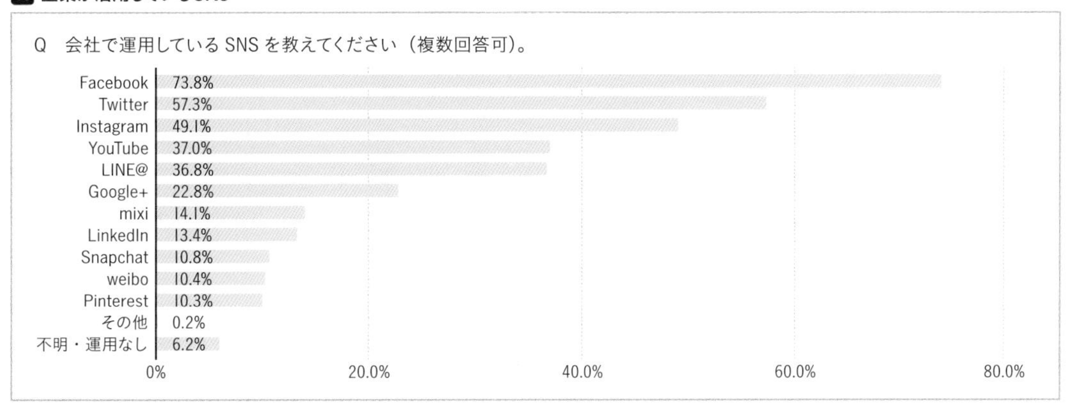

アディッシュ株式会社「1,051名の企業勤務者が回答するSNSビジネス活用とソーシャルリスク・炎上対策実態調査」
https://monitor.adish.co.jp/wp/wp-content/uploads/2019/02/research2019_download.pdf

03 SNSマーケティングとは

基本編

これまでに確認したように、SNSの重要性は見過ごせません。そこで、TwitterやFacebookなどのSNSを利用したマーケティング活動「SNSマーケティング」が大切になるのです。SNSを介してユーザーに有益なコンテンツを提供し、直接コミュニケーションを取ることで、ユーザーの満足度や企業の印象を向上させることが可能です。

SNSマーケティングはユーザー本位

SNSマーケティングを行ううえでもっとも注意したいのは、その本位とすべきは企業ではなく、ユーザーだということです。そのため従来の企業本位のWebマーケティングと同様の運用をしても、多くの場合、期待した効果は得られません。このことを理解するために、まずSNSマーケティングの概要を把握しましょう。01は、SNSマーケティングの一連の流れをまとめたものです。❶コンテンツを❷SNSに投稿することで、❸ユーザーに共感され、❹さらにユーザーの友達にコンテンツが共有されるしくみです。目的にもよりますが、結果として❺Webサイトのコンテンツへのユーザー流入が期待できるほか、SNSマーケティングの最大の特徴でもある❻エンゲージメント※1を得ることで、企業イメージや商品イメージの向上が期待できます。もちろんコンテンツによってはユーザーに共感されないこともあります。その場合は❸以降の流れが途絶えてしまうため、ユーザーを本位とし、いかに共感を得るかがポイントになるのです。

01 SNSマーケティングの流れ

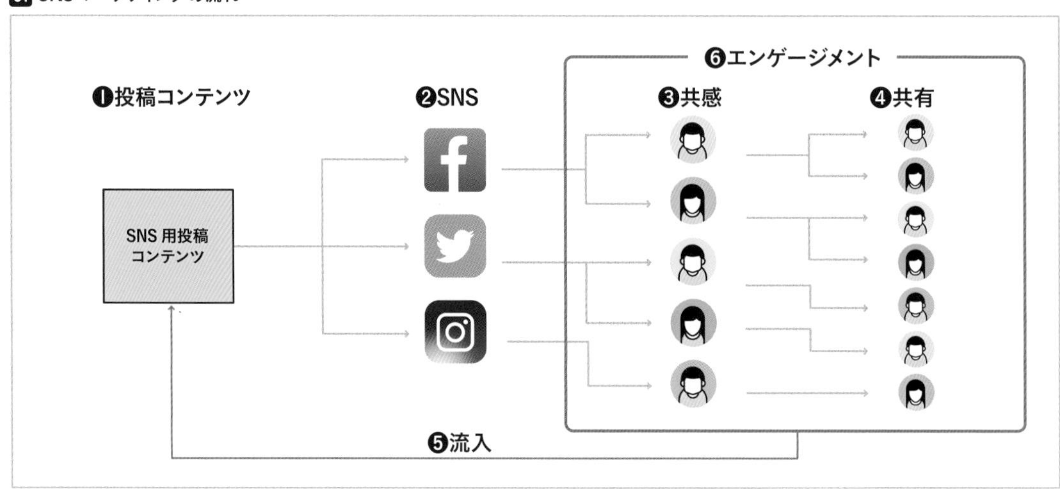

※1　エンゲージメント

企業もしくは商品やブランドと消費者の深い関係性を意味する「愛着度」。消費者は愛着のある対象に積極的に関与し、購買行動に出るため重要になる。SNSマーケティングが発達し、マーケティングに消費者の積極的な関与が見られるようになったことから、従来以上に注目する企業が増えている。効果指標として使う場合は、消費者の積極的な行動で広告などの効果を測ることをいう。

SNSマーケティングの効果

NTTコムリサーチによる「第7回 企業におけるソーシャルメディア活用に関する調査」を見ると、企業がSNSを運用したことで、多くの項目で着実に効果が表れていることが確認できます02。全体的には、問い合わせ・アクセス数、ユーザー増に大きな効果が見られるため、やはりSNSマーケティングが有用であると裏付けられた格好です。

なおこの調査では、2012年から2015年までの4年分のデータが確認できますが、「新規顧客が増加」という項目では、2012年の29.6%から58.4%に大きく上昇しています。「既存顧客のリピート率が向上」という項目で26.8%から53.8%に増えていることからも、売り上げに直結する効果があるといえるでしょう。

02 SNS運用による具体的な効果

1位	自社サイト・ブログへのアクセス数が増加（66.6%）
2位	Webサイトまたはメールでの問い合わせ件数が増加（59.7%）
3位	新規顧客が増加（58.4%）
4位	既存顧客のリピート率が向上（53.8%）
5位	営業でのお客様との関係が向上（52.8%）
6位	検索エンジンでの自社サイトの順位が上がった（51.2%）
7位	お客様に対する社員の意識が向上（50.7%）
8位	顧客満足度が向上（49.1%）
9位	社員の会社への意識が向上（47.7%）
10位	自社ECサイトへの誘導率が向上（46.7%）

NTTコムリサーチによる「第7回 企業におけるソーシャルメディア活用に関する調査」
http://research.nttcoms.com/database/data/001978/

複数のSNSを併用する企業が増えている

同調査では、企業によるSNSの併用状況も報告しています03。1種類のSNSを運用している企業は減少しており、7種類以上を運用している企業が大幅に増加しています。7種類以上運用している企業は全体の22.3%となっており、複数のSNSを運用する企業が増加する傾向にあることが確認できます。反対にいえば、少数のSNSを運用するだけでは十分ではないという現状が浮き彫りになっているともいえるでしょう。

03 SNSの併用状況

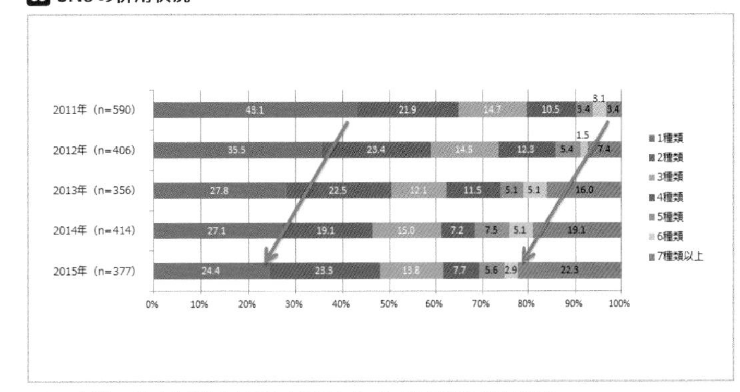

NTTコムリサーチによる「第7回 企業におけるソーシャルメディア活用に関する調査」
http://research.nttcoms.com/database/data/001978/

04 SNSの種類と特性を知ろう

基本編

SNSではTwitterやFacebookがとくに有名ですが、近年、ユーザーの細かいニーズに対応したさまざまなサービスが登場し、幅広く活用されるようになっています。SNSにはそれぞれ種類や特性があり、運用にも一長一短があります。運用する前に、各SNSのそうした特性を把握しておきましょう。

各SNSの特徴

すでに何かしらのSNSのアカウントを所有している人はご存知だと思いますが、今日では実にさまざまなSNSが存在します。TwitterやFacebookは知っていても、そのほかのSNSはよくわからないという人も少なくないでしょう。SNSが乱立していることで、ユーザーが各SNSに分散しているのと同時に、1人のユーザーが複数のSNSを利用しているという複雑な状況です。このように多様化している理由としては、新しいSNSが次々と登場することを受け、既存のSNSもそれに負けじと常に新しい機能を追加し、差別化を模索し続けていることが挙げられるでしょう。使い方や機能を覚えるだけで精一杯という企業担当者も多いかと思いますが、各SNSごとにユーザーの細かいニーズに応えることが、ますます重要な課題となっています。

まずは主なSNSの特徴をまとめた表を確認してみましょう 01。詳細は後述しますが、各SNSごとに、「オープン型かクローズド型か」、「匿名か実名か」、「炎上しやすいか」などの特徴が異なります。適切な運用のためには、こうした違いを把握しておく必要があります。

01 各SNSの主な特徴

	Facebook	Twitter	Instagram	YouTube	LINE 公式アカウント	TikTok
公開のタイプ	オープン型	オープン型	オープン型	オープン型	クローズド型	オープン型
実名／匿名	実名	匿名	匿名	匿名	匿名	匿名
拡散のしやすさ	拡散しやすい	拡散しやすい	拡散しやすい	拡散しにくい	拡散しにくい	拡散しやすい
ハッシュタグ	あまり使われない	よく使われる	よく使われる	使われる	あまり使われない	よく使われる
炎上のしやすさ	炎上しにくい	炎上しやすい	炎上しにくい	炎上しにくい	炎上しにくい	炎上しにくい
企業ページ	あり	なし	なし	あり	あり	あり

同じSNSでも、公開のタイプや炎上のしやすさなどが異なるため、それぞれ運用の仕方も変わってくる

※1　ブランドロイヤリティ
ブランドに対する顧客の執着心の度合いを表す概念。ブランドマーケティングでは、このブランドロイヤリティの向上が追求される。現在のマーケティングにおいては、ブランドをいかに高めるかがより注目されるようになっている。商品の均一化が進み、差別化が難しくなっている場合に、ブランドイメージは重要なアピールポイントになり、継続的な購買の理由付けとなる。

※2　ハンドルネーム
ネット上で、掲示板やブログなどに書き込みをしようとするときに使われる名前。ハンドルとも。多くの場合、本名とは違うものが使われる。

オープン型とクローズド型

まず公開のタイプから見ていきましょう。SNSに投稿した内容が不特定多数のユーザーに公開されるものをオープン型といい、反対に特定のユーザーにしか公開されないものをクローズド型といいます02。SNSによってはこうした公開範囲を切り替えられるため、ここではデフォルトの設定で分類しています。一般的に企業が利用しやすいのは、多くのユーザーに閲覧される可能性が高いオープン型ですが、特定のユーザーを囲い込み、ブランドロイヤリティ※1を向上させるにはクローズド型のほうが有利でしょう。

02 公開のタイプによる違い

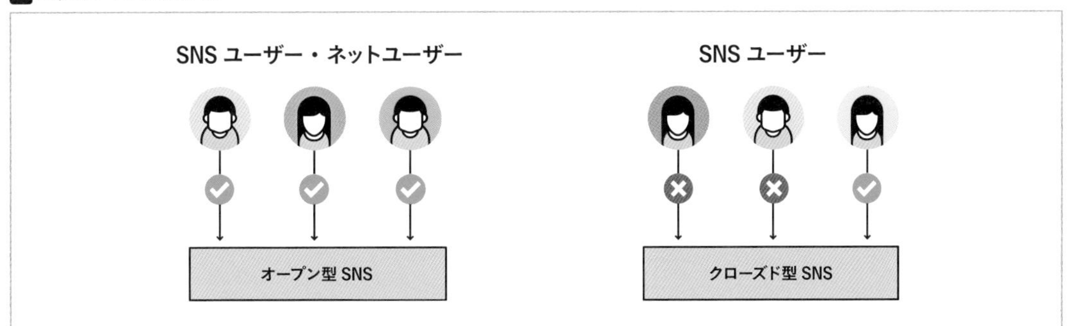

実名と匿名

実名で登録するSNSと匿名で登録できるSNSの違いも大きなものです03。実名登録が原則とされている主なSNSはFacebookのみですが、そのほかのSNSでも実名での登録は可能なため、Facebookのみ匿名での登録は推奨されていないという表現が正しいかもしれません。企業が運用する場合はアカウントを社名やブランド名などで登録するため違いはありませんが、問題はユーザー側です。Web上の犯罪を警戒したり、自由な活動を求めたりする意見が根強く、匿名性を重視するユーザーが多数いるからです。

03 実名SNSと匿名SNSの違い

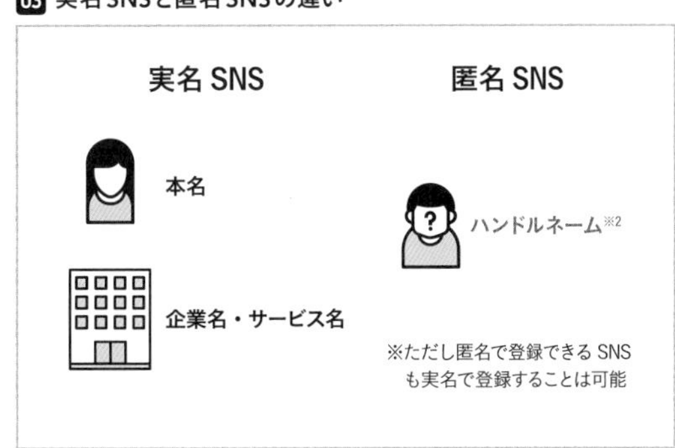

ハッシュタグ

ハッシュタグとは、Twitter発祥の情報共有ラベルです。「#」とキーワードを組み合わせて、「#flower」などと表現されます。前後に半角スペースを入れてハッシュタグを投稿内容に挿入すると、ハッシュタグがリンクになり、そのハッシュタグをクリックするなどして検索すると、同じハッシュタグが付いた投稿が検索画面で一覧表示できます04。特定のイベントや同じ趣味を共有する仲間たちの間で事前に任意のハッシュタグを決めておき、それを本文に挿入して投稿するようにすれば、一連の仲間どうしのツイートを一度に拾いあげて閲覧することができます。Twitter以外のSNSでも同様に使われることがありますが、このハッシュタグが頻繁に使用されるSNSは、こうした情報共有がしやすいことになります。

04 ハッシュタグの使用イメージ

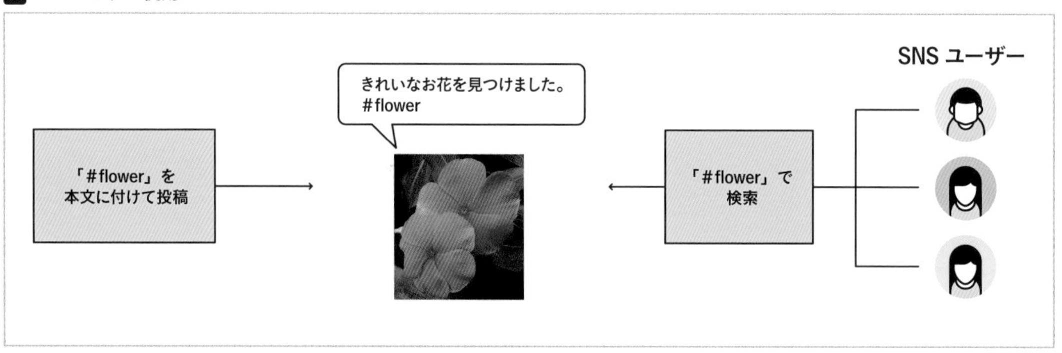

特定のハッシュタグで検索すれば、同じハッシュタグが付いた投稿にすばやくアクセスできる

炎上

SNSの運用でいちばん問題になるのが、燃えあがるように批判の的となる、いわゆる「炎上」です。SNSにかぎらず、各メディアに配信された情報は炎上するリスクがあるため、炎上を100%回避することは困難ですが、リスクを軽減することは可能です。ネット炎上に関する意識調査にもありますが、コンテンツ自体で炎上するというよりも、SNSの活用方法やユーザー対応、オフラインでの活動が主な原因となっています05。

SNSごとに炎上のしやすさが異なるのは、主に匿名性が理由と考えられます。たとえば実名SNSのFacebookは匿名SNSのTwitterほど攻撃的な発言がしにくく、炎上しにくいのです。

05 ネット炎上に関するユーザーの気持ち

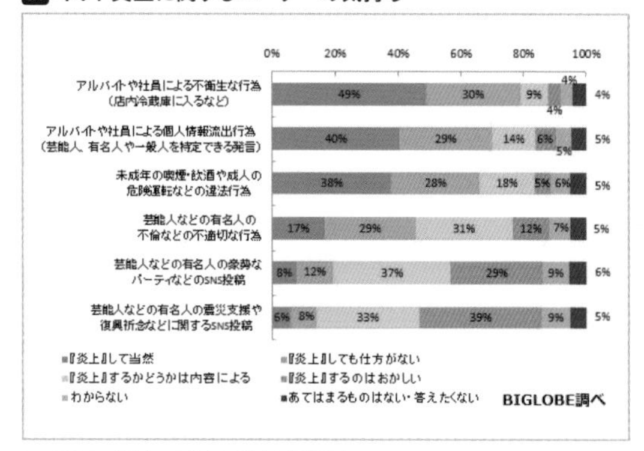

BIGLOBEによるネット炎上に関する意識調査
http://enjoy.sso.biglobe.ne.jp/archives/flaming/

※3　シェア

Facebookにおける情報共有機能の1つ。写真や近況や、お気に入りのWebサイトを書き込むことで、友達と共有することができる。友達の投稿した写真やリンクも対象にすることが可能。共有の範囲が定められることもあり、多数のユーザーに迅速に情報を発信・共有することが可能になっているため、企業におけるマーケティングの側面からも注目されている。

拡散のしくみ

SNSで炎上しやすいということは、裏を返せばそれだけ情報が拡散しやすいしくみが、SNSにあるからだといえるでしょう。実際にこの拡散性の高さこそが、SNSの最大の特徴であり長所であるともいえるのです。SNSに投稿した内容がユーザーによって拡散されれば、さらに多くのユーザーの目に触れる機会が増えるため、認知度の向上やWebサイトへのユーザー流入などの効果が期待できます。こうした「拡散しやすいしくみ」に期待して、SNSを活用している企業は多いのではないでしょうか。

「拡散しやすいしくみ」についてより具体的に踏み込むと、Facebookであればシェア[※3]や「いいね！」、Twitterであれば「リツイート」などが、代表的なものとして挙げられます。いずれも、投稿された内容を誰かと共有したい場合や伝えたい場合に使われる機能です。このような拡散のしやすさがSNSの大きなメリットですが、前述した炎上のように、企業にとって広まってほしくない内容も瞬く間に拡散されるというデメリットがあることには、十分に注意しなければなりません。

また、前述したオープン型／クローズド型という公開のタイプで、拡散の仕方に違いがあることも重要なポイントです。Twitterなどのオープン型SNSでは不特定多数のユーザーの目に投稿が触れるので、一般的に拡散性が高いといわれています。一方、LINEに代表されるクローズド型SNSは、基本的には特定のユーザーにしか投稿が公開されないため、オープン型と比べると投稿が拡散されにくい特性があるのです06。

06 公開のタイプによる投稿の拡散性

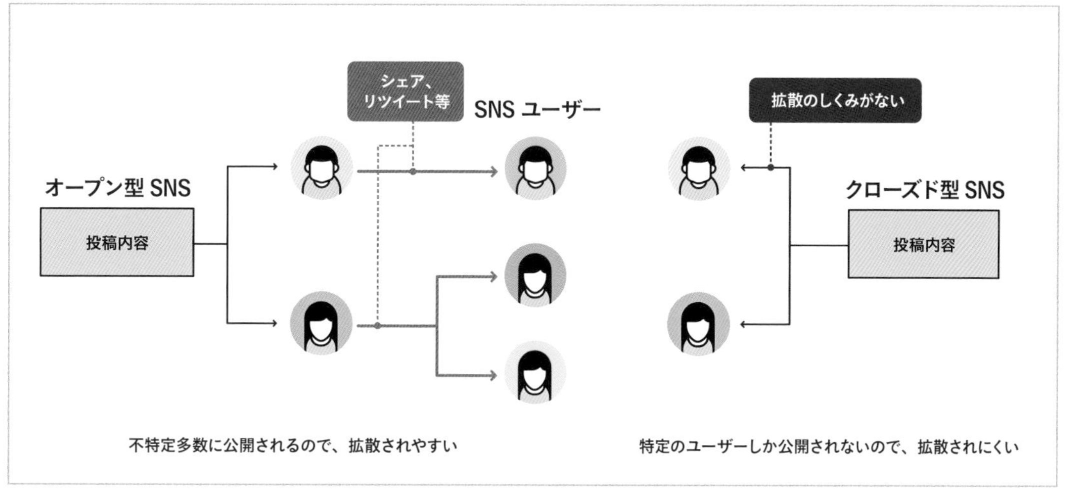

オープン型SNSでは投稿内容が拡散されやすいが、クローズド型SNSでは拡散されにくい特徴がある

05 業種や商材による効果の違いを把握しよう

基本編

ブランド力や企業名の認知度だけではなく、企業の業種や扱う商材によっても、SNSマーケティングの効果に違いがあります。SNSマーケティングを効率的に行うために、まずは自社の業種や商材でどのような効果が期待できるのかをしっかりとおさえておきましょう。

ユーザーに与える影響は業種により異なる

これまでに確認してきたように、SNSは通常のメディアと異なる特徴があり、SNSマーケティングがユーザーに与える影響も独特です。とりわけ、業種や商材によってその効果が大きく分かれるため、SNSを無駄なく運用するためには、自社の業種や商材がどこまでSNSマーケティングに適しているのかをあらかじめ把握しておく必要があります。

業界ごとのSNSマーケティングの影響度をまとめた01を見ると、そうした違いは一目瞭然です。消費行動に結びつきやすい業種、好感度や共感が得られやすい業種、興味や関心が持たれやすい業種が、それぞれ異なることが確認できます。もちろん、各業種や各商材にもさまざまなものがあり、すべての業種・商材にこうした指標があてはまるわけではありません。ただしこうした傾向性は、SNSをどのような目的で活用するべきかを判断するための、1つの重要な指標になるでしょう。

01 業界ごとのSNSマーケティングの影響度

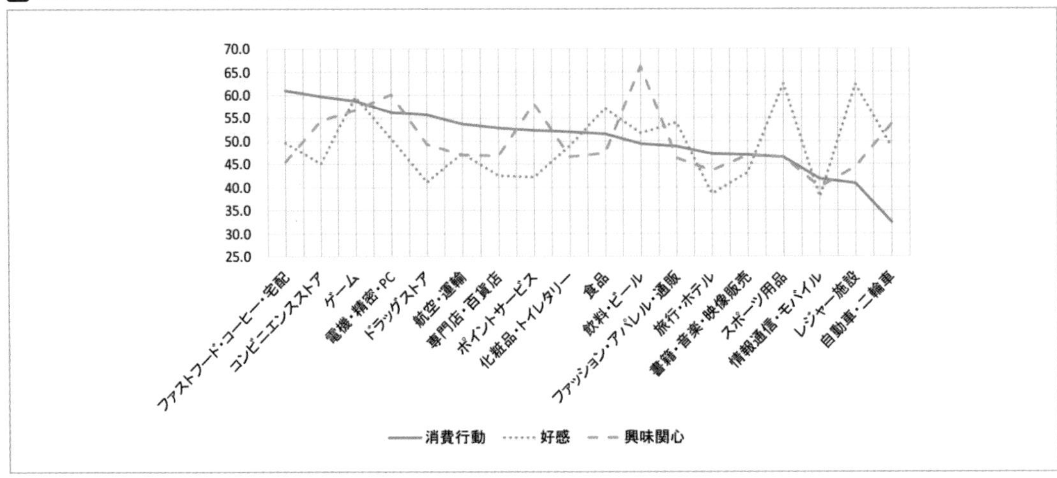

日経BP社による「ソーシャルメディア情報の利活用を通じたB to C市場における消費者志向経営の推進に関する調査」
http://www.meti.go.jp/policy/economy/consumer/consumer/pdf/sns_report_digest.pdf

低価格の業種は効果が得られやすい

では、01をさらに詳しく分析し、SNSマーケティングで効果が得られやすい業種・商材を割り出してみましょう。このグラフで示されている、「消費行動」、「好感」、「興味関心」という3つの指標のトップ3をまとめると、02のようになります。

「消費行動に結び付きやすい業種」では、気になった商品を気軽に試せる比較的安価な価格帯のものが多く見られます。低価格で身近なサービスや商材は、消費行動に結び付きやすい傾向があるといえるでしょう。

「好感や共感が得られやすい業種」では、やや嗜好性の高いものが目に付きます。すでに一定の固定ファンが存在している分野は、好感や共感を得られやすいといえるでしょう。

「興味関心が持たれやすい業種」では、購入には至らないものの、イメージ向上など何らかのよい効果が期待できます。キャンペーンやプロモーションを高い頻度で実施している業種で、興味関心が持たれやすいようです。

02 効果が得られやすい業種

順位	消費行動に結び付きやすい業種
1位	ファストフード・コーヒー・宅配
2位	コンビニエンスストア
3位	ゲーム

順位	好感や共感が得られやすい業種
1位	スポーツ用品
2位	レジャー施設
3位	ゲーム

順位	興味関心が持たれやすい業種
1位	飲料・ビール
2位	電気・精密・PC
3位	ポイントサービス

低価格なもの、嗜好性が高いものなどは、効果が得られやすい傾向がある

効果が得られにくい業種の特徴

続いて、SNSマーケティングで効果が得られにくい業種・商材を見ていきましょう03。

「消費行動に結び付きにくい業種」では、購入までのリードタイムが長く高額な商品が多いものが上位を占めています。「消費行動に結び付きやすい業種」では反対に低価格の業種が上位に入っているため、価格がユーザーの消費行動に与える影響は大きいといえるでしょう。

「好感や共感が得られにくい業種」と「興味関心が持たれにくい業種」では、上位の業種が重なる部分がありますが、「このブランドでなければだめ」という選好性（こだわり）の低いものが目立つといえるでしょう。ただし、「ファストフード・コーヒー・宅配」は興味関心が持たれにくいにもかかわらず、「消費行動に結び付きやすい業種」の1位でもあることから、ユーザーの興味関心は消費行動と必ずしも連動しないことがわかります。

03 効果が得られにくい業種

順位	消費行動に結び付きにくい業種
1位	自動車・二輪車
2位	レジャー施設
3位	情報通信・モバイル

順位	好感や共感が得られにくい業種
1位	情報通信・モバイル
2位	旅行・ホテル
3位	ドラッグストア

順位	興味関心が持たれにくい業種
1位	情報通信・モバイル
2位	旅行・ホテル
3位	ファストフード・コーヒー・宅配

06 SNSマーケティングを行う目的を明確にしよう

基本編

SNSマーケティングを行ううえで、目的の設定は欠かせません。目的を曖昧にしたまま運用したのでは、焦点のぼやけたものとなり、効果は期待できないでしょう。実際に企業がどのような目的でSNSマーケティングを運用しているのかを参照しつつ、その主要な目的についておさえておきましょう。

SNSマーケティングの目的

SNSマーケティングを行う目的は企業によりさまざまだと思いますが、1つの目的だけを設定しているというよりも、複数の目的に優先度を設けて追求している企業が多いのはないでしょうか。実際にどのような目的が設定される傾向があるのかを把握するために、企業に対して行われたSNSの活用目的の調査を見てみましょう 01。全SNSにおいて活用目的の1位は「企業全体のブランディング」になっています。そして「キャンペーン利用」と「広報活動」、「サイト流入増加」や「顧客サポート」などが続く傾向があるといえるでしょう。ただし、SNSによって設定される目的の優先順位にばらつきが見られます。CHAPTER1-04で解説したように、個々のSNSには特性があるため、活用目的に応じて使い分けられていることがうかがえます。こうした使い分けについてはCHAPTER1-07で詳しく解説しますが、いずれにしてもまず目的を明確化しておくことが肝心です。

01 SNSごとの企業の活用目的

	Twitter				Facebook				YouTube				Google+				LINE		
	第7回	第6回	第5回	第4回	第7回	第6回	第5回	第4回	第7回	第6回	第5回	第4回	第7回	第6回	第5回	第4回	第7回	第6回	第5回
	n=212	n=245	n=204	n=166	n=303	n=318	n=280	n=212	n=150	n=194	n=166	n=221	n=123	n=136	n=89	n=55	n=118	n=144	n=92
企業全体のブランディング	46.7	50.2	48.5	34.9	48.8	49.7	50.7	39.2	30.7	35.6	33.1	29.0	36.6	39.0	33.7	30.9	30.5	35.4	32.6
個々の従業員のブランディング	17.5	17.1	26.0	14.5	18.2	18.6	24.6	14.2	13.3	19.6	21.1	10.4	14.6	18.4	21.3	16.4	17.8	27.1	25.0
特定製品やサービスのブランディング	25.5	15.5	29.4	13.9	24.1	20.4	28.9	13.7	↑28.0	21.1	30.7	10.4	↑22.0	16.2	23.6	7.3	23.7	22.2	17.4
キャンペーン利用	26.4	26.9	33.3	32.5	23.4	23.3	29.6	25.5	↑24.0	17.0	21.1	18.6	↑22.8	11.8	19.1	16.4	↑25.4	16.7	21.7
サイト流入増加	22.6	19.2	17.6	9.6	17.5	19.5	17.1	6.6	17.3	14.9	13.3	6.3	21.1	17.6	13.5	9.1	16.1	11.1	14.1
顧客サポート	21.2	12.7	13.7	10.2	18.2	11.3	13.6	11.3	16.0	7.7	8.4	4.1	↑22.8	14.0	12.4	10.9	22.0	16.7	7.6
EC連動	11.8	11.0	8.8	6.0	8.3	7.5	6.1	4.7	10.0	6.7	7.8	4.5	7.3	5.9	11.2	1.8	17.8	9.0	15.2
広報活動	38.2	33.9	30.9	34.3	41.9	39.6	33.6	28.8	28.0	27.8	21.1	19.9	16.3	19.9	16.9	20.0	19.5	19.4	10.9
採用活動	9.0	7.8	7.8	4.8	8.3	10.4	10.4	6.6	8.0	3.6	5.4	3.6	7.3	7.4	5.6	9.1	5.9	8.3	4.3
製品・サービス改善（顧客の声を取り入れ	17.5	11.4	14.7	15.7	11.6	14.2	11.8	12.7	10.0	5.7	7.8	15.4	10.6	8.1	12.4	18.2	11.0	9.0	9.8
リアル店舗への集客等O2O関連の施策強化	5.2	8.6	5.4	—	7.9	6.9	7.5	—	8.7	4.1	5.4	—	7.3	3.7	9.0	—	7.6	11.1	4.3
その他	0.0	0.8	0	1.2	0.0	0.9	0.0	1.9	0.7	2.1	0.0	2.3	0.8	0.7	1.1	5.5	0.8	0.7	0.0

(%)

1位　2位　3位　↑ＴＯＰ3のうち、前回から5ポイント以上アップ

NTTコムリサーチによる「第7回 企業におけるソーシャルメディア活用に関する調査」
http://research.nttcoms.com/database/data/001978/

目的を達成するうえでの課題

SNSの活用目的の傾向性が把握できたところで、こうした目的を達成するうえで、企業がどのような課題に直面しているのかもあわせて確認しておきましょう 02 。同調査ではこうしたSNSの活用上の課題についてもまとめられていますが、ほぼすべてのSNSでその上位に、「営業上の効果が見えにくい」、「人材が不足している」、「教育・トレーニングが不足している」といった課題が並んでいます。こうした困難に見舞われないよう、あらかじめ目的を定め、その目的を達成する手段を確認しておきましょう。

02 SNS活用上の課題

	Twitter				Facebook				YouTube				Google+				LINE		
	第7回 n=212	第6回 n=245	第5回 n=204	第4回 n=166	第7回 n=303	第6回 n=318	第5回 n=280	第4回 n=212	第7回 n=150	第6回 n=194	第5回 n=166	第4回 n=221	第7回 n=123	第6回 n=136	第5回 n=89	第4回 n=55	第7回 n=118	第6回 n=144	第5回 n=92
営業上の効果が見えない	20.3	20.8	28.4	26.5	25.1	22.0	31.1	21.7	20.0	21.6	25.3	18.6	23.6	19.1	22.5	14.5	16.9	16.0	16.3
人材が不足している	25.5	27.8	27.0	31.9	24.8	28.9	28.2	27.8	24.0	23.7	22.9	26.7	17.9	19.9	19.1	32.7	↑22.0	16.7	22.8
何を基準に効果測定すればいいかわからない	18.4	17.1	15.7	11.4	17.8	17.9	20.0	15.1	↑21.3	16.0	19.3	11.3	13.8	12.5	14.6	16.4	9.3	11.8	18.5
教育・トレーニングが不足している	↑24.1	17.6	27.0	19.3	20.1	20.8	24.3	19.3	17.3	17.0	20.5	18.1	13.8	16.9	19.1	14.5	16.9	16.0	15.2
投稿のネタがない	19.3	10.6	11.8	6.0	↑23.8	14.8	15.0	8.0	15.3	4.1	8.4	6.3	13.0	2.9	5.6	1.8	9.3	3.5	5.4
ユーザーとのコミュニケーションが難しい	12.7	9.0	8.3	4.8	12.5	11.9	10.0	7.1	18.0	5.7	6.0	6.3	10.6	4.4	7.9	7.3	8.5	4.2	2.2
どういう情報発信をすべきかわからない	10.8	11.8	11.8	10.8	17.8	15.1	14.3	12.7	12.7	12.4	10.8	11.3	13.8	10.3	10.1	7.3	12.7	9.0	7.6
炎上を経験した・炎上の不安がある	4.2	7.3	7.8	4.2	4.0	4.4	7.5	2.8	4.7	5.2	3.0	3.2	5.7	3.7	5.6	3.6	5.9	10.4	3.3
社内の協力が得られない	9.4	4.5	5.9	7.8	8.9	6.0	8.6	6.6	9.3	4.1	3.0	8.1	8.9	6.6	4.5	5.5	11.0	6.9	6.5
フォロワーやファンや視聴者が増えない	12.7	10.2	10.3	8.4	13.9	10.7	12.1	7.1	8.7	6.2	7.8	3.6	7.3	4.4	6.7	10.9	7.6	8.3	1.1
上司・トップの理解が得られない	4.2	4.9	6.9	3.0	4.3	4.7	5.7	4.7	6.0	3.6	4.8	2.3	6.5	9.6	6.7	7.3	7.6	5.6	6.5
運営予算が足りない（もっと予算があれば効果が期待できる）	14.2	7.3	11.3	5.4	10.9	7.2	9.3	4.7	16.7	9.8	7.8	8.6	17.1	12.5	14.6	12.7	↑18.6	8.3	15.2
適切な外部パートナーがいない	8.5	7.8	4.4	6.0	7.9	6.6	5.7	6.6	10.7	8.8	3.0	5.9	5.7	2.2	2.2	5.5	7.6	7.6	5.4
何が課題かわからない	5.7	10.2	3.4	12.7	5.6	10.4	3.6	15.6	1.3	12.4	4.2	17.2	2.4	7.4	2.2	10.9	1.7	8.3	2.2
実購買にどの程度影響したのかがみえにくい	12.7	8.6	9.3	—	13.5	12.6	8.9	—	11.3	8.2	10.2	—	11.4	8.8	6.7	—	9.3	4.9	4.3
企業アカウント数が増えて、差別化が難しい	7.5	8.2	5.4	—	8.9	6.9	5.4	—	6.0	5.2	1.2	—	7.3	4.4	3.4	—	11.0	9.0	3.3
自社のWebサイトやブログ等の他メディアとの連携が難しい	6.6	4.9	4.9	—	7.9	5.3	3.9	—	6.0	5.7	3.6	—	11.4	5.9	6.7	—	8.5	5.6	2.2
位置情報やAR活用等技術的な機能の実装が難しい	3.3	2.4	4.9	—	4.0	2.2	5.0	—	7.3	2.6	3.6	—	4.9	4.4	5.6	—	7.6	3.5	3.3
個人情報保護対策で不安がある	13.2	6.1	7.8	—	9.9	7.9	7.5	—	7.3	5.7	6.0	—	9.8	4.4	9.0	—	12.7	3.5	6.5
その他	0.9	0.4	0.5	0.6	0.7	0.3	0.0	0.9	0.0	1.0	0.0	0.0	0.0	0.7	0.0	0.0	0.0	0.0	0.0

(%)

1位　2位　3位　↑ ＴＯＰ3のうち、前回から5ポイント以上アップ

NTTコムリサーチによる「第7回 企業におけるソーシャルメディア活用に関する調査」
http://research.nttcoms.com/database/data/001978/

SNSを活用するだけで売れるわけではない

2010年頃からSNSマーケティングが注目され始め、当初は新しい販路（チャネル）の1つとして考えられていたものでした。SNSを活用をしている企業も少なかったため、「SNSを活用すれば売れる」といったミスリードもよく目にしたものです。たしかに当時SNS活用をしていた企業は結果として、サービスや商材を販売できていたかもしれません。しかし、ただSNSを活用したから売れたのでは決してありません。自社ブランド、商品、サービスとSNSマーケティングの本質を理解し、目的達成の手続きを適切に踏んでいたから結果が出たのです。目的意識が曖昧なまま、他社の結果だけを見て「当社もSNSを活用しなければ」と参入した企業の多くは、SNSの効果を実感できずに「SNSは売れない」という結論に至るでしょう。

ブランディング

続いて、SNSの主要な活用目的を個別に掘り下げていきましょう。まずは、多くのSNSで活用目的の1位に掲げられているブランディングから解説します。

ブランディングという言葉は、企業によってさまざまな解釈があるものと思いますが、本書では、ユーザーから共感や信頼を得て、ユーザーの心の中にある企業・商材のイメージや価値を高めていくマーケティング手法のことと定義します。SNSにおけるブランディングの活用でとりわけ注意が必要なのは、既存のメディアによるブランディングのように、主体が企業ではないということです。CHAPTER1-03でも解説したように、SNSマーケティングではあくまでもユーザーが本位であるという理解が必要です。企業にとって都合のよい情報を一方的に配信したのでは、ユーザーの共感がうまく得られず、シェアやリツイートなどによる情報の拡散にはうまくつながりません。配信した情報がユーザーにとって有益な情報であることが満たされて初めて、そうした拡散の可能性が開けてくるのです。

このように、ユーザーを本位とし、ユーザーの共感が得られる情報をポイントに据えたブランディングを展開することで、「この会社のこの商品だから買おう」というユーザーの心理が効果的に高まります。ブランドを確立するということは、その過程で企業のイメージが消費者の意識につながるということにほかなりません。その結果、継続的な訴求力を構築できるのです03。

03 SNSによるブランディングのイメージ

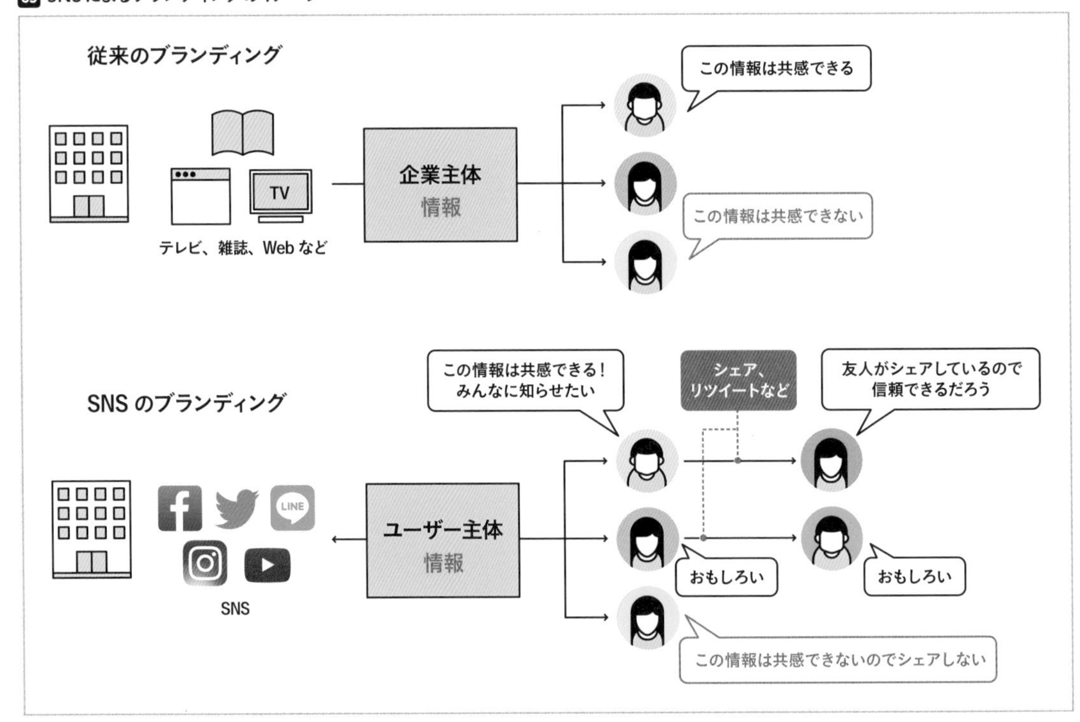

SNSのブランディングでは、ユーザーが主体的に情報を拡散させることで、効果的にブランドイメージが高まる

集客・販促

集客や販促を目的とする場合も、基本的には配信する情報がユーザーにとって有益であるということが前提になります。ここでポイントになるのは、すでにブランド力がある企業とブランド力が弱い企業とでは、行うべき施策が異なるということです。前者はすでにロイヤリティの高いユーザーを獲得しているため、企業にとって都合のよい情報だとしても、ユーザーに早く届くこと自体に価値がある場合には、企業価値やイメージはとくに損なわれず、反対にそれらを向上させることも可能です。しかし後者が同じことを行おうとしても、ロイヤリティの高いユーザーが少ないので、一方的な情報ととらえられる可能性が高いのです04。

04 ブランド力により異なるユーザーの反応

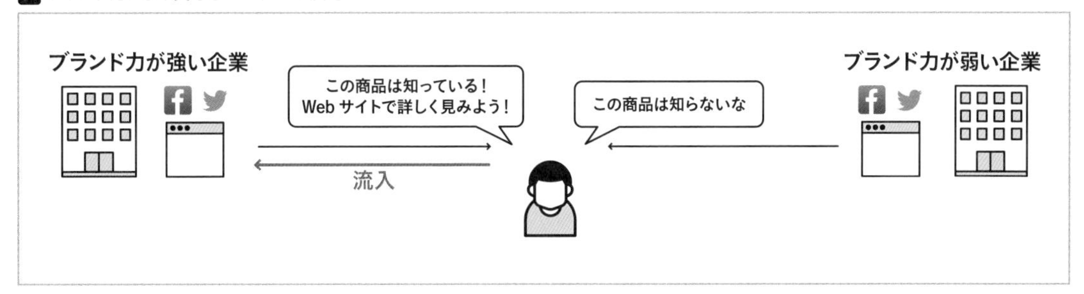

ユーザーサポート

ユーザーへのサポートには大きく分けて2種類があります。1つ目はいわゆる「ユーザーサポート」で、従来のFAQなどと同様の使い方をします。注意が必要なのは、ユーザーはSNS上からの質問などへのレスポンスは早くて当然だというイメージを持っているということです。そのため、迅速な対応を心がけましょう。2つ目は「アクティブサポート」で、企業のSNS担当者が常時SNS上を監視して、自社サービスや商品で困っているユーザーを見つけ出し、SNS上からユーザーに対して積極的にサポートしていくものです05。

05 ユーザーサポートとアクティブサポート

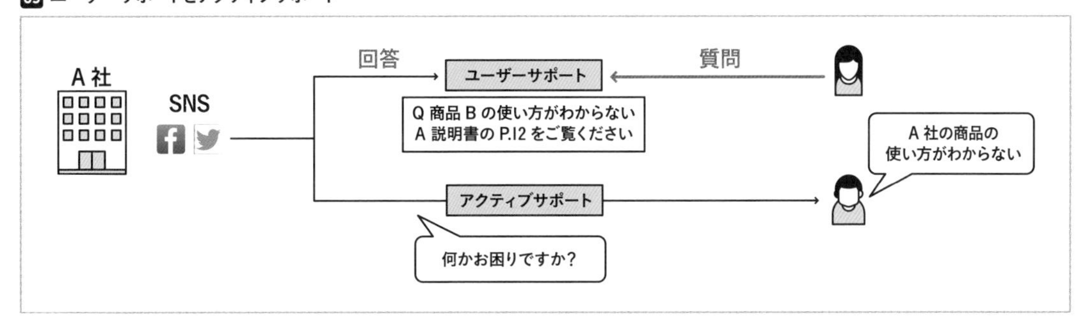

07 目的に応じてSNSを使い分けよう

基本編

前のセクションでは、SNSマーケティングを行ううえで目的意識が欠かせないことを確認しました。ここでは、各SNSの特徴を考慮して、そうした目的に適したSNSについて解説します。複数のSNSを活用する場合でも、それぞれに目的を設定し、特徴にあわせて投稿内容などを使い分けるとよいでしょう。

使い分けに関わるSNSの機能の違い

各SNSの機能は多岐にわたっており、使い方次第でどのような目的にも対応することは可能だと思われます。ただし、CHAPTER1-04でも確認したように、それぞれのSNSで特徴が異なるため、目的ごとに向き・不向きが存在します。目的に応じた最適な使い分けができるように、まずSNSの機能面の違いをまとめた01から確認してみましょう。

まず注目したいのは、「主な投稿の形式」です。目的により、テキストで訴求したい場合や、画像や動画などで視覚的に訴求したい場合などが大きく異なるからです。FacebookやTwitterでは、テキスト、画像、動画などの投稿が可能ですが、実際よく使われているのはテキスト＋画像というスタイルであることもポイントです。画像メインのInstagramや動画メインのYouTubeは、視覚的な即効性があるものの、テキストが弱みだといえるでしょう。

Webサイトへの誘導を考えるうえでは、「リンクの投稿」ができるかどうかは重要な項目です。Instagramは外部リンクの投稿ができませんが、YouTubeは動画メインでありながら、アノテーション※1などを利用することで動画にテキストリンクを追加することができるため、一定の誘導効果は期待できます。

SNSの強みである情報の拡散を期待するうえでは、「シェア」や「拡散範囲」が重要な指標となります。この点ではFacebookとTwitterが強く、Instagram、YouTube、LINE公式アカウントは比較的弱いといえるでしょう。

01 各SNSの主な機能の違い

	Facebook	Twitter	Instagram	YouTube	LINE公式アカウント	TikTok
主な投稿の形式	テキスト＋画像	テキスト＋画像	画像	動画	テキスト	動画
リンクの投稿	○	○	×	△	○	△
メッセージ送信	○	○	○	○	△	△
いいね	○	○	○	○	○	○
コメント	○	○	○	○	○	○
シェア	○	○	×	△	△	○
拡散範囲	友達の友達	制限なし	フォロワー※2のみ	△	フォロワーのみ	制限なし

※○：機能がある　△：制限があるがオプションなど機能がある　×：機能がない

※1　アノテーション
投稿した動画に対して、リンクやコメントを付けることができる機能のこと。

※2　フォロワー
Twitter発祥の用語で、特定のユーザーのことをフォロー（閲覧登録）しているユーザーのことを意味する。Twitter上で誰かをフォローをする場合は、通常相手の許可を得ることなく設定することが可能。フォローはフォロワーの独自の判断によってなされるため、フォロワーの数は、そのアカウントの影響力の大きさを表す。

目的ごとのSNSの使い分け

では、具体的な目的を想定した場合、どのようなSNSの使い分けが好ましいのでしょうか。「ブランディング」、「集客・販促」、「ユーザーサポート」という、SNSマーケティングにおける主な目的ごとに確認してみましょう02。

ブランディングでは、サービスや商品を視覚的に訴求しつつ、イメージと認知度を向上させることが重要です。そのため、画像を扱うFacebookやInstagram、動画をメインで扱うYouTubeが適しているといえるでしょう。Twitterでも画像が頻繁に投稿されますが、匿名性が高く炎上しやすいため、ブランディングの適性はやや落ちます。集客・販促では、情報の拡散性が高く、リンクによるWebサイトへの誘導がしやすいFacebookとTwitterが長けています。また、実店舗への集客がメインになりますが、クーポンの提供などに強みがあるLINEも向いているといえるでしょう。ユーザーサポートに向いているSNSは、総合的なコミュニケーション性が高いTwitterとFacebookです。ただし、企業側から働きかけるアクティブサポート（P.27参照）は、ユーザーの監視が可能なTwitter以外で対応するのは困難です。

02 SNSによって異なる目的への適性

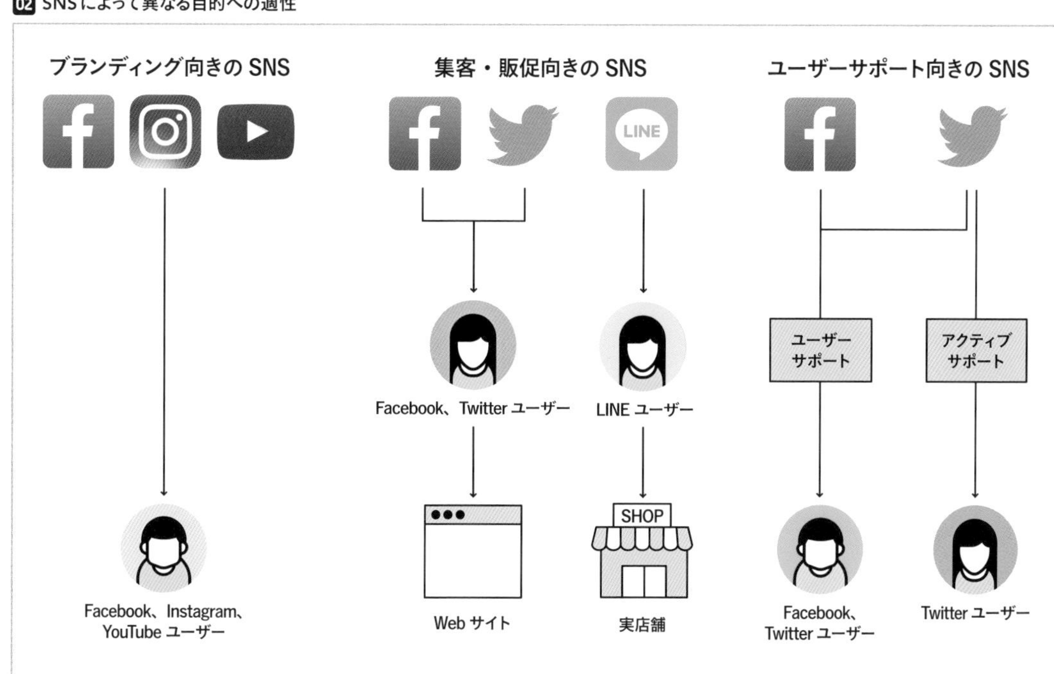

08 目的に応じた運用方針を策定しよう

基本編

SNSの運用方針を検討することなくアカウントを開設する企業は少ないとは思いますが、運用方針が検討されていても、方針自体が抽象的なものであれば、実際の運用ではなかなか役に立たないものです。ここでは運用方針の考え方と、最低限おさえておきたいポイントを解説します。

SNSの運用方針の主なポイント

どのような目的でSNSを運用するにしても、あらかじめしっかりとした運用方針を定めておきましょう。こうした運用方針は、公式サイトなどにガイドライン[※1]として掲載しておくとよいでしょう。目的をスムーズに達成しやすくなるだけでなく、ユーザーとのトラブルを未然に抑止することもできます。まずは、運用方針を策定するうえで気を付けたいポイントを、項目別に見ていきましょう。

◎アカウントの公式化

SNSでは企業名やブランド名を勝手に騙る偽アカウントが存在します。そうしたアカウントと混同されることがないように、運用しているアカウント名とURLを公式サイトなどに明記し、公式アカウントであることをユーザーにアピールしましょう。

◎運用目的の明確化

ユーザーが企業アカウントに求めるものはユーザーによってさまざまです。1つの企業アカウントで全ユーザーの要望にすべて応えることは困難でしょう。企業アカウントの運用目的や投稿内容をあらかじめ明記して、サポートの範囲などを限定しておきましょう。

◎問い合わせ窓口との棲み分け

同様の理由から、企業アカウントで対応できるもの、対応できないものを明確に分けておくことが重要です。企業アカウントで対応できないものは、公式サイトの問い合わせページなどへ誘導しましょう。

◎投稿の削除

内容に問題があるユーザーの投稿を放置すると、不都合な情報が拡散するおそれがあります。問題のあるユーザーの投稿は、予告することなく削除することがある旨を明記しておきましょう。また、具体的にどのような場合に削除するかを明確にしておくことで、トラブルを回避することが可能です。

◎運用方針の変更

SNSを運用をしていくと、当初想定していなかった事態が発生する可能性があります。状況に応じて運用方針が変更できる旨も明記しておき、問題が発生した際にはすみやかに対応しましょう。

各社の運用方針

下記はSNSを活用している主要企業の運用方針やガイドラインのWebページです。運用方針を策定するうえで項目などを参考にしてみましょう。また、このようにガイドラインを公開しておけば、ユーザーも安心してアカウントをフォローできます。

- 三井不動産グループ（https://www.mitsuifudosan.co.jp/social_media/）
- 富士フイルム（https://www.fujifilm.com/jp/ja/socialmedia/policy）
- 日本コカ・コーラ（https://www.cocacola.co.jp/company-information/social-media-guidelines）

※1　ガイドライン
規範を意味する言葉で、個々ないし全体の運用や行動において、守るべきルールやマナー、縛りを意味する。Webにおいては、ブランドの一貫性を維持するために、必要なデザイン面での統一、各コンテンツの役割、目的を持続するために用いられる。

目的別の運用ポイント

運営方針は、SNSマーケティングにおける具体的な目的によっても調整する必要があります。こうした目的別の運用ポイントのうち、比較的利用頻度の高いものを順に見ていきましょう。これらのポイントはあらゆる目的で検討するべきことでもありますが、これらの目的を設定する場合に、とくに重要になると考えてください。

◎ブランディング

ブランディングではイメージ作りが重要です。たとえば投稿ごとに内容や文体が変化して統一感がないと、企業やブランドなどのイメージをユーザーと共有することが困難になる場合があります。美しい一貫性を保つために、表現のスタイルや文字数、画像のテイストなどのルールを作成しておきましょう。

◎集客・販促

商材やブランドにもよりますが、SNSとはあまり相性がよくないことを前提にしておいたほうがよいでしょう。一歩間違えると広告と同様の扱いになってしまうからです。投稿頻度はどのような間隔で行うのか、また、ディスカウントやセール情報がSNS限定などユーザーにとって有益なものか、といった事項をあらかじめ検討しておく必要があるでしょう。

◎ユーザーサポート

ユーザーからのコメントにどこまで対応するのか、対応する場合は担当者レベルで回答できるものとできないものに対してどのような回答をするのか、といった事項を明確にしておきましょう。また、炎上しそうなコメントに対して迅速にどのような対応をとるべきなのか、事前に具体的な運用フローを検討しておいたほうがよいでしょう。

炎上対策

特段固めておきたいのは、炎上した場合の対策です。詳細はCHAPTER6-05で解説しますが、運用方針として抽象的な方向性を決めるだけではなく、社内体制やマニュアル作成など具体的な対策を検討しておくことで、迅速かつ効果的な対応が可能になります。

01はネット炎上・風評被害対策の実態調査の結果ですが、全体の37.2%の企業がリスク対策向けの社内体制を構築しており、30.19%の企業がリスク対応向けのマニュアルを作成していることがわかります。

01 企業が実施しているSNSリスク対策の種類

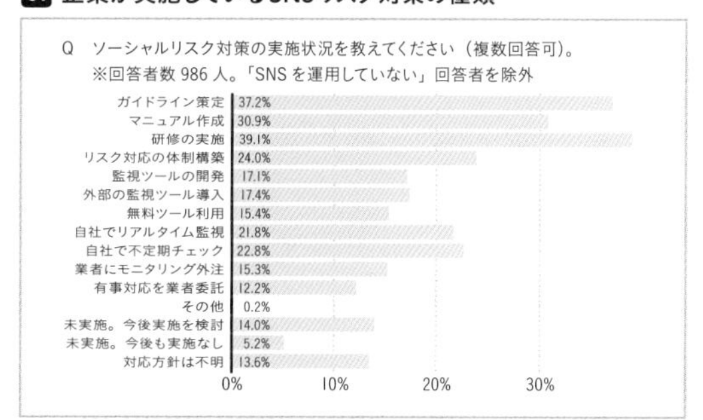

アディッシュ株式会社「1,051名の企業勤務者が回答するSNSビジネス活用とソーシャルリスク・炎上対策実態調査」
https://monitor.adish.co.jp/wp/wp-content/uploads/2019/02/research2019_download.pdf

09 コンテンツの基礎知識を把握しよう

P.11で解説したように、コンテンツを充実させることによるマーケティングが近年注目されています。SNSを効果的に活用するためにも、その特性を理解したうえで、適切なコンテンツを配信することが重要です。まずはコンテンツに関する基礎知識から覚えておきましょう。

ストックコンテンツとフローコンテンツ

コンテンツには大きく分けて、「ストックコンテンツ」と「フローコンテンツ」の2種類があります。時間が経過しても価値が下がりにくいコンテンツをストックコンテンツ、時間の経過とともに価値が下がりやすいコンテンツをフローコンテンツといいます。SNSの場合、矢継ぎばやにコンテンツが投稿される特性からフローコンテンツが重視されますが、コンテンツマーケティングやWebサイトへのユーザーの流入が目的の場合は、より普遍性の高いストックコンテンツが重視されます。そのため、SNSではフローコンテンツが、Webサイトではストックコンテンツが、基本的に使用されます。

01 はストックコンテンツとフローコンテンツの代表的なコンテンツと、双方の関係性についてまとめたものです。SNSマーケティングの目的が販促やキャンペーンの場合、WebサイトのストックコンテンツをSNS用のフローコンテンツにカスタマイズしてSNSへ投稿し、Webサイトのストックコンテンツに誘導するのが一般的な手法です。また、目的が画像や動画などの拡散や、ユーザーサポートの場合は、SNS別に最適なコンテンツを作成する必要があります。

01 ストックコンテンツとフローコンテンツのイメージ

時間が経過しても価値が下がりにくい
ストックコンテンツ

コンテンツの例
- サービス／商品情報
- 自社ブログ
- FAQ
- 会社情報
- 社員紹介
- 事例等
- ランディングページ※1

時間の経過とともに価値が下がりやすい
フローコンテンツ

コンテンツの例
- セール情報
- キャンペーン情報
- つぶやき
- イメージ画像
- 動画

ストックコンテンツにユーザーを誘導
SNS用にカスタマイズ

※1　ランディングページ

通常のWebサイトのトップページとは別に設置された、ユーザーが訪れたときに最初に表示されるページのこと。Web広告を出稿するときのリンク先をランディングページと呼ぶ場合が多く、商品やサービスの勧誘を成果に結び付けるために作られる。このランディングページの効果を高める施策をLPO（ランディングページ最適化）と呼び、ユーザーの離脱率の低下を図り、成果を高める。

コンテンツ作成・配信の流れ

◎ストックコンテンツをSNS用にカスタマイズする

SNSのコンテンツを作成・配信する手順を具体的に見てみましょう。先述したように、Webサイトで使用しているストックコンテンツをもとに、各SNSごとにカスタマイズして配信する手法が、販促やキャンペーンでは一般的です02。このとき、配信するコンテンツにストックコンテンツのURLを含めること、メインとなる誘導先のストックコンテンツを充実させることが欠かせません。

02 ストックコンテンツのカスタマイズ

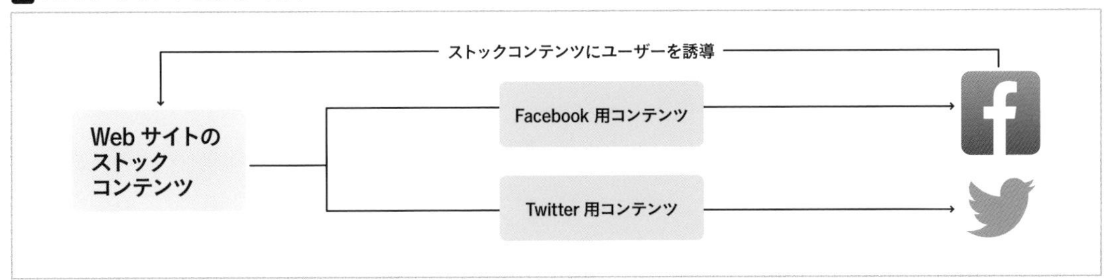

誘導先のストックコンテンツがメインのアピールになる

◎SNS別にコンテンツを作成する

画像や動画などの拡散やユーザーサポートを目的とする場合は、各SNS別にコンテンツを作成して配信します03。各SNSに最適化された形で配信するため、コンテンツ自体の拡散が期待できます。ただし、ストックコンテンツに依存しないため、それぞれ1からネタを作らなければなりません。

03 SNS別に新規で作成

投稿自体がメインのアピールとなるため、内容を最適化する必要がある

10 コンテンツを充実させるネタを考えよう

基本編

コンテンツを充実させるには、おもしろいネタを考える必要があります。さらに、SNSでは次々とコンテンツを投稿しなければユーザーの関心を維持することができませんが、こうしたネタはかんたんに湧いて出てくるものではありません。投稿に詰まることがないよう、ネタを考えるノウハウを解説します。

多くの担当者が困っている「投稿ネタ」

SNSの運用開始当初は、コンテンツにする何らかのネタが出てくるものです。しかし、時間の経過とともに不足していくのが、ほかならぬこのコンテンツのネタです。

P.25では、NTTコムリサーチによる「第7回 企業におけるソーシャルメディア活用に関する調査」をもとに、SNSマーケティングを行ううえでの課題を確認しました。そこでは「営業上の効果が見えない」、「人材が不足している」などとあわせて、「投稿のネタがない」という課題も上位に含まれており、多くのSNS担当者が投稿ネタに頭を悩ませている実態がうかがわれます。ユーザーサポートであればネタが尽きることはあまりないでしょうが、ユーザーサポート以外の目的の場合、ネタを提供するのは企業側です。コンテンツのネタについても、作成方法と配信スケジュールなどをあらかじめ検討しておかなければなりません。

ここで、Yahoo! JAPANによるコンテンツマーケティングの実態調査を見てみましょう 01。コンテンツ作成は自社作成が44.1%に留まっており、何かしらでアウトソースにも頼っている企業が多いようです。また、課題については企画力不足が上位に入っており、対策なしではネタで行き詰まるといえるでしょう。

01 企業によるコンテンツマーケティングの状況

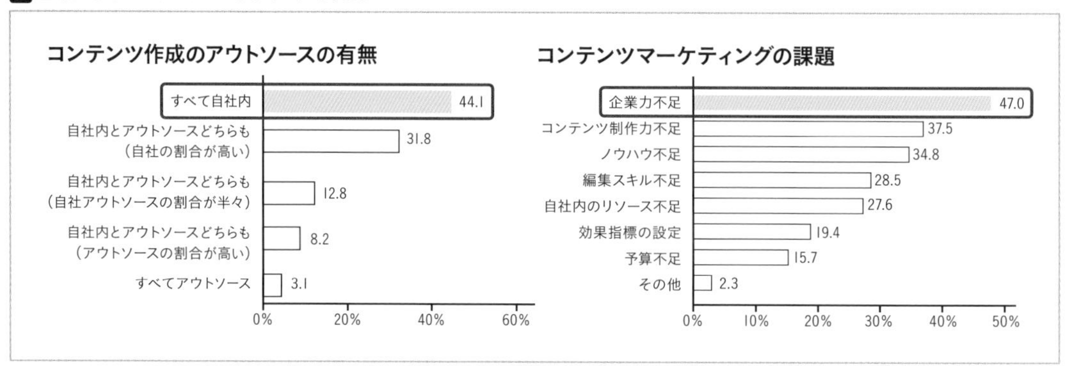

Yahoo! JAPANによる「コンテンツマーケティング1,000人実態調査」
http://web-tan.forum.impressrd.jp/yahooads/2016/02/24/22140

投稿するネタに困ったらリサイクルする

手軽に投稿ネタを生み出すテクニックとしてはコンテンツのリサイクルが効果的です。リサイクルにもさまざまなタイプがあるため、項目別に見ていきましょう。

◎既存のWebコンテンツをリサイクルする

インターネットの世界においては、日々たくさんのコンテンツが生み出されていますが、そのほとんどが一時的にユーザーに接触したあとは、残念ながらその役目を終えてしまいます。そのような既存のコンテンツをリサイクルし、新しいコンテンツに生まれ変わらせることも1つの手法です。この場合、もう一度マーケティングに活用しても新鮮味が出るように、視点やテイストを変えてみるのもよいでしょう。

◎まとめ記事にする

既存のブログや記事コンテンツなどを1つのテーマのもとで複数集め、まとめ記事として成立させる手法も有効です。単体のコンテンツではあまり価値がなくとも、テーマでまとめると魅力的になることもあるものです。たとえば、「今、パンケーキが熱い！」という情報は単体では目新しさがありませんが、「日本の食のブーム年代別まとめ」などと銘打って1つのネタにすることで、パンケーキ情報コンテンツの価値が高まります。

◎リライトする

既存のコンテンツの内容に加筆するなどして、新規コンテンツとしてリサイクルする手法です。ブログや記事などでたびたび見かけることがありますが、加筆した場合に「この記事は2020年○月○日に加筆修正しました」などと記載するのがポイントです。古い印象が払拭され、一気に新しい印象を与えます。

◎YouTubeに投稿する

すでに動画コンテンツがあれば、同じものをYouTubeに投稿するだけで新規コンテンツとして成立します。

◎PDFにする

まとめ記事と近い手法ですが、コンテンツの蓄積が膨大であれば、それらをまとめてPDF化することで、新しいダウンロードコンテンツに早変わりします。

Web上のニーズや調査データをヒントにする

コンテンツというものは、何かしらのデータなどの裏付けがあると説得力が出ます。裏を返せば、まずデータから把握して、そこからコンテンツを考えることもできるといえます。Web上にはユーザーの声や統計調査などが豊富に存在するため、そうしたデータ収集から始めるのもよいでしょう02。

02 データ収集に便利なツールやWebサイト

Googleトレンド（https://www.google.co.jp/trends/）
特定のキーワードがGoogleでどれだけ検索されているかをグラフで確認することができる

リリースや調査データ

PR TIMES
https://prtimes.jp/

ValuePress!
https://www.value-press.com/

調査のチカラ
https://chosa.itmedia.co.jp/

リサーチ・リサーチ
https://www.lisalisa50.com/

11 効果的なコンテンツを発想するための5つのヒント

基本編

コンテンツはおもしろさがあってこそのものですが、ユーザーの興味を強く惹き付けられるアイデアは、そうかんたんに思い付かないものです。アイデアを「おもしろく」見せることができるヒントを、実際の成功例から学びましょう。ここでは、視覚的にわかりやすい映像コンテンツを中心に紹介します。

1 コンテンツ発想のヒント――大きくする――

コンテンツを発想するための１つ目のヒントは、とにかく何かを「大きく」してみることです。どのようなものでも、一定の「サイズ感」が人の常識の中に刷り込まれているため、それが突然大きくなると、それだけでインパクトが出ることがあります。いうなれば「大きなプリンが食べたい！」などといった子どもの夢の延長線上にあるものを実現して活用するのです。ただ大きくするだけで、わくわく感が増し、楽しくなり、コンテンツの見え方が大きく変わります。そのように「大きく」してみた企業事例を見てみましょう。

● スプライト巨大シャワー（https://www.youtube.com/watch?v=ocCYlqvJKC4）

スプライトが夏にピッタリ、ということをひと目で表現するべく、ソーダマシーンを巨大化し、シャワーにした事例です。圧倒的なビジュアルインパクトで、その場にいたら思わず写真に撮りたくなるでしょう。イベントに参加していない人にもおもしさがすぐにわかるので、話題として広がりやすいでしょう。プロモーションもこのビジュアルを中心に横展開できるため、とてもわかりやすいコミュニケーションが形成できます。

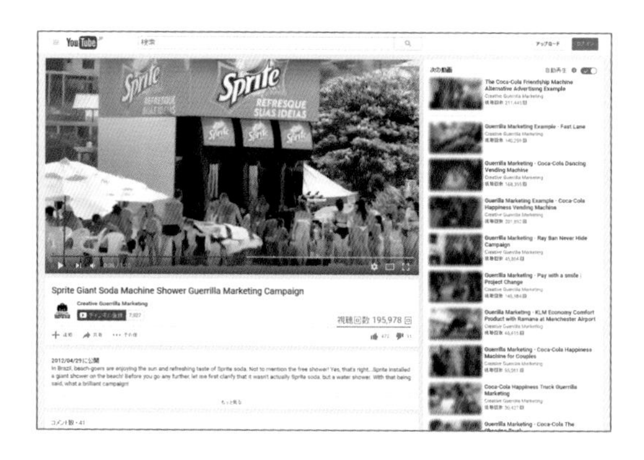

● The Danger of Selfie Sticks PSA（https://www.youtube.com/watch?v=1fmQs37YqXg）

ここ数年で「自撮り棒」をよく見かけるようになりましたが、その危険性を伝えるために、自撮り棒を「とにかく長くする」という方法を採用しています。大げさに表現することで馬鹿らしさが強調され、コミカルでおもしろい仕上がりになるのです。

2 コンテンツ発想のヒント——小さくする——

コンテンツを発想するための2つ目のヒントは、大きくすることとは反対に、とにかく何かを「小さく」してみることです。大きくする場合と同様に、一般常識として人の頭に刷り込まれている「サイズ感」をいじって、驚きとおもしろさを生み出すコンテンツ手法です。マーケティングと直結するものとしてもっともわかりやすいのは、携帯電話やパソコンにおけるものではないでしょうか。「世界最薄！」や「超軽量！」などと強調されると、機能がとくに変わっていなくても、それだけで注目してしまうものです。薄く、小さくするだけで、商品のベネフィットは大きく変わります。もちろん、商品と直結しないものを極端に小さくして、話題性を高めることも効果的です。シンプルな方法ですが、その中にうまく商品の特性を入れ込んだ事例を紹介します。

● **IBM動画（https://www.youtube.com/watch?v=oSCX78-8-q0）**

史上初めて、原子で作ったストップモーションアニメです。ひと目見るだけで、IBMの技術力がすさまじいということがわかります。「原子でつくったアニメ」というキャッチーな響きも手伝って、話題が拡散したものと思われます。

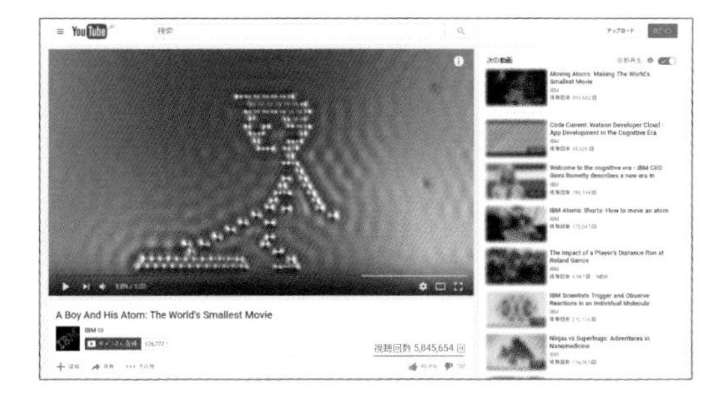

3 コンテンツ発想のヒント——範囲を拡大する——

3つ目は、「範囲を拡大する」してみることです。「大きくする」と似た表現ですが、こちらでは「範囲」がポイントです。わかりやすい例でいうと、映画館の「MX4D」です。本来「見る」ことが主役の映画において、においや振動などを追加することで、体験の幅を視覚から五感へ拡大し、大きな人気を集めています。これまで制限されることが当たり前と思われていたものを、大きく拡大してみると、おもしろいコンテンツになるかもしれません。

● **PANICOUPON Tsutaya（https://www.youtube.com/watch?v=vev_IVcrVOk）**

ヘッドマウントディスプレイを装着し、360度すべての方向がホラーになる映像を見て、そのときの心拍数に応じてクーポンが出るという企画です。ホラー映像を見るだけで恐いのに、それを360度すべての角度から見られるようにすることで、「視聴」が「体感」に進化しています。視野が広がっただけでコンテンツ自体は変わっていませんが、わくわく感はぐっと上がります。

4 コンテンツの発想ヒント――制限する――

4つ目のヒントは、「制限する」ということです。制限すると聞くと、コンテンツのよさを削ってしまうように聞こえるかもしれませんが、必ずしもそうではありません。開示する情報や、体験の範囲を制限するだけで、「もっと見たい」、「もっと知りたい」という感情を引き出す環境を作ることができます。あえて見せない、あえて動かさない。普通なら見慣れたコンテンツも、こうした制約を加えることで、よりビビッドになることがあるのです。

● アディダス サッカー日本代表新ユニフォーム (https://www.youtube.com/watch?v=_Pzg1Lnd3n4)

サッカー日本代表の新ユニフォームを先行公開した例です。ただし、0.01秒しか見られません。先行公開するというだけでも話題になるものですが、あえて時間の制限を入れることで興味を喚起し、企画がさらにシャープになっています。こちらは「情報」を制限することで、コンテンツへの興味・期待を引き上げています。

5 コンテンツ発想のヒント――場所を変える――

5つ目のヒントは、「場所を変える」ということです。コンテンツに触れる「場所」というのは、実はある程度決まっており、それを知らず知らずに実践しています。包丁は台所で使うもので、時計は腕にするもの。電車はドアから乗るもので、インスタントラーメンは家で食べるもの。こうした当たり前のことでも、思いもよらない場所に変えてみると、おもしろいコンテンツになることがあります。ここでは「場所を変える」という切り口でアイデアが跳ねている事例を紹介します。

● アディダス　壁面サッカー (https://vimeo.com/11461551)

ビルボードに人を宙吊りにして、そこでサッカーをさせるという企画です。サッカーの場をピッチからビルボードにするという場所の変換で、圧倒的なビジュアルインパクトを持つ企画に昇華されています。

アイデア次第でコストも削れる

コンテンツ戦略においては、とにかくお金を掛けることが成功の道とはかぎりません。押して駄目なら引いてみる。うまくヒントを活用しながら、シャープな企画を絞り出していきましょう。

CHAPTER 2

Facebook マーケティング

Facebookでは、企業向けの「Facebookページ」を利用することで、ビジネスに最適な運用が可能です。画像や動画などさまざまなメディアに対応しているほか、運用データの分析や、広告の活用もできるため、積極的に導入するとよいでしょう。

01 Facebookでできるマーケティングとは

導入編

Facebookは、現実的な人間関係をもとにつながっているユーザーが多いため、口コミのように情報が伝搬する特性を持ったSNSです。企業の情報発信ツールとして利用できる「Facebookページ」のしくみを理解し、消費者にとって役立つ情報を提供することで、企業のマーケティングに大いに役立てることができます。

Facebookページを活用する

Facebookページとは、企業や団体、ブランドなどが、Facebook上で情報を発信してユーザーとつながるための場所のことです。記事、写真、動画、リンクなどで最新情報を公開したり、イベントを作成したりするなど、さまざまな形で情報を発信することができます。Facebookページに「いいね!」をした人——ファン※1——やその友達は、ニュースフィード※2を通じてそのページの最新情報を知ることができるため、Facebookユーザーと接点を持ちたいと考えている多くの企業がFacebookページを開設しています01。

01 Facebookページ

Facebookページは主に企業などの情報発信に用いられる

Facebook活用の流れ

新しく開設したFacebookページを多くのユーザーに見てもらうには、ユーザーから「いいね!」などのアクションをしてもらい、Facebookページの情報を拡散させることが重要です。そのためにはどのようなユーザーにリーチするべきなのかを考える必要があります。

企業がFacebookページを使う場合は、認知度を高めたい、Webサイトへ誘導したい、売り上げにつなげたいなどといった、何かしらの目的があるはずです。そういった目的を達成するためには、まずどのようなユーザーへリーチしたいのかという視点で考えてみるとよいでしょう。

ターゲットが固まったら、そのようなユーザーに対してどのような情報を配信すると、関心を持ったり魅力的だと感じたりしてくれるのかを考えながらコンテンツを作成します。コンテンツを作成したら、Facebookページに投稿してみましょう。投稿したコンテンツにユーザーからコメントが寄せられた場合は、丁寧かつすみやかに対応することで、信頼関係をより構築しやすくなります。また、コンテンツを定期的に投稿し、ユーザーの興味や関心を持続させることも大切なポイントです。

※1　ファン
Facebookページに「いいね！」を付けたユーザーは、そのページのファンになり、ページからの更新情報を受け取れるようになる。

※2　ニュースフィード
Facebookのメインとなるページで、中央に記事などが一覧表示される。

顧客へのリーチ

新しくFacebookページを開設したばかりのときは、Facebookページの存在がユーザーに認知されておらず、ファンがいない状態です。そのため、工夫を凝らしたおもしろいコンテンツを投稿しても、ほとんど見てもらうことができません。こうした状況から抜け出すため、Facebookの機能を活用して、ターゲットとして想定しているユーザーに地道にリーチしましょう。

具体的には、友達をFacebookページに招待したり02、配信したコンテンツを自分自身でシェアしたりすることで、ファンを増やせます。また、ビジネス上のユーザーのメールアドレスに招待メールを送ったり、名刺やチラシなどにURLを記載したりして宣伝することも効果的です。

02 友達をFacebookページに招待する

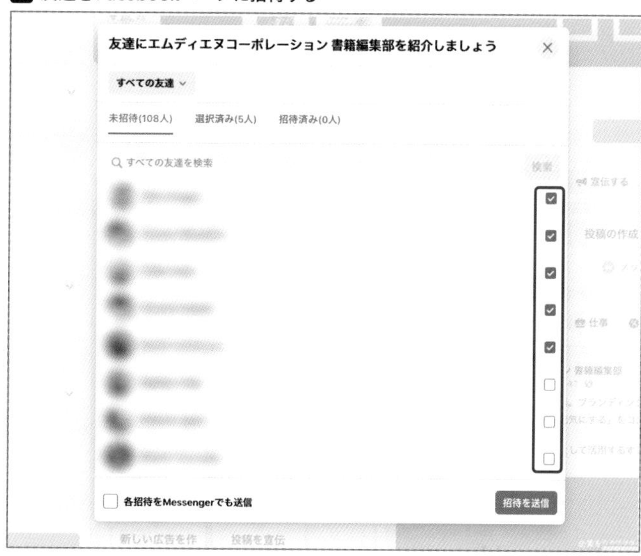

Facebookページの「…」をクリックして「友達を招待」を選択すると、任意の友達をチェックボックスで選択して「招待」を一括送信できる

コンテンツの効果測定

投稿したコンテンツがどれほどの効果をもたらしているのかを正確に把握することも重要です。Facebookページにはインサイト（CHAPTER2-10参照）という分析機能が用意されており、コンテンツごとにユーザーの反応を把握することができます。投稿が配信されたユーザー数や、コメント・シェア数などを分析することにより、効果を高めるためにどのような点を改善したらよいのかというヒントを得ることができます03。このようにコンテンツの内容を改善していくことで、ファンをさらに増やしていくことができるのです。

03 インサイトの分析画面

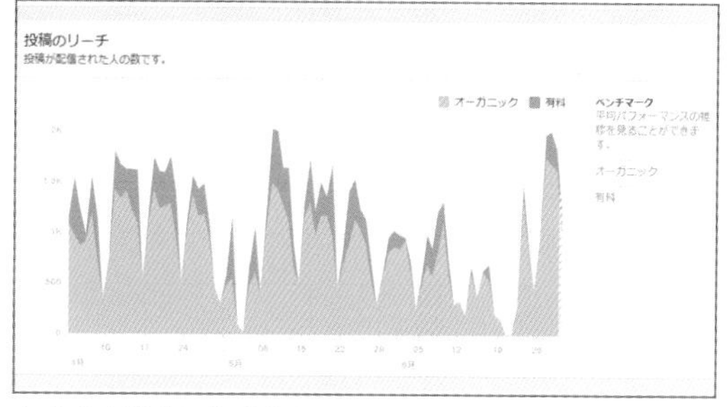

インサイトを利用すれば、投稿が配信されたユーザー数や、コメント・シェア数などが詳細に把握できる

広告の運用

ファンがなかなか増えない場合や、ファンを一気に増やしたい場合には、Facebook広告（CHAPTER2-13参照）を活用するのが有効です。年齢、性別、興味や関心、言語などを設定することによって、ピンポイントで広告を表示する対象を絞り込むことができるため、効率よくターゲットにリーチすることができます。広告のパターンを複数用意しておくと、効果の高い広告に自動的に予算が割り振られていくため、無駄を少なくしやすい特徴があります。

また、前述したFacebookページの分析機能であるインサイトを利用すると投稿の改善がしやすくなりますが、インサイトはファンが30人いないと利用できません。インサイトをすばやく利用できるようにするためにも、Facebook広告による集客は効果的な手段です。

参考にしたいFacebookページの活用事例

Facebookページを効果的に活用すれば、ビジネスにおいて大きなメリットを引き出すことができます。しかし、Facebookページを制作してみたものの、いまいち活用方法がわからず、頭を抱えている人も少なくないでしょう。そのようなときは、効果的な運用のコツを企業の活用事例から学ぶことも大切です。

Facebookページを上手に活用している企業には、共通して2つの特徴があります。1つ目は「継続発信」、2つ目は「顧客目線」です。そうしたポイントを充実させるためには、ほかのSNSと連動させて効率的に投稿する、アンケートやクイズなどユーザー参加型のコンテンツを投稿するなど、さまざまな方法があります。ここでは、そうした工夫によってFacebookページで効果的にプロモーションを行っている企業の事例を見て、活用のヒントを掴み取ってみましょう。

● 思わず参加してしまいたくなるクイズ形式（コカ・コーラ）

「はじめてのコークってどんな味わい？」、「連休中にやりたいことは？」、「みなさんはどれが飲みたい？」など、クイズやアンケートといったユーザー参加型の投稿を定期的に仕掛けています。それらとあわせて投稿される、思わず飲みたくなってしまうようなカットの写真も必見です。

https://www.facebook.com/cocacolapark

ユーザー視点の情報発信

ここで紹介しているFacebookページのいずれにも共通しているのは、「ユーザー視点の情報を発信している」ということです。企業本位の単なる宣伝の羅列では、ユーザーの心を掴むことは難しいでしょう。これらの企業のFacebookページを実際にチェックし、ユーザー視点の情報発信のコツを学び、商品・企業の認知度アップやブランド価値の向上に生かしたいものです。

● **丁寧に観光地の魅力を伝える（H.I.S Japan）**

TwitterやInstagramと共通のハッシュタグを使用するなどして、複数のSNSと連動したキャンペーンを展開し、記念日にちなんだ観光地の紹介などをしています。観光地の紹介文も、投稿頻度が高いにもかかわらず詳細に作り込まれており、しっかりとそれぞれの観光地の魅力が伝わるように説明されています。

https://www.facebook.com/H.I.S.Japan

● **製品を持つことによって得られる体験を共有（GoPro）**

「GoPro」は、探検や旅行などで活用できるウェアラブルカメラのブランドです。GoProのFacebookページでは、あえて製品の説明ではなく、「商品を使えばこんなにもよい写真が撮れる」ということが伝わる動画や写真を掲載することを重視しています。一方的な宣伝でなく、ユーザーの目線に立ったコンテンツに、好感を持つユーザーは多いはずです。

https://www.facebook.com/gopro

● **地域イベントと連動してお城の魅力を発信（熊本城）**

「熊本城フォトコンテスト」や「提灯設置ボランティア」といった地域イベントと連動させて、ユーザーにより近い視点からお城の魅力を伝えています。また、震災によって被害を受けた建物の復旧工事の様子を紹介するなど、さまざまな角度からユーザーの知りたい情報を伝えています。

https://www.facebook.com/KumamotoCastle

● **方言を使った温かみのある投稿で人の心を掴む（虎斑竹専門店 竹虎）**

「土佐弁」による投稿が魅力のFacebookページです。SNSの発信において大切なのは、情報を発信している人の顔が見えることです。SNSでは、日頃は方言を使う人も標準語で投稿をしてしまいがちです。だからこそ、「土佐弁」という方言を使うことによって、どこか温かみや人間臭さが感じられる、親しみのある投稿になるのです。

https://www.facebook.com/taketorayondaime

02 Facebookに適した目的・商材を把握しよう

導入編

企業によってFacebookの目的や商材はさまざまですが、Facebookに適した目的や商材があるのも事実です。適したものを理解したうえで活用するのと、何も知らずに活用するのとでは結果に大きな違いが出てくるはずです。どのような目的や商材がFacebookに適しているのかを把握しておきましょう。

Facebookに適した目的

まず、CHAPTER1-06で紹介した、NTTコムリサーチによる「第7回 企業におけるソーシャルメディア活用に関する調査」を振り返ってみましょう。この調査では、SNSごとの企業の活用目的がまとめられていますが、ここではFacebookの活用目的に注目します。わかりやすくするために、活用率が高い順に項目を並べたものを見てみましょう01。

Facebookの活用目的としてトップに位置しているのは、「企業全体のブランディング」です。48.8%という数字からも、ブランディングに対する企業の期待が極めて高いことがよくわかります。TwitterやYouTubeなどと比較しても非常に高い割合で、「特定製品やサービスのブランディング」も24.1%と高い活用率を示しています。

このようにブランディングに活用されやすい理由としては、Facebookが原則として実名で利用されるSNSであり、ユーザーから攻撃的な投稿がされにくい雰囲気があることが挙げられるでしょう。こうした意味でFacebookは、企業のブランドイメージを保つために適した環境だといえます。

もっとも、「広報活動」や「キャンペーン利用」、「顧客サポート」などでの活用も多くなっています。画像や動画の投稿、メッセージによるコミュニケーションがしやすいため、幅広い用途に活用できると考えてよいでしょう。全体的には、工夫次第であらゆる効果が期待できる、バランスのよいSNSだといえます。

01 Facebookの活用目的

順位	活用目的	順位	活用目的
1位	企業全体のブランディング（48.8%）	6位	サイト流入増加（17.5%）
2位	広報活動（41.9%）	7位	製品・サービス改善（11.6%）
3位	特定製品やサービスのブランディング（24.1%）	8位	EC連動（8.3%）
4位	キャンペーン利用（23.4%）	8位	採用活動（8.3%）
5位	個々の従業員のブランディング（18.2%）	9位	リアル店舗への集客等O2O関連の施策強化（7.9%）
5位	顧客サポート（18.2%）		

NTTコムリサーチによる「第7回 企業におけるソーシャルメディア活用に関する調査」より
http://research.nttcoms.com/database/data/001978/

Facebookに適した商材

メッセージ機能やコメント機能の充実したFacebookでは、従来のメディアのような企業からユーザーへの一方的な関係性ではなく、企業とユーザーの双方向な関係性を築きやすいメリットがあります。企業がユーザーとのコミュニケーションを活性化させやすいという意味で、固定ファンが付いている商材がとりわけFacebookに適しているといえるでしょう。CHAPTER1-05では、SNSマーケティングで効果が得られやすい業種・商材を確認しましたが、こうした固定ファンが存在する業種・商材として挙げた「スポーツ用品」、「レジャー施設」、「ゲーム」などが、具体的には適しているといえます。

反対に、「このブランドでなければだめ」という選好性の低い業種は、とりわけFacebookに適していないといえます。CHAPTER1-05でも触れたように、具体的には「情報通信・モバイル」、「旅行・ホテル」、「ドラッグストア」などの商材は効果が得らにくいと考えましょう。

また、Twitterなどそのほかの SNSと比べて、投稿が長時間表示されやすいことや、無差別に情報が拡散されるリスクが少ないことも、Facebookの特徴です。このような理由から、写真や動画などにコストと手間が必要な、比較的価格の高い商材にも向いているといえるでしょう。

Facebookのユーザー層から考える

Facebookのユーザー層から目的や商材を考えるのもよいでしょう。主要SNSの年代別利用率の調査結果を見ると、やはり20～30代に多く利用されていますが、そのほかのSNSと比較すると40代以上の利用率が高く、高年齢層にもリーチが可能だといえます02。そのため、高年齢層の好む比較的品質の高い商品・サービスも展開が可能でしょう。また、男女別利用率を見ると、30代までは若干女性ユーザーの利用率が高くなっています03。女性目線のきめ細かいユーザーサポートにも対応していると、さらに運営効果が期待できるはずです。

02 主要SNSの年代別利用率

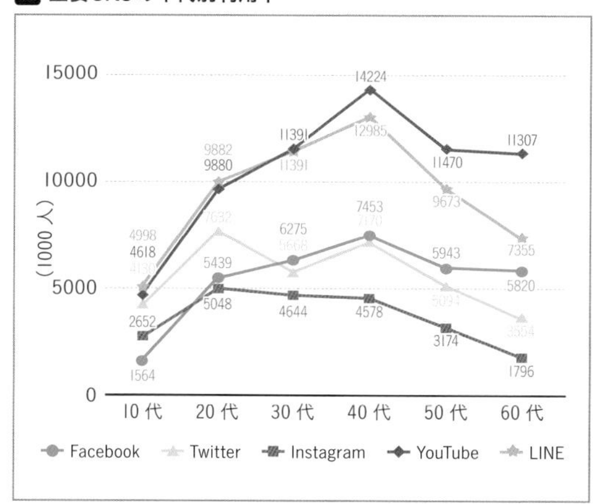

OgaWeb「2018年ソーシャルメディア（SNS）の年代別利用者比較」
https://www.make-light.work/web/2018sns/

03 主要SNSの男女別利用率

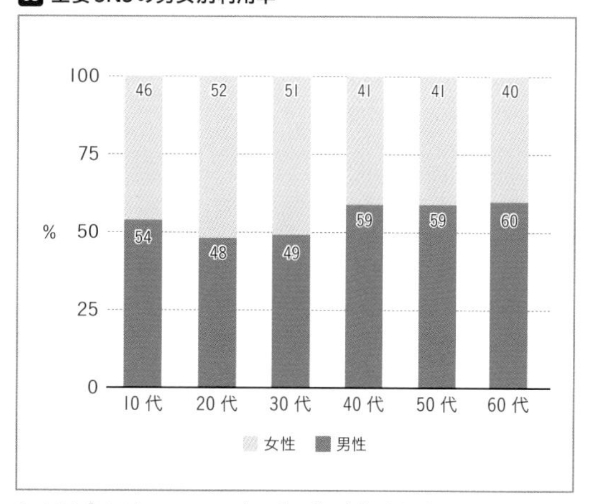

OgaWeb「2018年ソーシャルメディア（SNS）の年代別利用者比較」
https://www.make-light.work/web/2018sns/

03

個人アカウントとFacebookページの違いを知ろう

Facebookには個人アカウントとFacebookページがあり、見た目は大きく違いませんが、機能やできることが大きく異なります。個人アカウントと同じ感覚でFacebookページを利用していると、ページが本来持っているメリットを十分に生かすことができません。それぞれの違いや特徴をよく理解しておくことが大切です。

個人アカウントとFacebookページの主な違い

Facebookの個人アカウントは実名で個人が情報を発信する場であり、主に友人や知人とプライベートなコミュニケーションを行う用途で使われます。それに対してFacebookページは、企業、ブランド、製品、組織、団体、著名人などの公式代理人が情報を発信する公式ページ※1であり、ファンやユーザーなどとコミュニケーションを行う用途で使われます。

Facebookページはそうしたビジネス用途をメインとしているため、個人アカウントに比べて制限が少ないのが特徴です01。たとえば、個人アカウントは作成できるアカウントが1人につき1つしかなく、友達としてつながりを持てる人数も5,000人までという制限が設けられていますが、Facebookページはいくつでも作成することができ、ファンになることができるユーザー数にも制限が設けられていません。

また、Facebookページには、広告を配信することができたり、ページへのアクセス状況を分析するインサイトを利用できたりと、個人アカウントにはないメリットがあります。投稿が表示されているタイムライン（P.51参照）をFacebookにログインしていない人でも閲覧できることや、投稿した情報がGoogleやYahoo!などの検索エンジンの検索対象になることも、ビジネス上の大きなメリットだといえるでしょう。

こうした違いから、Facebookページは広く一般に情報を配信するためのルールや機能が備わっているツールといえます。本格的にビジネスで運用をしたいのなら、個人アカウントとは別に、やはりFacebookページを用意する必要があるのです。

01 個人アカウントとFacebookページの制限の違い

	個人アカウント	Facebookページ
目的	個人が情報を発信	企業や団体などが情報を発信
アカウント数	1人につき1つ	上限なし
友達・ファン数	5,000人が上限	上限なし
投稿記事の検索	検索エンジンの検索対象にならない	検索エンジンの検索対象になる
分析機能	なし	あり

Facebookページでは制限が少ないため、より自由にビジネスに活用することができる

※1　公式ページ
公式代理人によって管理されるFacebookページは正式には「公式ページ」と呼ばれ、公式代理人ではない個人によって管理される応援や関心を意図するページとは区別される。本書では断りがないかぎり、Facebookページを公式ページとしての意味で使用する。

Facebookページのホーム画面

個人アカウントのホーム画面とFacebookページのホーム画面の基本構造は同じですが、細かな部分が異なります。機能が適切に使い分けられるように、機能に関わる主要な部分を把握しておきましょう。ここでは、Facebookにログインした状態で自分が管理するFacebookページを表示した場合を例にしています。

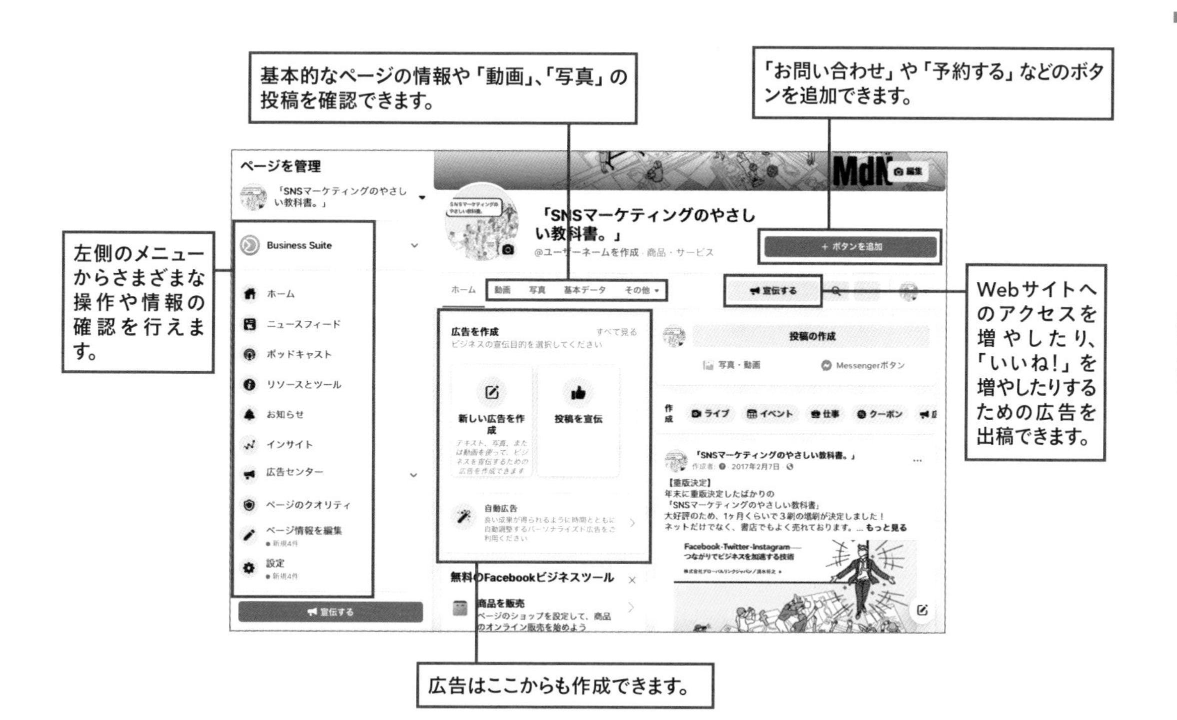

ログアウト時のFacebook

前述したように、Facebookページは、ユーザーがFacebookにログインしていない状態でも閲覧できます。「いいね！」を付けたりコメントしたりすることはできませんが、投稿や基本データ、写真などは確認できるようになっています。Facebookユーザー以外の来訪者の目も意識したいものです。

04 Facebookページで目標を設定しよう

導入編

Facebookには運用効果を計るたくさんの指標があり、目的や運用方針によって企業の目標設定はさまざまです。それでも、多くの企業で「いいね！」やシェアの獲得が目標に設定されています。そのためには、それらを目標に設定する場合のポイントについて把握しておきましょう。

「いいね！」の獲得を目標にする

「いいね！」とは、Facebookに投稿された記事に対して、肯定的なフィードバックを与えるために行われるアクションのことです。投稿記事などの「いいね！」ボタンをクリックすることによって「いいね！」を付けることができます。

ここで注意しておきたいのは、Facebookの友達やFacebookページの投稿に対して「いいね！」を付けることと、Facebookページ自体に「いいね！」を付けることは、大きく意味が異なるということです。友達やFacebookページの投稿に対して「いいね！」を付けると、その投稿に興味を持ったということを、友達やFacebookページに知らせることができます。一方で、Facebookページ自体に「いいね！」を付けると、そのFacebookページからの投稿がニュースフィードに表示されるようになります。つまり、投稿に対しての「いいね！」が一時的に肯定的なフィードバックを与えるものであるのに対して、Facebookページへの「いいね！」は継続的なつながりを構築するためのものだということです 01。もちろんFacebookページを運用する企業は、Facebookページへの「いいね！」を増やしたほうがユーザーと長期的な関係を築きやすくなります。そのため、Facebookページへの「いいね！」を付けてくれるユーザー（ファン）の獲得を目標にする企業が多いのです。

以上のことから、Facebookページに投稿した記事が、投稿への「いいね！」と、Facebookページへの「いいね！」のそれぞれの指標にどれだけ貢献したのかを把握したうえで、コンテンツを評価するのが望ましいといえます。そこで、それぞれの指標の確認方法についても、続けておさえておきましょう。

01 投稿への「いいね！」とFacebookページへの「いいね！」

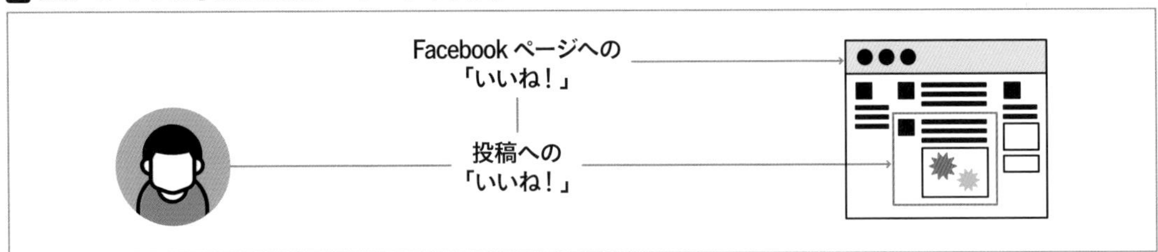

Facebookページ自体に「いいね！」を付けると、Facebookページと継続的なつながりが構築されるため、投稿への「いいね！」よりも重要になる

投稿への「いいね！」

投稿に対して付けられた「いいね！」のデータは、Facebookページのインサイトで確認できます。Facebookページの左メニューから「インサイト」をクリックし、画面左側の「投稿」をクリックすることで見ることができますが、ここでは「いいね！」のほかに「コメント」や「シェア」の数も合算された値が表示されています。純粋な投稿別の「いいね！」数を把握するには、別途インサイトデータをダウンロードする必要があります。

インサイトの左メニューから「概要」をクリックし、「ページの概要」の「データをエクスポート」クリックします。エクスポートウィンドウで「投稿データ」を選択し、「データをエクスポート」をクリックするとダウンロードできます02。ダウンロードしたエクセルファイルを開き、「Lifetime Post Stories by act」というシートを見ると、「like」の列で投稿別の「いいね！」数を確認できます。

02 インサイトデータのダウンロード

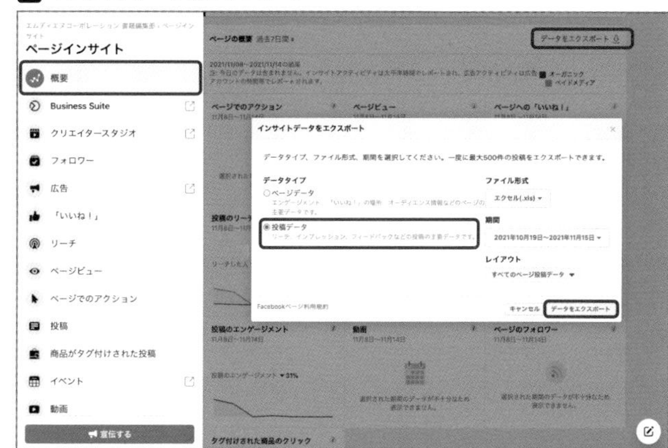

インサイトで「概要」をクリックし、「データをエクスポート」をクリックして、「インサイトデータをエクスポート」画面を表示する。「投稿データ」をクリックし、「データをエクスポート」をクリックすると、インサイトデータがダウンロードできる

Facebookページへの「いいね！」

このように、投稿への「いいね！」は具体的に把握できますが、Facebookページへの「いいね！」に関しては、投稿記事による明確な効果を把握する指標はありません。そのため、記事を配信したあとにどれだけFacebookページへの「いいね！」が増えたのかに注目し、その相関を推測するとよいでしょう。

インサイトの「いいね！」タブをクリックすると、「いいね！」数の推移を確認することができます03。また、ここでは「いいね！」の取り消し数やFacebook広告を見て「いいね！」を付けた数、「いいね！」が発生した場所なども把握できます。

03 インサイトでの「いいね！」数の確認

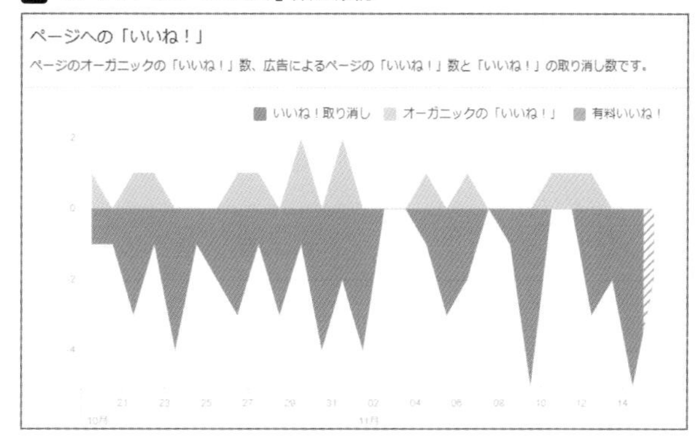

上半分の青色の部分が「いいね！」の増加を、下半分の赤色の部分が「いいね！」の減少を表している

シェアの獲得を目標にする

Facebookにおけるシェアとは、ほかのユーザーが投稿した記事を引用して自分のタイムライン※1に書き込む行為です。通常の投稿と同様に友達に情報を共有され、情報拡散が期待できることから、シェアの獲得が目標とされることが多くなっています。Facebook上の投稿にはそれぞれ「シェア」ボタンが付いており、それをクリックすると、シェアの形式を選択できます04。

◎今すぐシェア

現在のプライバシー設定に従って、ニュースフィードとタイムラインでシェアされます。

◎ニュースフィードでシェア

投稿に説明を追加するなどしてから、ニュースフィードにシェアできます。

◎Messengerで送信

基本的には「シェア」と同じしくみですが、情報を共有する相手を指定できるため、特定の人だけに情報を共有したいときに使用します。

◎グループ／ページ／友達のプロフィールでシェア

それぞれFacebookグループ、Facebookページ、友達のプロフィールページで投稿をシェアをすることができます。

なお、Facebookページ自体をシェアする場合は、「…」→「シェア」の順にクリックします05。こちらも同様にタイムラインに投稿されるため、情報拡散が期待できます。

04 投稿のシェア

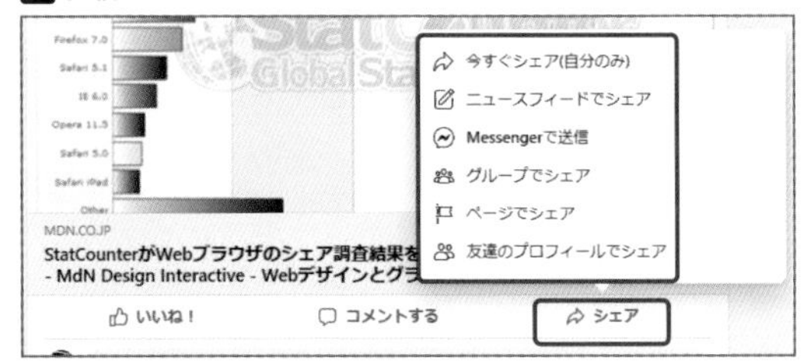

投稿の「シェア」をクリックし、シェアの形式を選択する

05 Facebookページのシェア

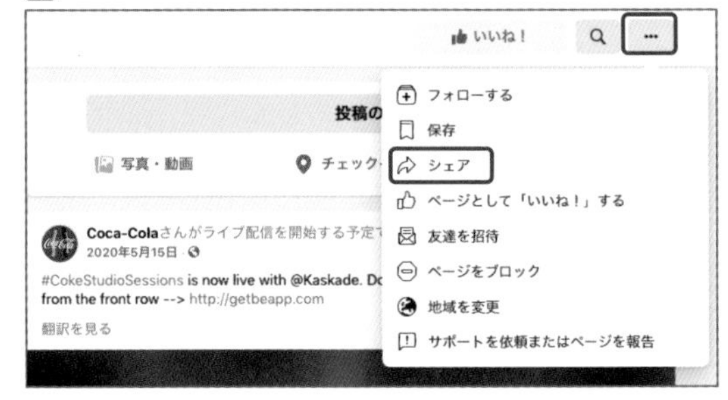

「…」をクリックし、「シェア」をクリックすると、Facebookページ自体をシェアできる

「いいね！」とシェアの違い

ユーザーの行動心理の面からすると、「いいね！」は投稿に対して賛同の意思表示をするものであるのに対して、シェアは友達に情報を伝えたいと思ったときに行われるアクションといえます。この違いはFacebookにおける情報の拡散の仕方にも関係しており、「いいね！」を付けた場合は友達のニュースフィードにその情報は流れませんが、シェアをした場合は友達のニュースフィードにもその情報が流れます。

当然、Facebookページを運用している企業にとっては、ファンに「いいね！」を付けてもらうより、シェアをしてもらったほうが、より多くの人に情報が拡散することになるため、望ましいでしょう。そのため、投稿別にシェア数を計測したうえで、どのような記事を投稿するとシェアされやすいのか、「いいね！」されやすい記事とシェアされやすい記事にはどのような違いがあるのか、といった要素について検証を重ね、シェア数の拡大を目指していくことは、Facebookページを運用していくうえで欠かせない作業です。

※1　タイムライン
Facebookの画面上部のアカウント名をクリックすると表示されるプロフィール画面の中央にある、自分の投稿記事が時系列順に並ぶ画面領域のこと。

投稿別のシェア数

「いいね！」の場合と同様に、投稿別のシェア数のデータはインサイトの「投稿」タブで見ることができますが、やはりシェアのほか「いいね！」やコメントの数も合算されています。シェア数だけを確認するには、P.49を参照してインサイトデータをダウンロードしましょう。

ダウンロードしたエクセルファイルを開き、「Lifetime Post Stories by act」というシートをクリックすると、「share」の列で投稿別のシェア数を確認することができます06。

06 インサイトデータでのシェア数の確認

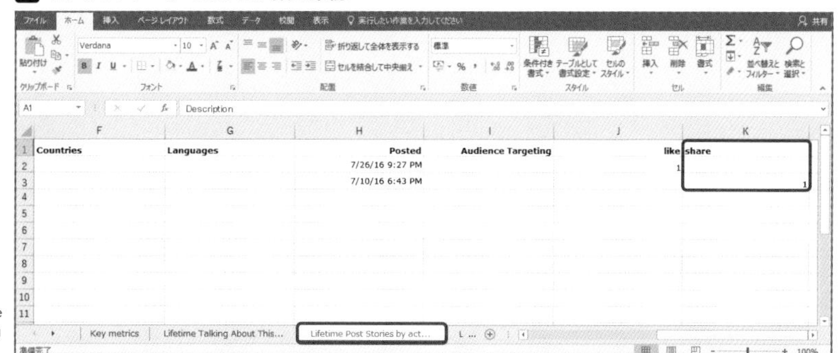

ダウンロードしたエクセルファイルの「Lifetime Post Stories by act」をクリックし、「share」を確認する

Facebookページ全体のシェア数

Facebookページ全体のシェア数は、「インサイト」でかんたんに確認できます。Facebookページの左メニューから「インサイト」→「リーチ」とクリックすると、「リアクション、コメント、シェアなど」でシェア数の推移をグラフで見ることができます07。また、画面右側の「ベンチマーク」の下にある「シェア」をクリックして選択すると、その期間におけるシェア数の平均値を表示することもできます。シェアの状況をすばやく把握したい場合などに活用しましょう。

07 インサイトデータでのシェア数の確認

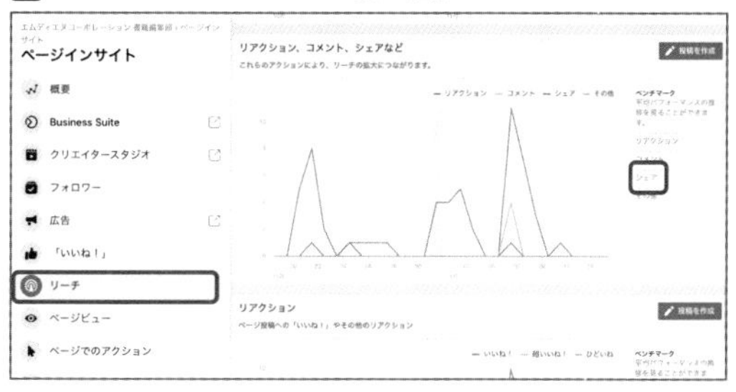

インサイトで「リーチ」をクリックすると、シェア数の推移が把握できる。グラフ上にカーソルを合わせると、具体的な数値が確認できる

05 ファンを獲得するポイントをおさえよう

Facebookページで「いいね！」を獲得し、よりファンを増やすためには、ユーザーの反応を促す投稿を作ることが重要です。ユーザーの感情が動く瞬間をイメージし、それに見合った投稿内容を意識しましょう。テキストの読みやすさを工夫したり、ユーザーが参加できる内容にしたりすることで、効果が大きく変わります。

ユーザーの感情を揺さぶる投稿

たとえ有益な情報をタイムラインに流しても、ユーザーに反応されないままでは、認知の輪は一向に広がらず、プロモーションの効果は十分には得られません。Facebookをプロモーションに有効活用するには、ユーザーの反応を促すような投稿を意識的に作ることが重要です。

「いいね！」が多く付いている投稿の共通点を分析すると、ユーザーの感情を揺さぶる要素が効果的に働いていることが多いため、まずはこの点を意識するようにしましょう。人が拡散したくなる情報には、一般的に「感動」、「発見」、「共感」のいずれかの要素が含まれているといわれています01。ネタを漠然と思案するのではなく、この3つの要素を意識的に具体化することで、よりユーザーの心に響くコンテンツを作りやすくなるでしょう。

01 拡散されやすいコンテンツの3要素

■感動 ノンフィクションの感動秘話、家族や動物との絆、歴史上の美談など
■発見 おもしろ雑学、最新ニュース、ユーザーへの提案など
■共感 あるある話、体験談など

それぞれの要素ごとに掘り下げて考え、少しずつ具体化していくことで、コンテンツにつなげていくとよい

読みやすい文章の体裁を心がける

投稿する際に気を付けたいのが、文章の読みやすさです。現在では、大半のユーザーがスマートフォンでFacebookをチェックします。パソコンでは改行の位置が適切に見えても、スマートフォンで見ると不自然な箇所で改行されていることがよくあります。そのため、下書きはパソコンで行い、投稿はスマートフォンから行うとよいでしょう。端末によって異なりますが、一定以上の文字数・行数の投稿は一部が省略されて表示されるので注意が必要です02。

02 読みやすい文章量

全体150文字程度が読みやすい

【「役に立つけど使えない...」コンテンツにならないために考えるべきこと】
コンテンツマーケティングの視点からのコンテンツ作成のコツを解説。ユーザーにとっての「使えないコンテンツ」の具体例をご紹介します。
http://bit.ly/29smlhh

いいね！18件

いいね！　コメントする　シェア

全体で150文字程度に収めると読みやすい文章に仕上がる

写真付きで投稿する

投稿に写真を添えることも「いいね！」を増やすポイントです。文字だけの投稿と比較すると、クリック率は格段に向上します03。もちろん、どのような写真でもよいというわけではありません。投稿内容に見合っていること、数秒で理解できるわかりやすいものであることなどを意識しましょう。

実際に、テキストの投稿よりも写真の投稿のほうが「いいね！」やコメント、シェアがされやすいというデータがあります。Facebookでのエンゲージメントに関するfacenaviの調査（http://facebook.boo.jp/facebook-engagement-survey-2012）によると、写真の投稿は1投稿あたり平均56件の「いいね！」を獲得しており、すべての投稿タイプの中でもっとも多くの「いいね！」を獲得しています。

03 写真付きの投稿のイメージ

投稿に写真が添えられていると、注目度が高まりやすくなるだけでなく、内容も格段にイメージしやすくなる

ユーザー参加型の内容にする

コメントやシェアなどによって、ユーザーが参加できる投稿も効果的です。P.42で紹介した「コカ・コーラ」のFacebookページなどは、こうした投稿を積極的に活用しています。クイズやアンケートなどを含む投稿を定期的に配信することによって、企業とユーザーで双方向のコミュニケーションが取れる場所を作り上げています04。

一方的な宣伝ではユーザーの心に届きません。ユーザーとコミュニケーションを取り、前向きに関係性を構築する姿勢が感じられて初めて、効果的なプロモーションを行うことができるのです。

04 コカ・コーラのFacebookページ

https://www.facebook.com/cocacolapark

広告・宣伝らしくないことも重要

プロモーションで大切になるのは、宣伝らしさを見せないことです。宣伝らしさが見える投稿は、どこか余裕が感じられず、それだけで一気に魅力がなくなってしまいます。企業や商材を一方的に売り込むのではなく、きちんと自分の言葉で企業・商品の魅力を文章にし、ユーザー目線の内容に落としこむことが重要です。

06 Facebookページ開設のポイントをおさえよう

Facebookページは、企業、ブランド、店舗などさまざまなビジネスで利用されますが、初期設定の手順はそれほど大きく変わりません。Facebookページの開設から運用を開始するまでに、最低限行っておきたい手順をおさえましょう。なお、Facebookページを作成する前に、あらかじめ個人アカウントにログインしておきましょう。

Facebookページを作成する

まずはFacebookページの作成から開始します。ブラウザで01のFacebookページの作成画面（https://www.facebook.com/pages/creation）にアクセスして、次の項目を設定します。

◎ページ名

ビジネス名やページの内容が伝わりやすい名前を設定します。

◎カテゴリ

ページが象徴するビジネス、組織、トピックのタイプを示すカテゴリを選択します。3件まで追加できます。

必要な情報を入力してから「Facebookページを作成」をクリックしてください。あとから設定することもできるため、わからない場合はスキップしてかまいません。

01 Facebookページの作成画面

https://www.facebook.com/pages/creation/

一般設定を行う

Facebookページ上部の「設定」をクリックし、「一般」タブをクリックすると、以下の設定項目が確認できます。

◎公開範囲

ページの公開／非公開を選択することができます。基本的な設定を終えるまでは非公開にしておき、そのあとで公開に切り替えたほうがよいでしょう。

◎ビジター投稿

ユーザーが投稿できるようにするかを設定できます。

◎メッセージ

非公開メッセージの受信可否を設定できます。

◎ページのモデレーション

任意のキーワードを含む投稿・コメントをブロックするための設定です。自由なキーワードが設定可能のため、ビジネス上不都合なものを設定しておきましょう。

◎不適切な言葉のフィルタ

不適切な言葉を含む投稿・コメントをブロックすることができます。まずは初期設定（オフ）で始めてみて、支障がある場合に使用を検討してみるとよいでしょう。

※1　カテゴリ
カテゴリはパソコンでFacebookページを検索する際にページ名の下に表示されるため、適切なものを選択したい。よくわからない場合は、競合企業のFacebookページを検索してみるなどして、カテゴリを検討するとよい。

基本データを入力する

「基本データ」はFacebookページのプロフィールとなる部分です。公開することで不都合が生じる情報以外は、なるべく入力しておきましょう。Facebookページ左側メニューの「ページ情報を編集」をクリックすると、各項目を編集することができます02。

◎ユーザーネーム（ユニークURL）

URLの一部を独自のものに変更することができます。企業名やサービス名などを入れるのが一般的ですが、あまり長くなりすぎず、ユーザーが視認しやすいものにするとよいでしょう。

◎ウェブサイト

企業サイトのURLを入力します。信頼感が増すだけでなく、企業サイトへの流入も期待できるため、関連サイトを持っている場合は設定しておきましょう。

02 基本データの編集画面

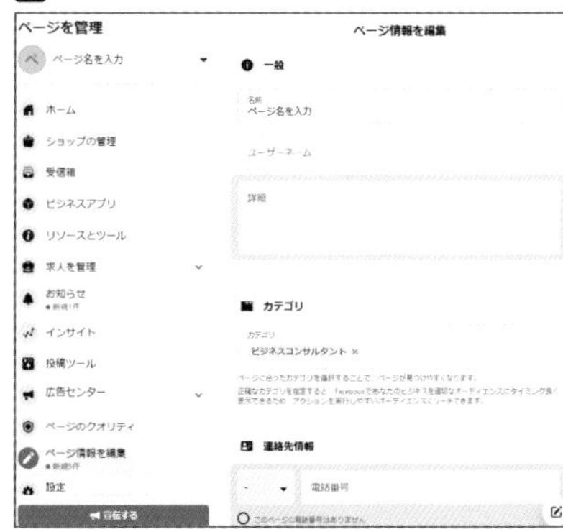

ユーザーに安心感を与えるためにも、詳細に情報を入力したい

プロフィール画像／カバー画像を設定する

Facebookページのプロフィール画像とカバー画像03は、画像右下に表示されているカメラアイコンから変更できます。

◎プロフィール画像

Facebookの個人アカウントでいう顔写真に該当します。投稿やコメントなどを行う場合にはすべてこの画像がアイコンとして使われるため、企業やサービスのロゴなど、ひと目でその存在が伝わるものを設定しましょう。

◎カバー画像

Facebookページのトップに大きく表示され、Facebookページの印象を大きく左右する要素です。ユーザーにどのようなイメージを持ってほしいかという視点から、写真の素材やデザインを考えてみましょう。

03 プロフィール画像とカバー画像

複数の関係者で管理する場合

Facebookページ左メニューの「設定」→「ページの管理権限」から、管理人の追加や権限の変更をすることができます。Facebookページを複数の関係者で管理する場合に設定しましょう。管理人の役割は5種類あるため、「https://www.facebook.com/help/289207354498410」にアクセスして役割の内容を把握したうえで、管理者や権限を設定する必要があります。

07 Facebookに適した記事の作成スタンスを確認しよう

運用編

Facebookに適した記事を書くために、自社ブランドなどの立ち位置や、Facebookの特性・ユーザー層を確認しておきましょう。闇雲に記事を書いても、継続的な効果を得ることは困難です。「誰に対してどのような効果を期待しているのか」を明確にしたうえで記事を作成することを推奨します。

企業やブランドよってスタート地点が大きく異なる

Facebookページを作成したばかりの段階ではまだファンはいないため、まずはFacebookページの存在自体をユーザーに知ってもらう必要があります。Facebookページの存在を知ってもらう方法としては、企業の公式サイトなどでの情報発信が一般的だと思いますが、ブランド力が強い企業やサービスはすでにリアルなファンが存在しているため、そのようにFacebookページを開設したことを広報するだけで、ある程度ファンを獲得することが可能です。しかし、ブランド力が弱い企業やサービスの場合はもともとリアルなファンが少ないため、公式サイトなどでFacebookページを開設したと広報しただけでは、ファンを獲得することは困難です01。

このように、開設した段階で企業やブランドによってスタート地点に大きな差があることを認識しておく必要があります。このことを念頭に置いて、記事作成に臨まなければなりません。まずはスタート時点で、既存のファンに向けたコンテンツなのか、まだファンではない一般のユーザーに向けたコンテンツなのかを明確にしたうえで、記事作成を考えていくことを推奨します。

01 ブランド力によるスタート地点の差

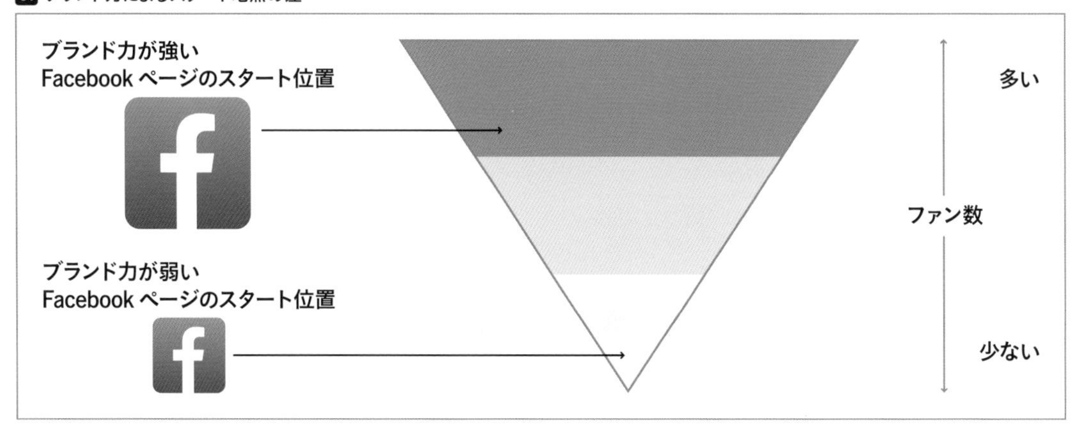

ブランド力がある場合はすでにファンが確保できているが、ブランド力がない場合はファンが少ないため、ファンではないユーザーを意識した記事を作成したい

シェアされた記事は信頼度が高まる

Facebookは単に利用率が高いだけでなく、実名で登録されているユーザーが非常に多いコミュニティです 02。ユーザーが実名で登録するメリットとしては、実社会のコミュニティをそのままネット上で活用できることや、新たな人脈作りが可能になることなどが挙げられます。基本的には友人や知り合いを経由してコミュニティがつながっていくため、安心感がある程度担保されていることが大きな魅力の1つでしょう。

こうした安心感の高さによって、ユーザーが「いいね!」を付けたりシェアしたりした記事は、広告よりも信頼度が高くなりやすい点に注目しましょう。また、実名利用のため、記事別の効果をユーザーの属性とともに把握できるメリットもあります。ユーザーの属性を意識し、シェアを促すことに重点を置いた、安心感のある記事を心がけましょう。

02 Facebookの実名利用率は84.8%

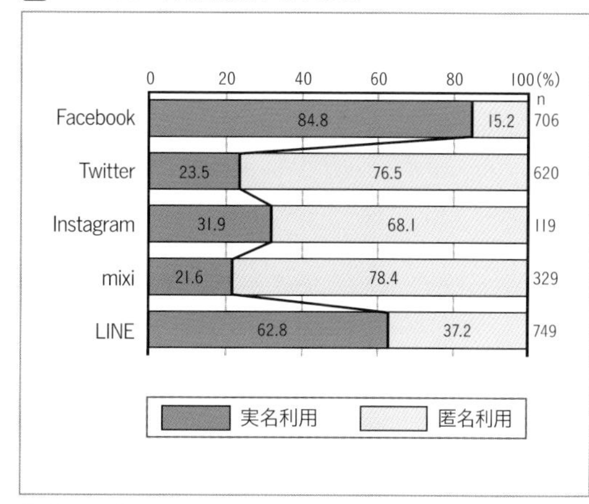

総務省による「社会課題解決のための新たなICTサービス・技術への人々の意識に関する調査研究」より
http://www.soumu.go.jp/johotsusintokei/whitepaper/ja/h27/html/nc242220.html

ユーザー層を意識する

ユーザー層を意識して記事を考えることも大切です。FacebookはそのほかのSNSと同様に20代を中心とした若年層での利用率が高いですが、50代以上のユーザーも少なくないという特徴があります 03。そのため、そのほかのSNSと比べてやや落ち着いた雰囲気が感じられます。あらゆる年代から見られていることを意識して、投稿する記事のトーンもいくらか落ち着きを意識してみるとよいでしょう。もちろん、ターゲットとするユーザー層が若年層にかぎられている場合などは、臨機応変にトーンを調整する必要があります。ただし、シェアや「いいね!」はターゲット以外のユーザー層からもらえることもあるものです。Facebookの年代別利用率を参考にしながら、場が白けることのない記事を作成することを心がけましょう。

03 Facebookは高年齢層が比較的多い

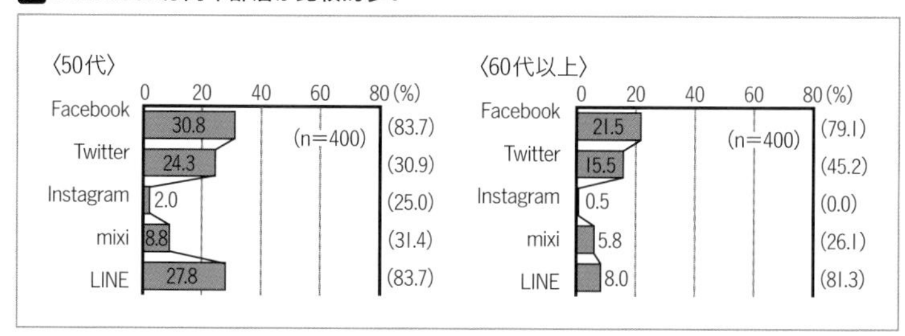

総務省による「社会課題解決のための新たなICTサービス・技術への人々の意識に関する調査研究」より
http://www.soumu.go.jp/johotsusintokei/whitepaper/ja/h27/html/nc242220.html

他社の実績から投稿内容を考える

Facebookページ開設時のファン数や、ターゲットとするユーザー層などを念頭に置いたうえで、より具体的に投稿内容を検討していきましょう。Facebookページをビジネスで活用する場合、どのような内容の投稿が適しているのでしょうか。まずは、企業がFacebookページで、実際にどのような内容の記事を投稿しているのかを確認してみましょう。

企業によるFacebookでの活用施策04を見ると、「自社サイト・自社ブログへのリンク付きつぶやき」がもっとも高い割合を占めていることがわかります。このことから、コンテンツマーケティングの一環として、Webサイトに用意されたストックコンテンツへユーザーを誘導する投稿内容が有効だといえるでしょう。ただし、そうした誘導目的の投稿内容は宣伝・広告としての側面が強くなるため、あまりにも多く続くとユーザーにネガティブな印象を与えかねません。また、「業界に関する有益な情報を流す」、「担当者のキャラクターを工夫し好感を持ってもらうよう努める」、「ユーザーとの積極的な交流」などの活用施策を行っている企業の割合も高いため、何でもかんでもユーザーを外部サイトに誘導すればよいとはいえません。Facebook内で完結したコンテンツとしての強度を高めるために、好感を持ってもらえるようなキャラクターの活用や、ユーザー目線の有益な情報の配信を意識するようにしましょう。

もっとも、Facebookにおける施策の推移を見ると年々比率が変化しており、この数年で投稿されている内容もさまざまな形に変化していることが読み取れます。Facebookページを運用する目的や扱う商材、ターゲットとするユーザー層などに応じて、投稿内容を最適化することも必要です。

04 企業によるFacebookでの活用施策

順位	施策	順位	施策
1位	自社サイト・自社ブログへのリンク付きつぶやき（36.3%）	7位	顧客の声を製品・サービスに積極的に反映させる（14.5%）
2位	業界に関する有益な情報を流す（32.3%）	8位	顧客の声を経営層・意思決定層（管理者層）に報告（13.5%）
3位	担当者のキャラクターを工夫し好感を持ってもらうよう努める（30.7%）	9位	アンケート、商品開発のための意見を顧客から募集（12.5%）
4位	ユーザーとの積極的な交流（29.4%）	10位	自社製品・サービス利用に困っている人に積極的に話しかける（10.2%）
5位	ソーシャルメディア限定のセール・キャンペーン情報を流す（16.2%）	11位	動画を活用した商品やサービスのプロモーション（6.9%）
6位	リアルイベント開催（15.5%）	12位	リアル店舗への集客等O2O・オムニチャネル関連施策（6.6%）
7位	自社に関する投稿をモニター（14.5%）		

NTTコムリサーチによる「第7回 企業におけるソーシャルメディア活用に関する調査」より
http://research.nttcoms.com/database/data/001978/

Webサイトへの流入を促す

Webサイトへの流入を促す記事を作成する場合、テキスト+テキストリンクだけの投稿では、効果はあまり期待できません。投稿されるテキスト記事のほとんどは流し読みされるため、ユーザーがテキストを読まないことを前提にして、写真で興味を喚起することを意識するようにしましょう。P.53でも解説したように、実際に写真付きの投稿ではクリック率が大幅に上昇します。テキストとの関連性が高く、一瞬で理解できるものが効果的です。

キャラクターを活用する

「いいね!」やシェアを増やすために、キャラクターを活用した内容にしたいと考えている人も少なくないでしょう。実際にキャラクターの活用は有効ですが、ブランド力の違いによってFacebookページのスタート地点が違ったように、有名キャラクターと無名キャラクターの違いによってもスタート地点が異なることに注意が必要です。キャラクターの知名度によって、アプローチ方法もコミュニケーション方法もまったく別のものになります。

既存の有名キャラクターを使用する場合は、そのキャラクターのファンに対して記事を書き、ファンと良好なリレーションシップを構築することを意識します。無名のキャラクターを使用する場合は、まずはキャラクター自身のことを一般ユーザーに認知してもらえるようなわかりやすいアプローチが必要です05。使用するキャラクターの立ち位置を把握したうえで、文章のトーンや記事の内容を検討しましょう。

05 キャラクターの認知度による違い

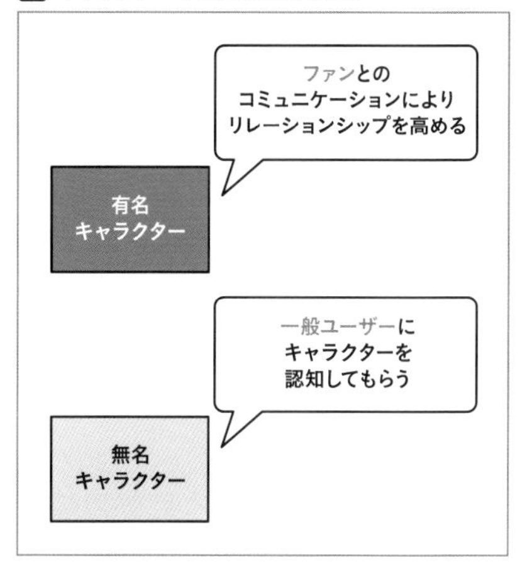

ユーザーに有益な情報を配信する

同様の情報を複数の企業が配信しても、ファンが多いFacebookページと、一般ユーザーが多いFacebookページとでは、効果が大きく異なります06。自社のファン数やその年代、居住地域などを考慮したうえで、ニーズに応える内容の記事を作成しましょう。他社のFacebookページがうまくいっているからといって、投稿を真似ても同じ効果は期待できません。

06 ファンと一般ユーザーによる受け止め方の違い

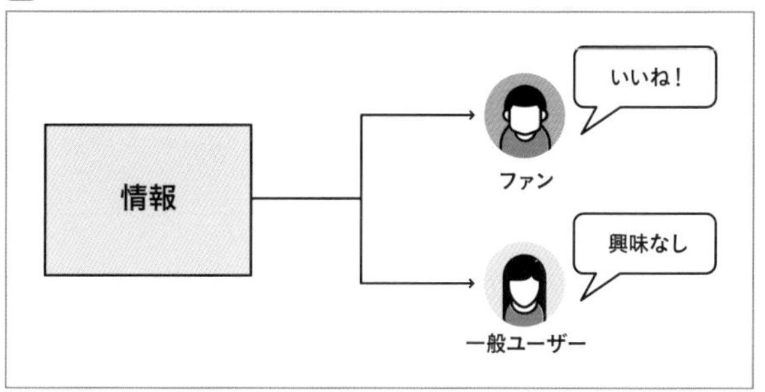

08 目的に応じた記事の作成ポイントをおさえよう

運用編

これまでにも解説してきたように、Facebookページを運用する目的には、ブランディングや集客などさまざまなものがあります。目的ごとに記事の内容も変わってくるため、記事の目的が明確な場合に、どのようなポイントに注意して記事を作成すると効果が高いのかをおさえておきましょう。

ブランディングではブランド力を考慮する

ブランディングでは、「この会社のこの商品だから買おう」といった、企業・ブランドとユーザーとのつながりの意識をユーザーに持たせるように仕向けます。まずは、「いいね！」を多く付けてもらうことで継続的なファンを多く獲得することが重要になります。ただしP.56で解説したように、ブランド力が強い企業のFacebookページと、ブランド力が弱い企業のFacebookページとでは、スタート時点のファン数が大きく異なります。そのため、ブランディングを目的とした記事を作成する際にも、このファン数の違いを考慮しなければなりません。

ブランド力が弱い企業の場合、まずは企業・ブランドの認知度を上げて、徐々にファンを獲得していくことが最優先になります。後述するFacebook広告との併用を前提として、初めてのユーザーでもわかりやすい情報を提供することを意識するとよいでしょう。また、ブランド力の強いFacebookページの場合は、ユーザーから共感や信頼をさらに得て、ユーザーの心の中にある企業のイメージや価値を高めていく必要があります。前提となる基本情報を薄める一方で、より詳細な情報やイメージを提供することを心がけましょう01。

01 ブランド力によるブランディングの違い

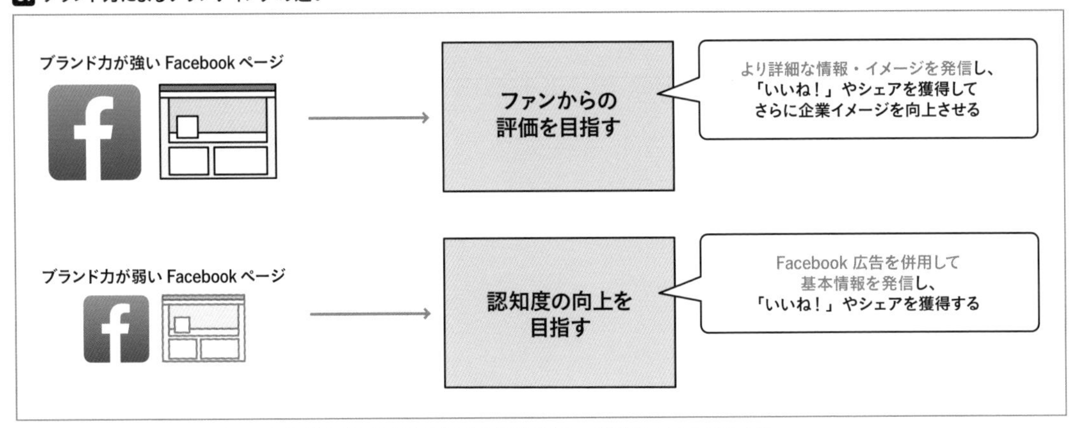

ブランド力の弱いFacebookページでは、まず企業やブランドに関する基本的な情報を発信し、認知を拡大しなければならない

※1　クリエイティブ
広告業界において、広告として制作される広告素材などを意味する。ディスプレイ広告、テキスト広告、メール広告など、インターネットにおける広告も含まれる。

集客では見込み客を集める

Facebookに投稿した記事からWebサイトへユーザーを流入させる場合、基本的には見込み客を集めることが目的となるため、クリエイティブ[※1]の作成と同様に記事を作成することになります。ただし、Facebookはあくまでもコミュニティであるため、ユーザーは「いいね！」を付けたりシェアをしたりしたくなるような情報を求めている、という点には注意が必要です。一方的に企業や商品の魅力をアピールするだけでは、大きな効果は期待できません。ユーザーが求めているのは、商材を売買することを前提とした記事ではなく、「この情報とリンクの先には自分にとって価値がある」と思える記事です。

この際、記事の内容がリンク先のWebサイトの内容と乖離しないように気を付けましょう。記事の内容に誇張や紛らわしい部分などがある場合、一度はユーザーにクリックされるかもしれませんが、次回からはクリックされなくなる可能性が高くなるため、広告の運用と同様に中長期的には効果は期待できません。企業・ブランドの信用やイメージを傷付けることにもなりかねず、場合によっては炎上に発展してしまいます。こうした理由から、Facebookページ上の記事と、流入先となるWebサイト・ランディングページはセットで考え、ユーザーに有益な情報を提供することを前提にプランニングする必要があります02。

また、記事とWebサイト・ランディングページとのセットによる集客のため、記事自体に内容を書き尽くす必要はありません。ボリューム的にも、ユーザーの興味を喚起する程度でよいでしょう03。

02 見込み客を集めるポイント

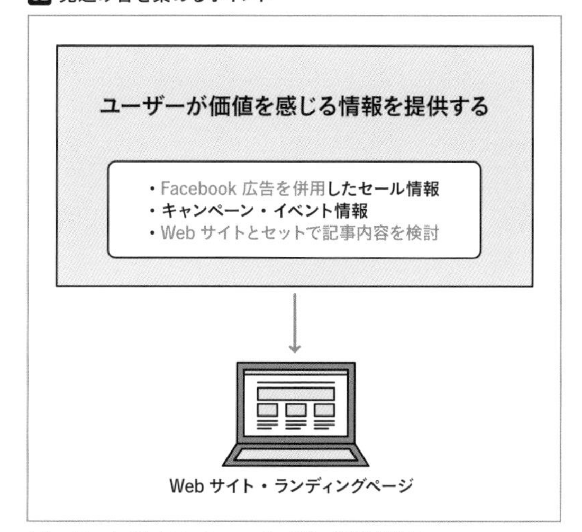

クリエイティブに近いとはいえ、ユーザー目線の情報を提供したい

03 Webサイトへの誘導例

メインはリンク先のWebサイト・ランディングページとなるため、記事は簡潔でよい

販促では特別感で購買意欲を喚起する

販促を目的とする場合も、企業のブランド力によって記事の扱い方が異なります。まずはブランド力が強いFacebookページでの販促について解説しましょう。

ブランド力が強い企業の場合、すでに自社のFacebookページのファンになっており、投稿を閲覧できる状態になっているユーザーが前提になります。集客の場合と同様に、Webサイト・ランディングページへの流入や店舗への誘導がメインになりますが、販促ではその対象を主にファンに絞るという点が異なります。そのうえで、ファンであるからこそメリットの感じられる要素を盛り込んだ記事を作成するとよいでしょう。つまり、「ファン限定」、「SNS限定」などといった特別感を付加価値にすることで、購買意欲をさらに刺激し、効果を高めるというわけです。通常考えられるコンテンツとしては、SNS限定のセール情報、キャンペーン、クーポン※2などがあります。

ブランド力が弱い企業の場合は、ファン数が少ないため、販促の対象をファンだけに絞らず、一般ユーザーにもメリットがある内容の記事を作成し、幅広い見込み客を取り込むようにしましょう。この際、Facebook広告を併用することで効果を高めるとよいでしょう04。

04 ブランド力による販促の違い

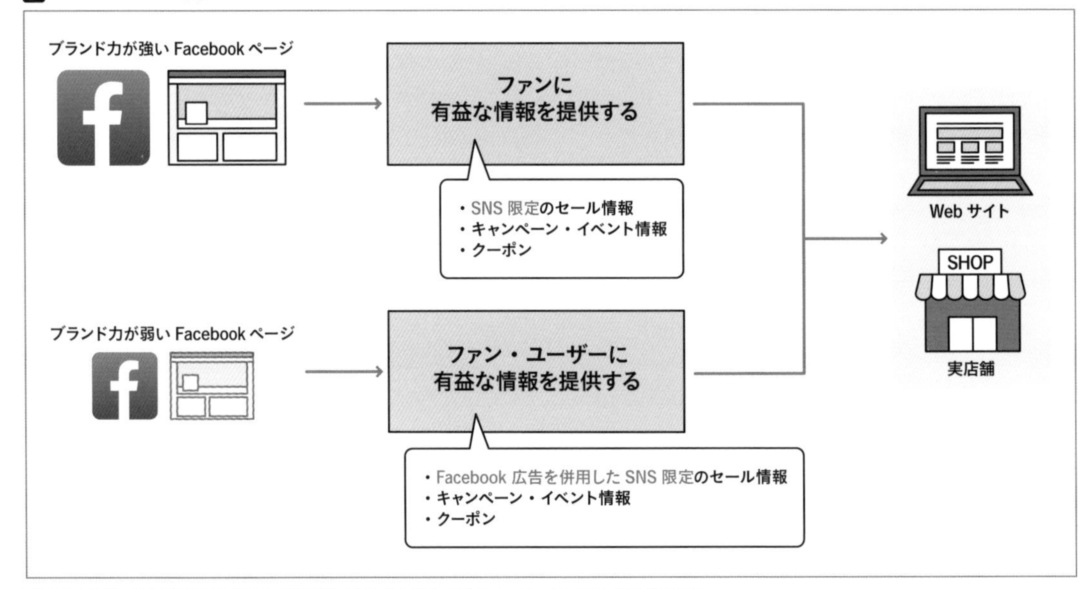

ブランド力が強い場合は販促対象をファンに絞るが、ブランド力が弱い場合はユーザーも対象として間口を広げる

複数の目的で運用する場合

記事は複数の目的で作成されているケースが多いと思われますが、複数の目的を達成するためには、企業のブランド力や中長期でのFacebookページの運用方針などを考慮して、総合的にプランニングする必要があります。ここで紹介している目的別のポイントを参考にしつつ、臨機応変に記事を作成しましょう。

※2　クーポン
一般的には割引券や回数券などを意味するが、Facebookでは Facebookページ上からファンに配信できる割引サービスを意味する。詳しくはP.67を参照。

ユーザーサポートは丁寧かつ迅速に

最後に、ユーザーサポートを行う場合について確認しましょう。ユーザーサポートでは、最終的にはユーザーからの質問やメッセージに対応することが目的になりますが、そうしたユーザーからのアクションを受け付けやすい記事を投稿すると、サービス性を高めることができます。商材に関するアンケートを投稿したり、よくある質問に対する回答を投稿するなどして、先回りのサポートを行うとよいでしょう。

投稿した記事に対するユーザーからの質問や、ユーザーから直接送られてくるメッセージに対応する際のポイントについてもおさえておきましょう。Webサイトに対してユーザーが問い合わせをする場合、返信が多少遅くてもそれほど問題にならないケースが多いと思いますが、SNSの場合は異なります。企業がユーザーとのコミュニケーションを強化するためにSNSアカウントを開設しているという認識がユーザーに強くあるため、Webサイトの問い合わせ対応と同様のスピード感ではトラブルになる可能性があります。各社の定める運用ガイドラインにもよりますが、FacebookにかぎらずSNSのユーザーサポートでは、総じて迅速に対応するようにしましょう。

また、当事者であるユーザー以外の第三者の目も意識しましょう。Facebookの場合、直接のメッセージであれば第三者に情報が洩れることはありませんが、タイムライン上で質問などを受けた場合には、第三者に閲覧できる状態になるため注意が必要です。ユーザーの質問・意見がポジティブな内容であってもネガティブな内容であっても、そこに書かれている内容以上に、企業側の対応が適切か不適切かをユーザーは見ているものです。ポジティブな質問・意見であればとくに回答に悩むことはないと思いますが、ネガティブな内容の場合にどれだけ適切かつ迅速に回答できるかが重要です 05。

05 ユーザーサポートのポイント

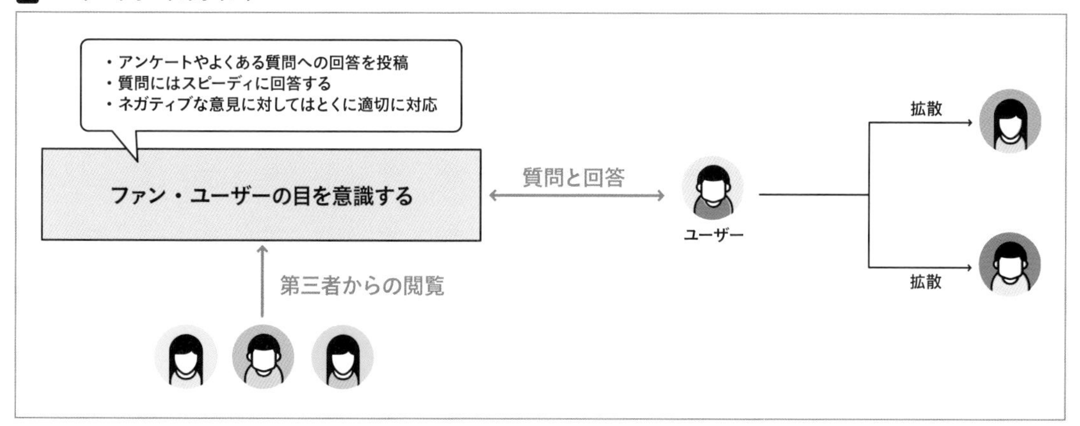

1人のユーザーに対する回答でも、常に第三者に見られていることを意識して対応したい

09 コンテンツタイプによる投稿ポイントをおさえよう

SNSの代表的なコンテンツタイプとして、テキスト、画像、動画などがありますが、各コンテンツにはそれぞれ適切な規格があります。既存のコンテンツを流用したり、ほかのSNSと併用したりする場合は、Facebook用に修正・カスタマイズが必要です。そうしたポイントを、コンテンツタイプごとに把握しておきましょう。

テキストは文字数・行数に注意する

SNSの中でもっとも汎用性が高いコンテンツタイプ※1がテキストですが、どのようなSNSでも安易に使い回せるというわけではありません。SNSごとにテキストの表示されるスペースが異なり、見え方が大きく変わってくるからです。Facebookにおけるテキストの投稿でもっとも気を付けなければいけないのも、やはりそうした見え方を左右するテキストの長さです。Facebookの投稿では、一定の文字や行数を超えるテキストの場合、テキストが途中で省略されてしまい、「もっと見る」や「続きを読む」というリンクをクリックしなければ全文が読めません。ユーザーはこうしたわずかな手間を嫌うため、極力省略されない文字数に抑えて投稿しましょう。また、パソコンとスマートフォンでも見え方が異なるため、テキスト投稿の仕様について確認しておきましょう 01。

01 テキストの見え方の違い

パソコンの場合

スマートフォンの場合

150文字程度に収めると双方で読みやすくなる

※1　コンテンツタイプ
一般的には、ファイルやデータの種類を指す場合が多い。ここでは、SNSに投稿可能な、テキスト、画像、動画などのコンテンツの種類を意味する。

画像は推奨サイズで投稿する

画像単体で投稿するケースは少ないと思いますが、画像だけの投稿では意図や内容が伝わりにくくなってしまいます。テキスト単体よりも、画像とテキストをあわせて投稿したほうが、リーチ数やクリック数の向上に効果があるため、基本的にはテキスト＋画像での投稿を心がけましょう。

画像を美しく見せるには、Facebookから推奨されている画像のサイズを守りましょう。写真の長辺が720、960、2048ピクセルの場合、最適に表示されます。この推奨サイズをオーバーしても画像は表示されますが、推奨サイズ以上の画像はリサイズされてしまい、上下または左右が表示されなくなるため、画像全体をはっきりと美しく見せたい場合は、やはり推奨サイズにあわせたほうがよいでしょう。また、もっとも画像の圧縮率が低いのは、長辺が2048ピクセルの場合です。写真を高画質で見せたい場合は、長辺を2048ピクセルにリサイズしてから投稿するようにしましょう。ただし、推奨サイズで投稿しても圧縮はされるため、ある程度画質が落ちることは想定しておいてください。

なお、スマートフォンの画面が縦向きであることも意識しましょう。縦長の投稿画像に比べると、横長の投稿画像は小さく表示されます 02。ひと目ではっきりと画像を見せたい場合は、正方形や縦長の画像を投稿するとよいでしょう。

02 画像の見え方の違い

パソコンの場合

スマートフォンの場合

スマートフォンは縦長の画面のため、横長の画像が小さく表示される点に注意したい

動画では無音再生を意識する

テキストや画像よりも動画のほうが視認性に富んでいるため、Facebookでプロモーションを行う際に、動画が多くのユーザーの目に留まり効果的であるというのは事実でしょう。しかしながら、動画を用意する際に念頭に置いておきたいことがあります。それは、約80%以上もの動画が「無音」で再生されているといわれているということです。それというのも、Facebookの初期設定では、動画の音声はオフになっているからです。

無音のままだと、約半数の動画で意図が伝わらないものになってしまうといわれています。そのため、YouTubeなどで効果のある動画をそのままFacebookに投稿するだけでは十分な効果は期待できません。無音再生されることを踏まえて、無音でも効果のある動画を作るために工夫する必要があるのです。そのために講じておきたいものの1つは、動画に字幕を付けて、ユーザーの興味を誘い、理解を促すという対策です。

動画が無音で再生される場合、字幕などの補足説明がないかぎりは意味がほとんど伝わらず、そもそも長く閲覧する気が起きません。しかし、動画に字幕が付いていれば内容が理解できるようになり、ユーザーの興味を惹き付けることができます。字幕を付けるとイメージが損なわれてしまうような内容の場合は、映像だけで内容が伝わる構成・演出を意識するとよいでしょう。

最初の3秒で強烈なインパクトを与える動画を

動画を使用する際に意識したいもう1つのポイントは、最初の3秒でユーザーになるべく強烈なインパクトを与えるべきだということです。つまり、最初の3秒で強烈に興味が惹かれる内容でないと、ユーザーに見られることなく、ほかの投稿に埋もれてしまうということを意味しています。この3秒という基準は、Facebookの動画広告のディレクションに携わっているクリス・ペープ氏により提唱されています。それほどユーザーはコンテンツを真剣に見てはいないのです03。

動画はテキストや画像と異なり、ユーザーを強く惹き付けるプロモーションツールですが、結局、コンテンツが選ばれる要素は「クオリティ」や「面白さ」に尽きます。低品質で陳腐なものはユーザーに見向きもされません。まずは、いかにユーザーに興味・関心を持ってもらえるか。それこそが成功の鍵といえるでしょう。

また、投稿に表示されるサムネイルも興味を喚起するうえで重要です。動画のアップロード時に「カスタムサムネイルを追加」をクリックすれば、任意の画像をサムネイルに指定することができます。

03 動画の投稿例

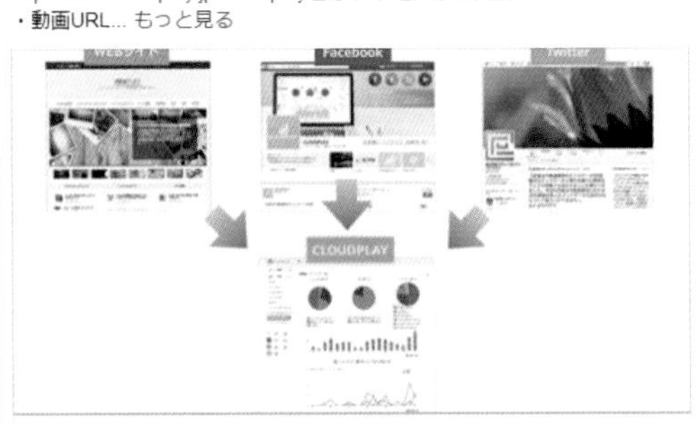

動画は最初の3秒でインパクトを与えて惹き付けたい。サムネイルも動画の特徴を示すインパクトのあるものを心がける

クーポンを配信する場合

　Facebookページでは、クーポンをかんたんに無料で作成することが可能です。実店舗などへの誘導に効果が期待できるため、ぜひ活用してみるとよいでしょう。ここでは、効果的なクーポン作成のポイントについて解説します。

◎割引率は20%以上に設定する

　割引率の低いクーポンより多くの人にリーチすることが可能です。割引率が20%以上だと効果が高くなります。

◎商品を使っている人の写真を使う

　商品単体やロゴだけの写真よりも、商品を使っている人の写真のほうが、ユーザーがイメージしやすくなるため効果があります。

◎クーポンがシェアされる期間を考慮する

　クーポンの有効期限が短いと、店舗に来店できなかったり、多くのユーザーに認知されないまま終了してしまったりする可能性があります。ユーザーがクーポンを利用する期間を考慮して、適切なクーポンの有効期限を設定しましょう。

◎広告クーポンは「トップに固定」に

　多くのユーザーに閲覧されるように、作成したクーポンはFacebookページの最上部に固定表示し、目立つようにしましょう。投稿を最上部に固定表示するには、投稿の右上の をクリックし、「トップに固定」をクリックします。

クーポンの作成手順

　クーポンでは、割引率や有効期限などを詳細に設定することができます。いつでもクーポンを配信できるように、Facebookページでクーポンを作成する手順をおさえておきましょう。

1 Facebookページのタイムライン上部の「その他」→「クーポン」をクリックします。

2 「クーポンを作成」をクリックします。

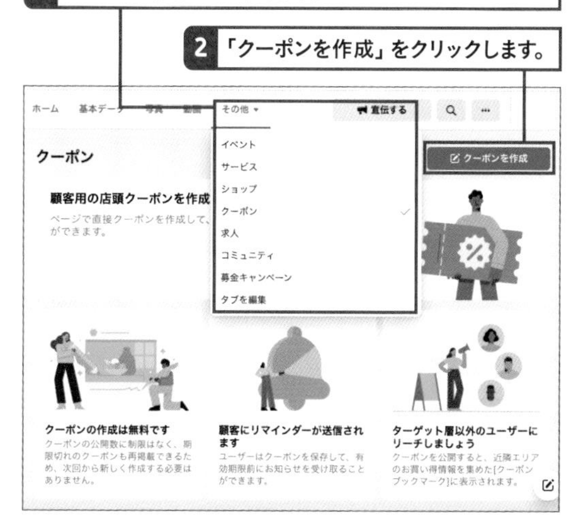

3 割引率や写真、有効期限などのクーポンの詳細を設定します。

4 「公開する」をクリックします。

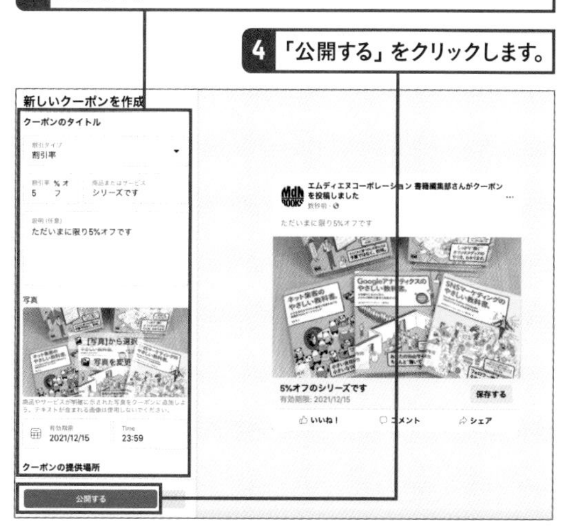

10 インサイトにより投稿を最適化しよう

分析編

インサイトはFacebookページで使える専用の分析機能です。Facebookページのリーチやファンなどを拡大していくためには、絶えずユーザーの興味関心を惹き付けられるようコンテンツ内容を分析して改善していく必要がありますが、そのためにはまずインサイトを使ってできることを理解しておくことが大切です。

ページの概要を確認する

Facebookページ左メニューの「インサイト」をクリックすると、「概要」が表示され、「ページの概要」と「最近5件の投稿」の状況を確認することができます。

◎ページの概要

リーチやユーザーの反応などの推移をグラフで把握することができます01。増減が気になる数値がある場合は、カーソルをあわせてクリックすると詳細画面に遷移できます。集計期間はデフォルトでは「過去7日間」ですが、クリックして変更することができます。

◎最近5件の投稿

投稿別に、投稿タイプ、ターゲット設定、リーチ、エンゲージメント※1などのデータを確認できます。

01 ページの概要

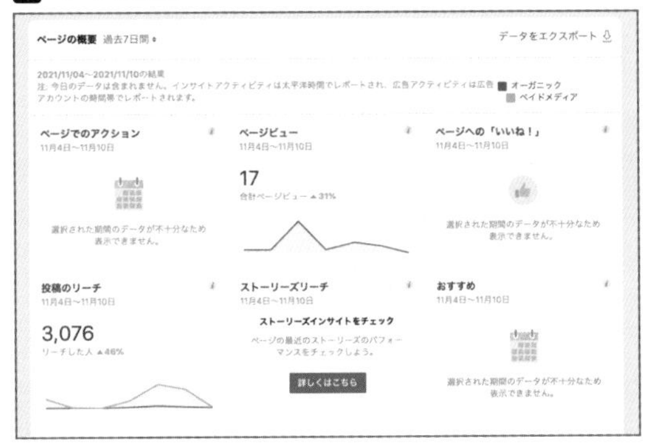

数字とグラフで、Facebookページへのアクセス状況などがすばやく把握できる。データをダウンロードするには、画面右上の「データをエクスポート」をクリックする

「いいね！」を確認する

左メニューの「いいね！」をクリックすると、Facebookページに対する「いいね！」の推移を把握することができます。合計数を示す『ページの合計「いいね！」』、「いいね！」の純粋な増減数を示す『ページへの「いいね！」』、「いいね！」が付いた場所を示す『ページの「いいね！」の発生場所』の順に表示されます02。いずれのグラフも特定の日付にカーソルを合わせてクリックすると、「いいね！」が発生した場所と取り消された場所が表示されます。数値に大きな動きがあった場合に確認して、要因を絞り込みましょう。

02 ページインサイトの「いいね！」

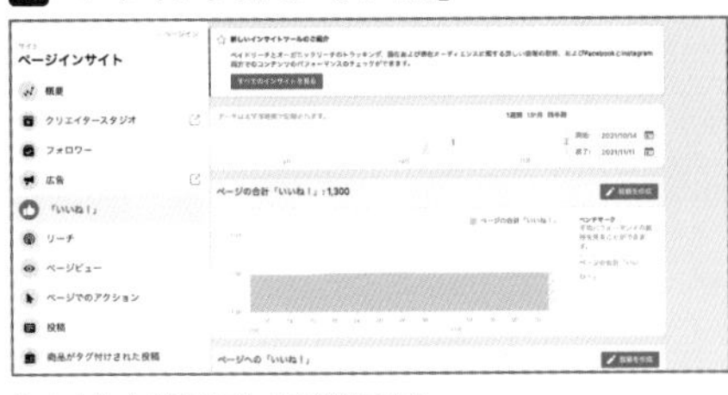

「いいね！」に関するデータを確認できる

※1　エンゲージメント
投稿に対するユーザーの反応のことで、コメント、シェア、クリックなどの行動を指す。

※2　リアクション
投稿を見たユーザーが感情を表現できる機能で、「いいね！」、「超いいね！」、「大切だね」、「うけるね」、「すごいね」、「悲しいね」、「ひどいね」の7種類がある。

リーチを確認する

左メニューの「リーチ」をクリックすると、Facebookページのリーチ数（Facebookページのコンテンツを見たユーザーの数）などの推移を把握することができます。

◎リアクション、コメント、シェアなど

この数値が高いとリーチを拡大することにつながります03。高い数値を記録している日付にカーソルをあわせてクリックすると、その日に反応がよかった投稿を確認することができます。どういったコンテンツを投稿すると、リアクション※2やコメントなどを得られやすいのか、参考にしてみましょう。

◎非表示、スパムの報告、「いいね！」の取り消し

反対に、この数値が低いとリーチの減少につながりかねません。上記と同じ手順で数値の目立つ日付の投稿を確認し、否定的な反応をされやすいコンテンツの傾向を分析して、投稿内容を改善してみましょう。

03 リアクション、コメント、シェアなど

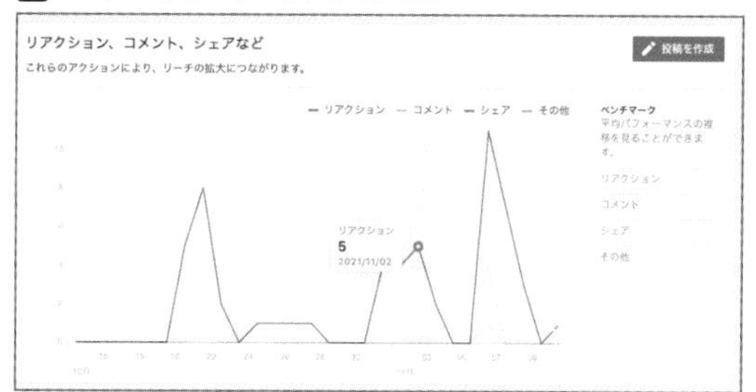

「いいね！」などのリアクション、コメントなどの推移を確認することができる。目立った部分にカーソルを合わせてクリックし、投稿の内容を確認しておきたい

ページビューを確認する

左ページの「ページビュー」をクリックすると、Facebookページのアクセス数などを把握することができます。よく見られているセクション（投稿、基本データ、写真など）や、Facebookページを見ているユーザーの属性などを参考に改善してみましょう。

◎合計ビュー

Facebookページが閲覧された回数が確認できます04。「ホーム」、「基本データ」、「写真」など、Facebookページを構成するセクションごとのデータを確認するには、「セクション別」をクリックしましょう。

◎合計閲覧者数

ページを閲覧した人数が確認できます。セクション、年齢・性別、国、都市、機器ごとに見ることもできます。

◎上位ソース

Facebookページに来訪する直前にユーザーが見ていた外部サイトが確認できます。外部からどの程度ユーザーを誘導できているかがわかります。

04 合計ビュー

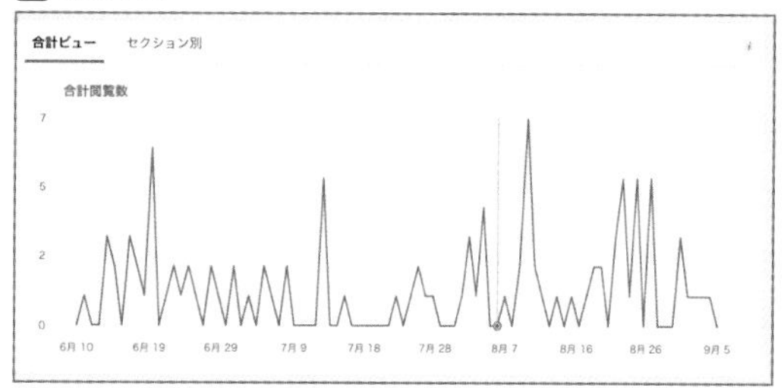

ページでのアクションを確認する

「ページでのアクション」をクリックすると、ユーザーが行ったアクション数を確認できます。「ページでの合計アクション数」では、「道順を表示[※3]」のクリック数、電話番号のクリック数、Webサイトのクリック数、アクションボタン[※4]のクリック数をそれぞれ確認できるため、具体的にどのような成果が達成できているかがひと目で把握できます05。それより下のグラフでは、それぞれのアクションごとに、年齢、性別、国、都市、機器などの属性を確認でき、ユーザー層の把握に役立ちます。

05 ページでの合計アクション数

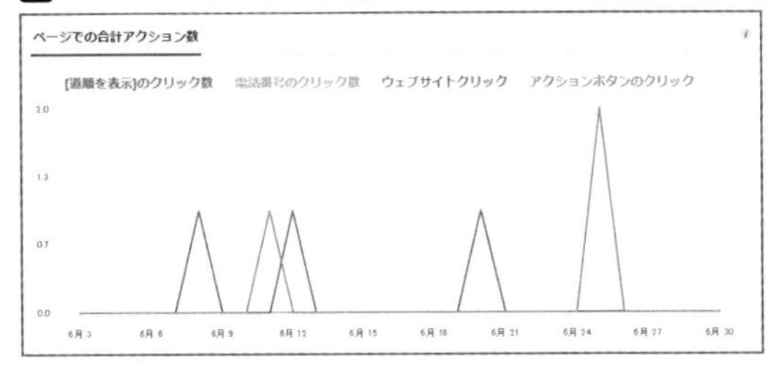

項目別にユーザーのアクションが確認できる

投稿を確認する

「投稿」をクリックすると、投稿ごとのリーチやエンゲージメントなどが確認できます。

◎公開済みの投稿

投稿ごとのパフォーマンスを確認することができ、投稿内容を改善するのに役立てることができます06。投稿の中でとくに反響が大きい投稿を調べて、ユーザーが反応したくなるコンテンツを考えましょう。ただし、ネガティブフィードバックが多い投稿を参考にしてしまうとリーチの減少につながるため、除外しておきましょう。ネガティブフィードバックは、投稿のタイトルをクリックして、「否定的な意見」の項目で確認することができます。

◎ファンがオンラインの時間帯

「ファンがオンラインの時間帯」をクリックすると、ファンがFacebookを利用している曜日と時間帯を把握することができます07。投稿してからユーザーが反応するまでの時間が短いと投稿の評価が高まるため、多くのファンがオンラインになっているタイミングを把握しておきましょう。

◎投稿タイプ

「投稿タイプ」をクリックすると、写真やリンクなどの投稿タイプごとに平均リーチと平均エンゲージメントが表示されます。タイプごとの特徴を把握するために活用しましょう。

06 公開済みの投稿

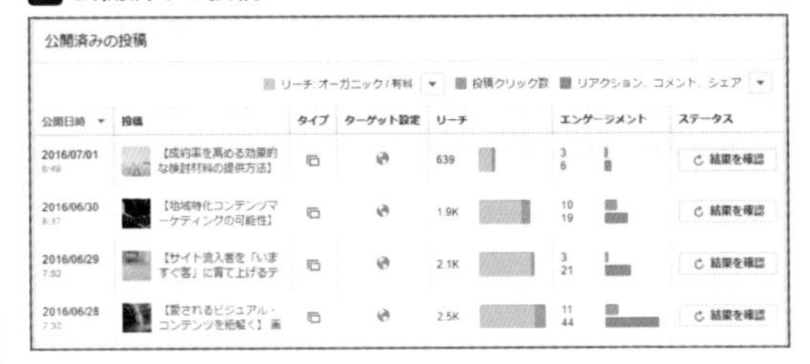

投稿ごとにリーチ数やエンゲージメント数が確認できる

07 ファンがオンラインの時間帯

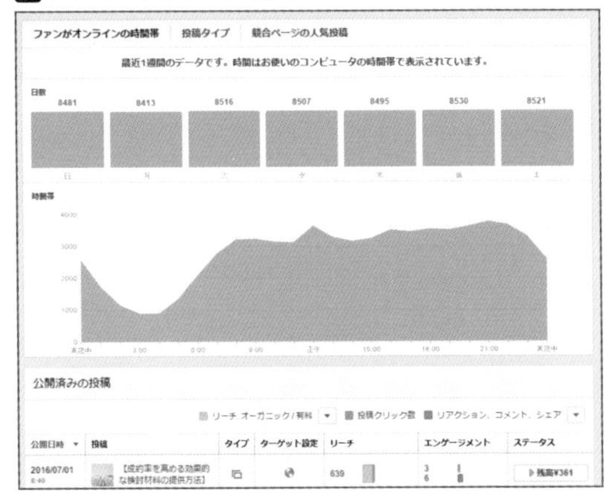

オンラインのファンが多い時間帯を確認し、投稿のタイミングを工夫したい

※3　道順を表示
Facebookページに住所を登録しておくと、Googleマップで道順を表示してくれる機能のこと。

※4　アクションボタン
ビジネスにとって意味のあるアクションをFacebookユーザーに実行してもらうためのボタン。「コールトゥアクション」とも。「お問い合わせ」、「予約する」、「購入する」などのアクションボタンをFacebookページに追加することができる。

動画を確認する

「動画」をクリックすると、投稿した動画に関するデータが確認できます。

◎動画の再生数／10秒再生された回数

動画が3秒／10秒以上再生された回数が確認できます。P.66で解説したように、動画は最初の3秒が肝心です。この数値が低い場合は、ユーザーの興味を惹き付けることができていない可能性があるため、動画の冒頭を見直しましょう。指標の「オーガニック」は無料の投稿における数値を意味し、「有料」は広告における数値を意味します。「オーガニックVS有料」をクリックすることで、別の指標に切り替えることもできます**08**。

◎人気の動画

動画別に、リーチ、再生数、最後まで再生された回数などのデータを把握することができます。また、動画のタイトルをクリックすると、「動画」タブで、再生時間や、視聴時間を示す平均完了率などが確認できます。

それぞれクリックするとさらに詳細なデータを見ることができるので、動画ごとの特徴や傾向を把握して、動画を最後まで見てもらうために有効な内容を分析しましょう。「投稿」タブでは、動画ごとのエンゲージメントを把握することができるので、リーチを拡大するためにはどのような動画が効果的なのかも分析しましょう。

08 動画の再生数

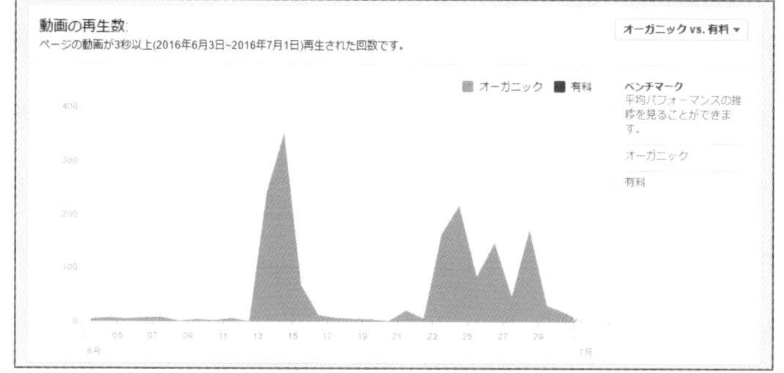

3秒以上再生された動画がカウントされる。右上の「オーガニックVS有料」をクリックすると、「自動再生VSクリック再生」、「ユニークVSリピート」という指標で再生回数を比較することができる

メッセージを確認する

「メッセージ」をクリックすると、ここ1週間のFacebookページとユーザー間のスレッド数が確認できます。「過去7日間」をクリックすれば、データを算出する期間を変更することができます。Facebookページでユーザーと密接なコミュニケーションを取ったり、ユーザーサポートを行ったりすることを目指している場合は、この数値を1つの指標にするとよいでしょう。

11 Facebookライブを活用しよう

Facebookはテキスト・写真・動画を投稿することしかできませんでしたが、動画をリアルタイムに配信することが可能になりました。2016年の動画サービスのスタート時は使えるユーザが限定されていましたが、現在はすべてのユーザが利用可能になっています。また、新型コロナウィルスの影響もあり、2020年頃から利用ユーザ数が増加傾向にあるようです。

「Facebook Live」の配信方法

Facebook Liveでは個人アカウント、Facebookページ、Facebookグループからの配信が可能です。本書ではFacebookページの配信方法について解説します。

パソコンやノートパソコン等で配信を行う場合は、次の機材が必要になりますのでご用意ください。

- **Webカメラ**（パソコンまたはノートパソコンにカメラ機能がない場合）
- **マイク**（Webカメラまたはパソコン／ノートパソコンにマイク機能がない場合）

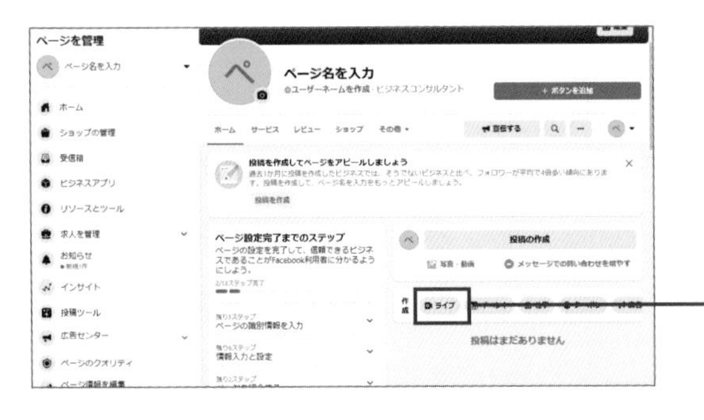

1 Facebookページ内の「ライブ」をクリックします。

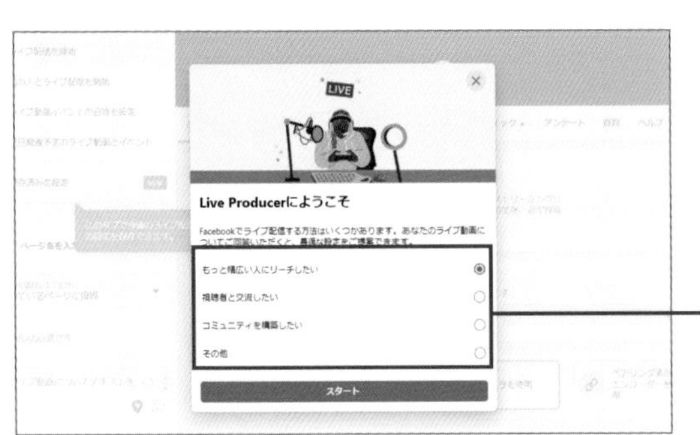

2 Live Producerのページ（https://www.facebook.com/live/producer/）に遷移しますので、実施するFacebookライブの目的に近いものを選択します。
・もっと幅広い人にリーチしたい
・視聴者と交流したい
・コミュニティを構築したい

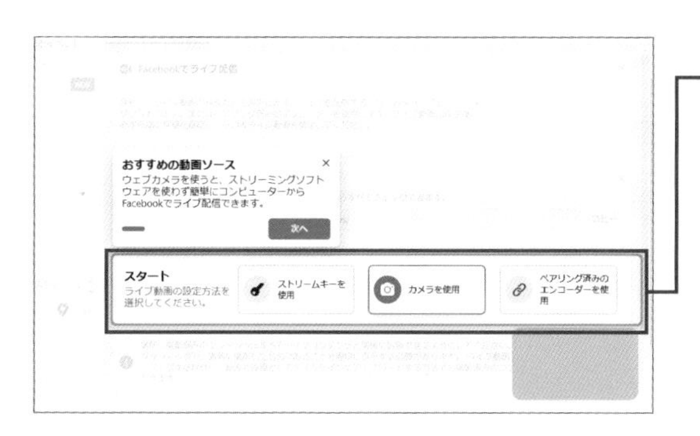

3 動画ソースを選択します。ライブ動画の設定を選択してください。

- ストリームキーを使用
  →ライブ配信毎の固有のパスワードが必要な場合
- カメラを使用
  →通常はこちらを選択
- ペアリング済みのエンコーダーを使用
  →複数のカメラや音声を組み合わせる場合

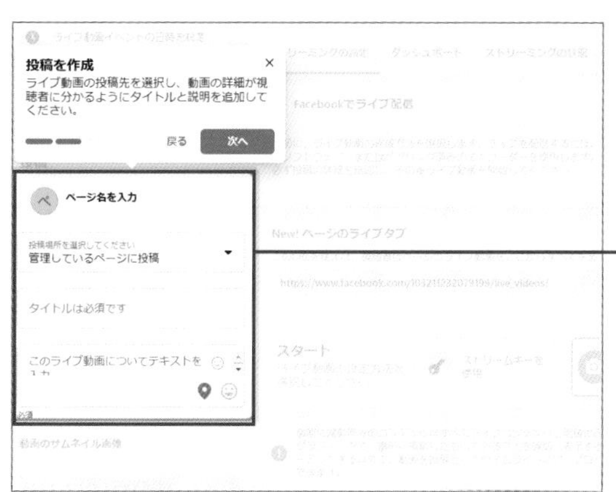

4 ライブ動画の投稿先を確認します。タイトルとライブ動画のテキストは後から追加できます。

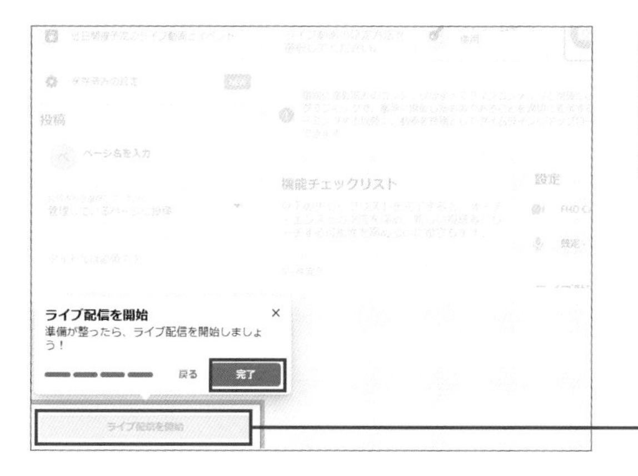

5 「完了」ボタンをクリックします。
クリック後、先ほどのタイトルとライブ動画のテキストを入力するとライブ配信が可能になります。
画面左下の「ライブ配信を開始」をクリックするとライブ配信がスタートします。

ライブを終了する場合

ライブを終了するときは、画面左下の「ライブ動画を終了する」をクリックしてください。

12 規約を意識してキャンペーンを展開しよう

Facebookでキャンペーンを実施する場合に気を付けなければならないのは、Facebookの規約です。Facebookの規約は頻繁に変更されるため、過去の事例で秀逸だと思えるものを実施しようとしても、規約に触れてしまうケースが多数存在します。そのため、現在実施可能なキャンペーンと実施できないキャンペーンを確認しておきましょう。

実施できるキャンペーン

Facebookで実施できるキャンペーンは、主に以下の2つのパターンに集約されるのではないかと思われます 01。それぞれのメリット・デメリットを考慮して、企業・商材に適したものを実施するとよいでしょう。

1つ目は、Facebookページからキャンペーンサイトへユーザーを誘導し、そこから応募してもらうパターンです。こちらのメリットとしては、外部サイトへ誘導するため、Facebookの規約に触れることなくさまざまなキャンペーンを実施することが可能だということが挙げられるでしょう。広告などからWebサイトへ誘導する場合と同様のパターンになります。デメリットとしては、遷移先のWebページが応募フォームなどの場合、多少のコスト増が想定されるということが挙げられます。このようなケースでは、SNSにログインすることでかんたんに応募できる外部サービスを利用することが主流になっているからです。

2つ目は、特定のハッシュタグなどを追加したコメントや、Facebookページへのコメントをユーザーに書いてもらい、コメントを書いたユーザーの中から抽選をしてプレゼントを贈るパターンです。こちらのメリットとしては、コメントが増えることでキャンペーン自体がほかのユーザーに拡散される可能性がある点が挙げられます。また、必要なコストはプレゼントに必要なコストのみである点も魅力です。デメリットとしては、抽選やプレゼント送付の手間がかかり、ある程度キャンペーン要員が必要になることです。

01 実施可能なキャンペーンの2つの例

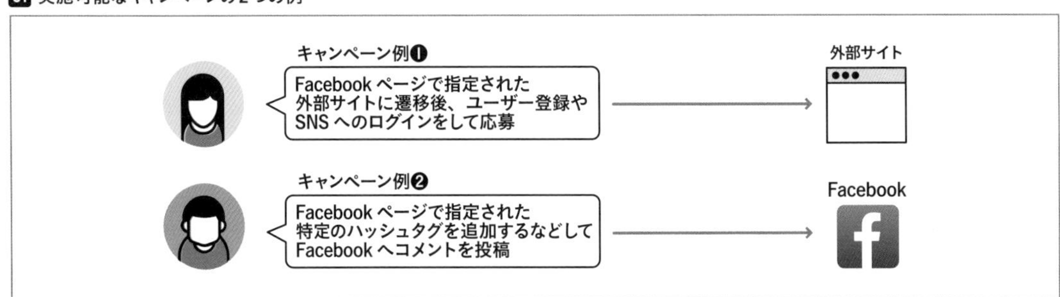

より自由なキャンペーンを行うには❶を、より拡散を狙うなら❷を採用するとよい

※1　タグ付け
一般的には検索、分類のために情報に付けるメタデータのこと。Facebookでは、投稿した写真に「タグ」を付ける行為を指す。タグ付けをすると、タグ付けされた友達の友達にも投稿が公開されるため、相手には事前に了解を得ておくことが望ましい。

実施できないキャンペーン

Facebookの規約の変更により、かつて実施できたキャンペーンの中にも、現在では実施できないものが多くあります。ここでは、そうした実施できないキャンペーンについて、例を挙げて解説します。うっかり実施して規約違反にならないように気を付けましょう。

◎タグ付け[※1]するだけで家具をプレゼント

Facebookに投稿された家具の写真に対して、ユーザーが自分の名前をタグ付けすると、その家具がプレゼントされるという家具量販店のキャンペーンがありました。タグ付けをすると、そのユーザーのタイムラインに情報が投稿されるため、どんどんとキャンペーン情報が広がっていくというしくみです。拡散しやすいようにとてもよく考えられたキャンペーンですが、現在は自分でないものにタグを付けることを推奨してはいけないという規約があります。そのため、現在このようなキャンペーンを実施することはできません。

◎友達に商品をプレゼント

飲料会社のキャンペーンで、友達に飲料会社の商品を贈れるというものがありました。専用のアプリを利用すれば、住所を知らない相手であっても、Facebookの友達であればプレゼントを贈れるという点が評判を呼びましたが、こちらも現在ではまず実施することができません。同じアプリに参加しているユーザーでないと、友達を呼び出すことができないという規約に変更されているからです。つまり、このキャンペーンのアプリに参加しているユーザーどうしでないとプレゼントを贈りあえないということです。この制約が付いた瞬間に、こうしたキャンペーンを自発的に広まっていくものにするのは困難になります。制約内では実施可能ですが、なかなか成果を上げられないでしょう。

◎「いいね！」を押して参加するキャンペーン

かつては多く存在していたものとして、「いいね！」を押すことで参加できるようになるキャンペーンが挙げられますが、こちらも現在は行うことができません。何かのインセンティブのために「いいね！」を押させるということ自体を、Facebookは禁止してしまったからです。気軽に参加できることもあり、とても重宝された手法でしたが、この類のキャンペーンが広がりすぎると、低品質なキャンペーンが乱立する可能性があるのです。

規約変更によるチャンスもある

このように、さまざまな切り口でFacebookは規約を変更しています。考えている企画が実施できるかどうかを最新の規約でしっかりと確認してから、実施に進めるように気を付けましょう。その一方で、規約変更はチャンスでもあります。制限されるだけではなく、新たな活用方法が出てくることも多くあるからです。大きな規約変更のときには、一度「どう使えるか」ということも考えてみるとよいでしょう。

13 Facebook広告を活用しよう

Facebook広告は、現在多くの企業に活用されています。ほかの広告サービスよりも設定などが詳細にでき、広告を届けたいユーザーに効率的に広告を表示しやすいという利点があります。うまく活用できるように、Facebook広告の特徴や種類などの基本となるポイントから覚えておきましょう。

Facebook広告の特徴

Facebook広告は、主にニュースフィード上に表示されるディスプレイ広告です。Facebook上のページやイベント告知はもちろん、外部サイトへの誘導やカタログ販売、アプリをダウンロードするといったコンバージョン※1へ誘導できるなど、様々な広告が可能なため、多くの企業・団体で活用されています。

Facebook広告の特徴は、目的別に最適なキャンペーン01を選択したり、ターゲットとなるユーザーの属性を詳細に設定することが可能という点です。こうしたメリットから、無駄のない効率的な広告配信ができます。

ただし、あまりに細かく設定すると、ターゲット数自体が小さくなってしまうため、加減には注意が必要です。

01 Facebook広告では詳細な設定が可能

広告の目的

- 投稿を宣伝
- ページのいいねを増やす
- WhatsAppで問い合わせを増やす
- 電話での問い合わせを増やす
- Webサイトへのアクセスを増やす
- Messengerで問い合わせを増やす
- リードを獲得する
- 近隣エリアにビジネスを宣伝

ターゲット設定

- 地域
- 年齢
- 性別
- 言語
- 詳細ターゲット
  例）興味関心
  利用者層
  行動

→ 無駄がない配信が可能

※1　**コンバージョン**
商品の購入や、問い合わせ、ユーザー登録など、Webサイトに来訪したユーザーの行動によって得られる成果のこと。CVとも。

Facebook広告の掲載場所

　前述したように、Facebook広告の主な掲載場所はニュースフィードです。通常の記事と調和して掲載されるため、単なる広告よりも注目されやすくなっています。
　配信面もFacebookだけではなく、Instagramやメッセンジャー、Audience Network（Facebookが提携している外部サイト）など選択することが可能です。
　ただし、目標の種類や使用する素材（画像または動画）サイズによって掲載できない配信面もあり、仕様も変更されることがあるので広告を実施する前に「Facebook広告ガイド」（https://www.facebook.com/business/ads-guide）を確認しておきましょう。
　また、パソコンとスマートフォンでは掲載可能な配信面や見え方が異なるので 02 、あわせて確認しておきましょう。

02 パソコンとスマートフォンで異なる掲載場所

パソコンでの掲載場所

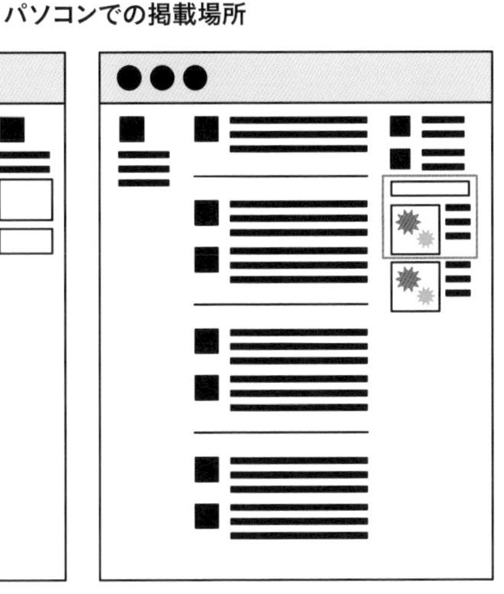

スマートフォンでの掲載場所

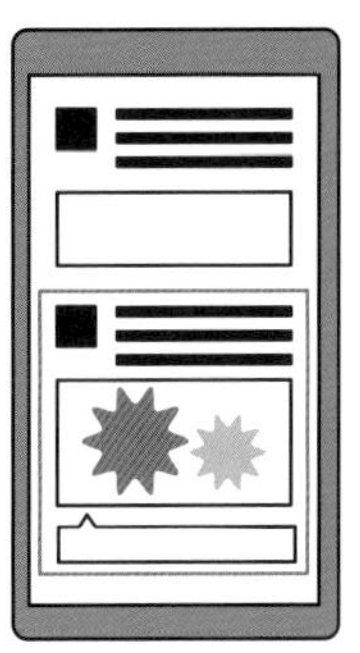

目的別に選べるFacebook広告

Facebook広告では、目的によって最適なキャンペーンが展開できるよう、投稿の宣伝に加えて03のような種類が用意されています。

◎投稿を宣伝

投稿記事の拡散やエンゲージメント※1を増やしたい場合に使用します。アクションを起こしやすいユーザーに配信します。

◎WhatsAppで問い合わせを増やす

WhatsAppというコミュニケーションアプリ（ヨーロッパなどで主流）で問い合わせを増やしたい場合に使う広告。日本ではあまり使わないかもしれません。

◎電話での問い合わせを増やす

Facebookを通して電話での問い合わせを増やしたい場合に使用します。ビジネスで電話を発信する可能性が高い人に広告を表示します。

◎ウェブサイトへのアクセスを増やす

自社のホームページや販売サイトなどにユーザーを流入させたい場合に使用します。サイトへのリンクをクリックしやすいユーザーに広告を配信します。

◎Messengerで問い合わせを増やす

Facebookでメッセンジャーを使用した問い合わせを増やしたい場合に使用します。メッセージを送信する可能性が高い人に広告を配信します。

◎ページへのいいねを増やす

Facebookペ ージの認知度を上げたい場合やファンを増やしたい場合に使用します。ページをフォローしやすいユーザーに広告を配信します。

◎リードを増やす

自社の商品に興味を持っているユーザーの情報（メールアドレスや氏名など）をインスタントフォームを利用して取得することができます。

◎近隣エリアにビジネスを宣伝

実店舗の近くにいるユーザーに広告を配信します。「店舗」とは、ショップ、レストラン、販売店、ジム、サロンなど、あらゆるビジネスの所在地を指し、基本情報に所在地が記載されていることが条件です。

03 Faebook広告の目的

※1　最大5点
ビジネスアカウントを取得し、広告マネージャーを使えば最大10点まで画像や動画を表示させることができます。

※2　コレクション広告
コレクション広告のみ広告マネージャーからしか作成できません。広告マネージャーを使用はここでは説明しません。使用したい場合は、広告代理店などに相談した方がよいでしょう。

Facebook広告4つのタイプ

広告デザインは4つのタイプから利用可能です。目的によって使用できるデザインが異なりますが、どのデザインがより効果的かを試しながら自社に合った広告を作成していくのもよいでしょう。

広告タイプ及び推奨される技術要件をご説明します。

◎画像広告

画像フォーマットを使用して、製品やサービス、ブランドを紹介できます。

推奨される画像のアスペクト比は1.91:1 ～ 1:1、解像度1,080px×1,080px以上、ファイルタイプはJPGまたはPNGです。

◎動画広告

動画フォーマットを使用して、商品やサービス、ブランドを新しい方法で紹介できます。動きや音声を入れることで、見る人を惹きつけ、商品やブランドストーリーを伝えることができます。

推奨されるアスペクト比は1:1、またはモバイルの場合のみ4:5、解像度は1,080px×1,080px以上、ファイルタイプはMP4、MOVまたはGIFです。

◎カルーセル広告

1つの広告で最大5点[※1]の画像や動画を表示し、それぞれに別のリンクを付けることができます。複数の商品を紹介したり、ブランドのストーリーを展開するようデザインすることも可能です。

推奨アスペクト比は1:1、解像度1,080px×1,080px以上、画像・動画のファイルタイプは前述の通りです。

◎コレクション広告[※2]

コレクション広告にはカバー画像またはカバー動画があり、その後に3点の商品画像が続きます。利用者がコレクション広告をクリックするとフルスクリーンで商品画像が表示されます。

推奨アスペクト比は1.91:1 ～ 1:1、解像度は1,080px×1,080px以上、画像・動画のファイルタイプは前述の通りです。

03 Facebook広告の4つのタイプ

画像広告

動画広告

カルーセル広告

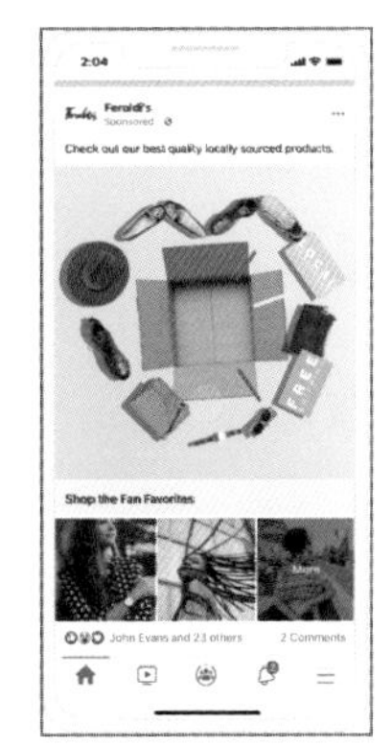

コレクション広告

14 Facebook広告を掲載しよう

Facebook広告は、1クリックあたりのコストが非常に低く、中小企業や個人でも掲載しやすい広告です。Facebookページでビジネスを効果的に展開していくために、ぜひ活用しましょう。ここでは、Facebookページを宣伝するための広告を例にして、一般的な掲載手順を紹介します。

1 Facebook広告を作成する

1 Facebookページ、フィードの右横の「広告を作成」から実施したい広告を選択します。
「新しい広告を作成」か「投稿を宣伝」もしくは「自動広告」を選べるようになっています。
「新しい広告を作成」をクリックすると実施できるすべての広告を選択できる画面に遷移します。
特定の投稿を宣伝したい場合はそのまま「投稿を宣伝」をクリックします。

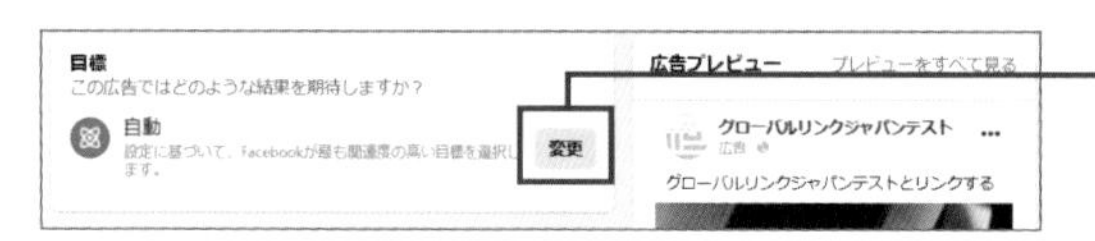

2 「新しい広告を作成」をクリックすると、そのまま広告作成画面に遷移します。「目標」が予め「自動」に設定されていますので、「変更」ボタンをクリックしてます。

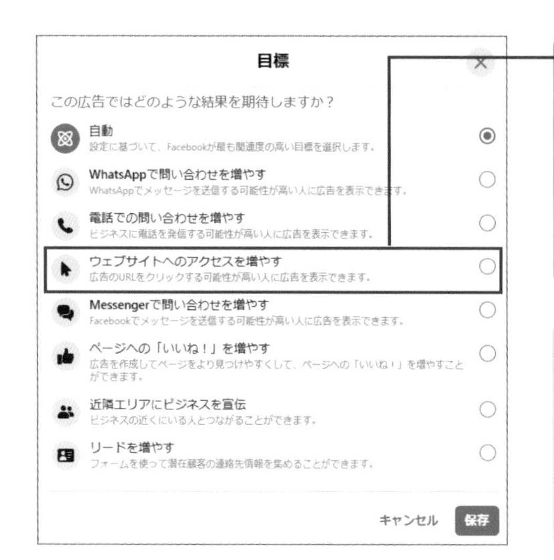

3 「投稿の宣伝」以外の広告タイプがすべて記載されている一覧がポップアップします。
その中から実施したい広告を選択します。
ここでは、「ウェブサイトへのアクセスを増やす」を選択してみます。
右側の○にチェックを入れ、右下の「保存」をクリックしましょう。そのまま「自動」を選択するとナビゲーションに沿って質問に答える形で広告を作成することが可能です。

そのほかの広告

ビジネスアカウントを作成し、「広告マネージャー」を使用することでさらに「ブランド認知」、「リーチの拡大」、などの広告も利用できるようになります。本書は初心者向けのガイドブックですので割愛しますが、初心者で実施したい方は、代理店などに相談してみましょう。

4 まずはサイトへ来てもらうためのクリエイティブ（テキスト）を作成します。推奨文字数は半角125文字です。長い文章は途中で「もっと見る」をクリックしないと表示されません。そしてユーザーにも嫌がられる傾向があります。
投稿をそのまま使用することも可能です。その場合は右側の「投稿を使用」をクリックすると、今まで投稿した記事が表示されます。

5 広告に使用する画像や動画を設定します。デフォルトではカバー画像や、一番直近の投稿で使用されたメディアが表示されます。
それ以外を使用したい場合は、右側の「メディアを選択」ボタンをクリックし、使用したい画像（動画）を選択するか、新たな画像（動画）をアップロードします。

6 リンクの見出し（上限25文字）、クリックックボタンのラベル、誘導先のサイトのURLを記載します。
ラベルは右側の下向き矢印をクリックした際に出てくる候補から選択します。

アップできる画像や動画の仕様

アップできる画像や動画の大きさ、仕様に関しては、Facebook広告ガイドを参考しましょう。
https://www.facebook.com/business/ads-guide

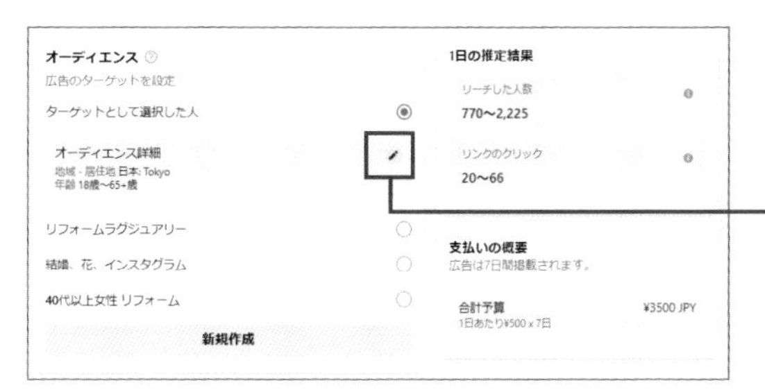

7 「オーディエンス」で広告を配信するターゲットを設定します。右側のえんぴつのアイコンをクリックするとオーディエンスの編集画面がポップアップします。

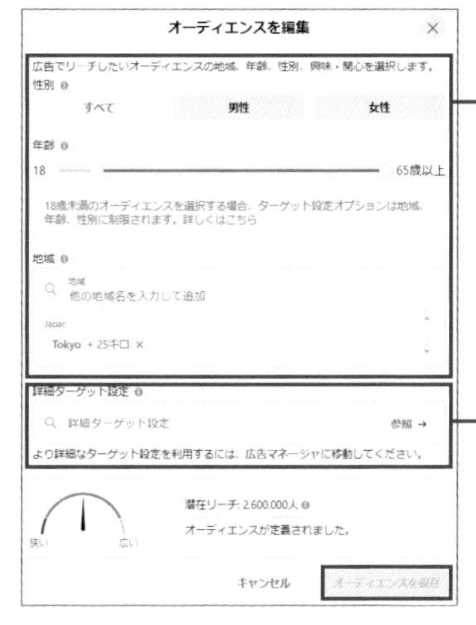

8 「性別」「年齢」「地域」「詳細ターゲット（ユーザーの興味関心など）」を設定します。地域は日本の場合「市」単位（東京都は区）まで設定可能です。

9 「詳細ターゲット」はキーワードを入れると候補が表示されます。また、「参照」をクリックすると「利用者層」「興味・関心」「行動」などのタブごとに候補が表示されますので、そこから任意のものをクリックして設定します。最後に「オーディエンスを保存」をクリックしてください。

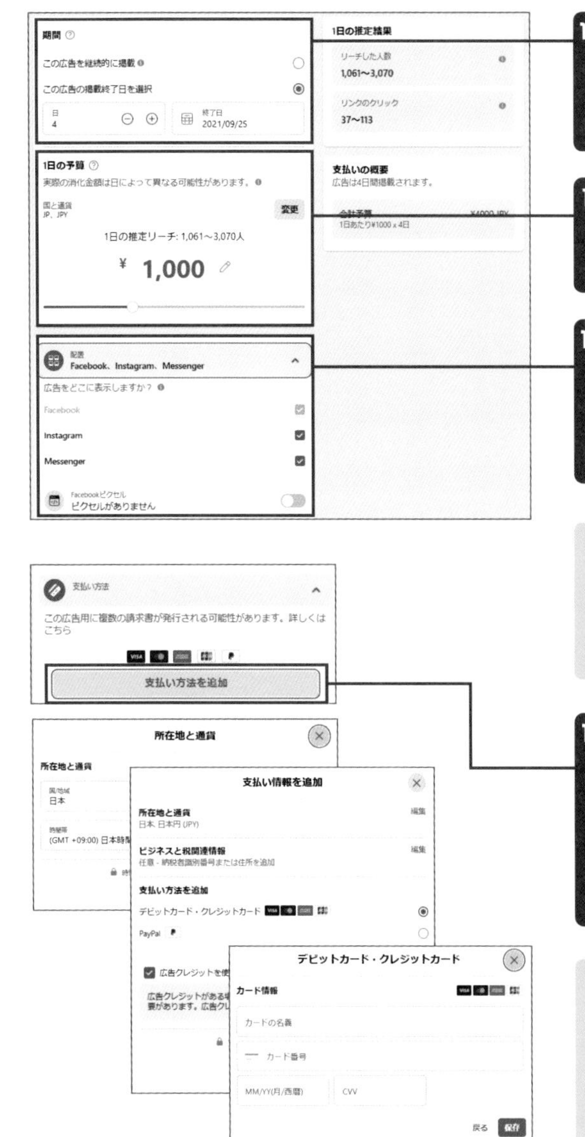

10 広告の期間を指定します。何日に設定しても大丈夫ですが、4日以上掲載した広告は、より良い結果を得られる傾向にあります。終了日が決定しておらず、継続的に掲載を予定している場合は、「この広告を継続的に掲載」にチェックを入れてください。

11 1日の金額を指定します 。金額を入れると1日の推定リーチ数が表示されます。画面右側でも推定リーチ数やリンククリック数を確認可能です。期間指定をしている場合は支払いの合計額も表示されます。

12 広告はFacebookだけではなくInstagramに出すことも可能です。Instagramのアカウントがなくても出稿可能です。
ほか、メッセンジャーの中にも広告を出すことができます。配置の右の矢印マークをクリックすると候補が出てきます。

ヘルプセンターに助けてもらう

途中でエラーが出たりわからなくなった場合は、「ヘルプセンター」をクリックするとヘルプページを表示したりメールで問い合わせしたりできます。

13 「支払い方法を追加」をクリックし、支払い方法を入力します。可能な決済方法はカード払いかペイパルです。
使用可能なカードはAmerican Express、JCB、MasterCard、VISAのいずれかになります。
ポップアップされる登録フォームに沿って、決済方法を入力していき、最後に「保存」をクリックすれば終了です。

他目的の広告も設定は同様

よく使用される「投稿の宣伝」や他目的の広告もターゲット設定などは同じです。「投稿の宣伝」は広告文を書く必要もなく、すでに投稿されている記事の中からどの投稿を宣伝するかを選択するだけです。

Facebook広告の審査

Facebook広告は、設定を確定しただけでは必ずしも掲載されるとはかぎりません。広告が掲載される前に、Facebook側の審査を通過する必要があるからです。広告の内容がFacebook広告のポリシーに則っているかどうかなどがチェックされ、通常は数分〜数十分ほどで審査が完了します。無事審査に通過するとFacebookページ上部の「お知らせ」にメッセージが届き、掲載が開始されます。万一審査に通過しなかった場合は広告ポリシー（https://www.facebook.com/policies/ads/）を確認しましょう。

CHAPTER 3

Twitter マーケティング

Facebookと並んでSNSマーケティングに活用されているのがTwitterです。動画などに対応している点や、運用データが分析できる点など、Facebookと共通点も多いですが、匿名性の高さやスピード感など、独特の個性があります。特徴を把握して効果的に活用しましょう。

01 Twitterでできるマーケティングとは

導入編

Twitterは商品やサービスをPRするのに優れたSNSですが、匿名性が高いことから、情報が拡散しやすい反面、炎上しやすいという性質もあります。こうした点を踏まえつつ、SNSの代表格であるFacebookとの違いを確認しながら、Twitterでできるマーケティングの特徴をおさえておきましょう。

TwitterとFacebookの違い

SNSの代表格といえば、やはりCHAPTER2で解説したFacebookです。そしてFacebookと並んで取り上げられることが多いもう1つのSNSが、このCHAPTERで扱うTwitterです。このTwitterとFacebookは、インターネット上に登場した時期や世界的なニーズを獲得した時期が重なるため、機能や特徴などが比較されることが多々あります。そして実際に両メディアは、SNSとしての特性が大きく異なります。したがってマーケティングにおいてTwitterを効果的に利用するためには、まずTwitterとFacebookの違いから認識しておくことが必要です01。

両者のもっとも大きな違いは、投稿できる文章のボリュームにあるといえるでしょう。5〜6万字ものボリュームでも投稿できるFacebookとは異なり、Twitterでは1投稿あたりのボリュームが140字以内に制限されています。Facebookでは企業や商品について思う存分アピールすることができますが、Twitterではかぎられた情報量でしかアピールできません。短文でいかに効果的なPRを展開するかが、Twitterでのマーケティングを成功させるポイントだといえるでしょう。

また、実名主義を採用しているFacebookとは異なり、Twitterでは匿名での投稿——ツイート※1——が可能です。そのため、TwitterはFacebookよりも気軽に投稿したり、リツイート※2したりしやすい環境といえます。ただし、Twitterではそのぶん批判的な投稿もしやすくなるため、炎上のリスクが高くなります。ユーザーに対して、より慎重な姿勢が求められるといえるでしょう。

01 TwitterとFacebookの違い

Twitter

匿名で登録可能

- 1投稿あたりの上限が140字
- 気軽に投稿、リツイートできる
- 炎上しやすい

Facebook

実名登録が原則

- 1投稿あたりの上限が5万〜6万文字（平均投稿文字数は400文字程度）
- 匿名よりは気軽に投稿できない
- 炎上しにくい

Twitterでは短文しか投稿できないため文章を工夫する必要があるが、そのぶん気軽に投稿できるというメリットもある

※1　ツイート
英語で「小鳥のさえずり」を意味し、Twitterで記事を投稿すること、またはその投稿記事を指す。

※2　リツイート
ほかのユーザーのツイートを、自分のタイムラインに再投稿して共有すること。Facebookのシェアに該当する。

若年層のユーザーにアプローチしやすい

TwitterとFacebookでは、ユーザー層にも目立った違いがあります。MMD研究所が調査した、Twitterの年代別の利用率を確認してみましょう 02。20代という若年層のユーザーがもっとも多くなっていることがわかります。これは主に、1投稿あたり140字以内というTwitterの特徴が、スピード感や容易さを求める傾向がある若年層の性格に合致した結果だと考えられます。さらに、匿名で登録が可能だという気軽さも、若年層の支持を集めている理由の1つと思われます。いい換えれば、それだけ若年層ユーザーの目に自分のツイートが触れる機会も多くなりやすいといえるでしょう。若年層に向けたマーケティングでは、とくに効果的なPRが可能なのです。

02 Twitterの年代別利用率

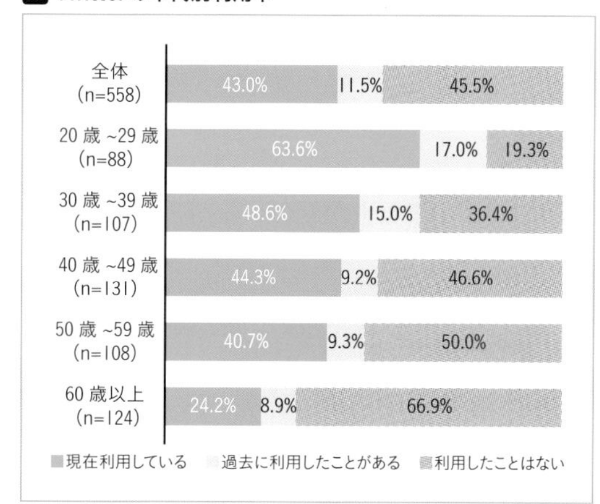

MMD研究所「20～60代のFacebook、Twitter、Instagramの利用率は?」
https://webtan.impress.co.jp/n/2018/01/23/28104

高頻度の更新に適している

こうした特徴を持つTwitterをマーケティングでうまく活用するためには、何よりも高い頻度でツイートし続けることが重要となります。1日に複数回のツイートを行うユーザーが多いTwitterでは、Facebookと同水準の投稿頻度では、大きな効果は期待できません。どれほど凝ったツイートをしても、あっという間に他者のツイートにコンテンツが埋もれ、人目に付かなくなってしまうからです。

裏を返せば、頻繁にツイートしても、ユーザーに迷惑だと思われにくくなっています。PRしたいコンテンツが豊富にある場合などは、最適な環境だといえるでしょう 03。また、1ツイートが140字という短文で済むということも、ツイートの頻度を高めるうえでは追い風になります。

03 Twitterでのツイート例

さまざまなコンテンツを高い頻度でアピールできる

画像や動画を活用しやすい

10代が多いというユーザー層を考慮し、この世代が好む画像や動画などのビジュアルメディアも積極的に活用したいところですが、Twitterはこうした視覚的なコンテンツの投稿にも適しています04。パソコン上では、タイムラインの幅がFacebookよりも広く設けられているため、画像や動画によるインパクトを与えやすくなっています。また、動画投稿サービス「Video on Twitter」を利用することで、スマートフォンのTwitterアプリからかんたんに動画を投稿することも可能です。Video on Twitterには編集機能も備わっているため、社外から鮮度の高い情報をスピーディかつ見映えよく配信する場合にも適しています。

04 投稿画像の表示例

投稿された画像をクリックすると見やすく拡大表示できる

「瞬間」を切り取る高いライブ性

140字以内の短文でツイートするというスタイルにより定着したTwitterの長所は、何といってもそのスピード感あふれるライブ性です。タイムラインは数々のツイートであっという間に過ぎ去ってしまい、ひたすら新しいツイートが生まれ続けます。Twitterはまさに「瞬間」を切り取る、生きた情報ツールとしての活用に最適です。

Twitterを効果的に活用しているマーケティングは、どれも重要な「瞬間」をうまく掴んでいます。もっとも、一度乗り遅れると挽回できないのが、この「瞬間マーケティング」です。必要なのは、世の中の「瞬間」をウォッチしていくことと、そのときにすぐに判断して対応できるかどうかです。ここでは、そうした「瞬間」の掴み方がとくに秀逸だった事例を紹介し、その重要性について解説します。

● Volvo Cars

毎年各社がこぞってCMを出稿する、全米最大のスポーツイベント「スーパーボウル」の日に、ボルボはCMを出稿しませんでした。かわりにボルボが行ったのは、「ほかの自動車メーカーのCM」に便乗する企画です。競合する自動車メーカーのCMがテレビで流れているときに、Twitterでハッシュタグ「#VolvoContest」を使って自動車を贈りたい人の名前をツイートすると、抽選で1人に自動車がプレゼントされるというものでした。競合自動車メーカーにとってもっとも重要な「瞬間」をうまく突いた企画です。

https://twitter.com/volvocars

※3　フォロー
他人のアカウントを登録する行為。フォローしたアカウントのツイートは、タイムラインに表示されるようになる。

Oreo Cookie

こちらもスーパーボウル中の出来事をうまく利用した事例です。この年のスーパーボウルでは予期せぬ停電が起こり、30分も試合が中断してしまいました。全米の人たちが固唾を飲んで見守っていたタイミングで、オレオはその停電にちなんだ画像を投稿しました。暗闇の中でオレオのクッキーにスポットライトがあたり、「暗闇の中でもダンク（クッキーを牛乳に浸すこと）はできる」というコピーが添えられたこの画像は、停電で盛り上がっている世間の波を捉えて、大きな話題になりました。このように、ユーザーの関心が集まっている、心に響きやすい「瞬間」をうまく捉えることができれば、Twitterで効果的なマーケティングを行うことができるでしょう。もちろん莫大なコストも労力もかけることなく、大きな話題を得ることができます。

https://twitter.com/oreo

ローソン

ローソンでは、毎月26日を「にっこりローソンの日」として、店頭などでさまざまなイベントを行っています。その一環として、2014年の8月26日にTwitterで24時間限定のキャンペーンを展開し、大きな成果を収めました。そのキャンペーン内容は、ローソンの公式アカウントをフォロー※3し、そのキャンペーンのツイートをリツイートしたユーザーの中から、抽選で1人にポイントをプレゼントするというものです。記念日というかぎられた「瞬間」を利用したこの企画は、その手軽さも手伝って、1万リツイートを突破するほどの盛り上がりを見せました。

https://twitter.com/akiko_lawson

天気を利用する

どの「瞬間」を切り取ってマーケティングに生かすかに悩んだら、「天気」を利用するとよいでしょう。晴れ、曇り、雨という3つの天気を利用すれば、誰もがわかりやすい企画が可能になります。もっとも、大きく話題を掴むためには、これら3つの天気以外の、非日常の切り取りが重要です。たとえば、雷、雪、台風などは話題性が高く取り組みやすいものです。たとえば雪を利用する場合なら、あらかじめそれにちなんだ投稿のネタを決めておき、いざ雪が降ったら即座にツイートすればよいでしょう。いつでも「瞬間」に対応できるように、準備を整えておくことが大切です。

02 Twitterに適した目的・商材を把握しよう

Twitterも Facebookと同様に多くの機能を備えており、使い方次第でさまざまな用途に活用することが可能です。とくに、その特性に見合った目的では、より大きな効果が期待できます。実際に企業がどのような目的・商材でTwitterを使っているのかを確認し、より適切にマーケティングが行えるようにしましょう。

Twitterに適した目的

CHAPTER1-06で紹介した、NTTコムリサーチによる「第7回 企業におけるソーシャルメディア活用に関する調査」を振り返り、企業によるTwitterの活用目的がどのようになっているのかを確認してみましょう01。わかりやすいように活用率の高い順にまとめていますが、Twitterの活用目的のトップにきているのは、Facebookと同様に「企業全体のブランディング」です。また、前年からの伸び率を見てみると、「特定製品やサービスのブランディング」の比率がとりわけ上昇しています。匿名で利用するユーザーが多いため、批判を浴びたり炎上したりするリスクはFacebookよりも高くなりますが、それでもブランディングで力強い効果が期待できるといえるでしょう。「広報活動」や「キャンペーン利用」での活用が多い点もFacebookと似ており、幅広い目的に対応できることが裏付けられています。

Facebookと比べて特徴的なのは、「顧客サポート」や「製品・サービス改善」の活用率が高くなっていることです。この点は、P.29で解説したアクティブサポートが関係していると考えられます。Twitterではユーザーのツイートを検索しやすく、商品やサービスに対する疑問や不満を把握しやすいため、企業側から積極的に働きかけるサポートにとくに向いているといえます。匿名での利用が多いということもあり、ユーザーどうしのコミュニケーションも活発に行われやすい環境のため、企業側からユーザーに声をかけても、大きな違和感は与えません。サービスで他社と差を付けるよい環境だといえるでしょう。

01 Twitterの活用目的

順位	目的	順位	目的
1位	企業全体のブランディング（46.7%）	7位	個々の従業員のブランディング（17.5%）
2位	広報活動（38.2%）	7位	製品・サービス改善（17.5%）
3位	キャンペーン利用（26.4 %）	8位	EC連動（11.8%）
4位	特定製品やサービスのブランディング（25.5%）	9位	採用活動（9.0%）
5位	サイト流入増加（22.6%）	10位	リアル店舗への集客等O2O関連の施策強化（5.2%）
6位	顧客サポート（21.2%）		

NTTコムリサーチによる「第7回 企業におけるソーシャルメディア活用に関する調査」より
http://research.nttcoms.com/database/data/001978/

Twitterに適した商材

エクスペリアンジャパン株式会社が行った「メール&クロスチャネルユーザー動向調査2016」では、情報収集や商品購入のきっかけとなったメディアについて、ユーザーにアンケートを実施しています**02**。その結果、20代以下の若年層において、ほかのSNSを圧倒する効果がTwitterにあることが確認されました。反対に、30～40代や、50代以上の中高年層では、Facebookなどに比べて効果がやや落ちている状況です。このことから、Twitterでは若年層をターゲットとした商品・サービスの展開が適しているといえるでしょう。SNSマーケティングで効果が得られやすい業種・商材についてはCHAPTER1-05で確認したとおりですが、この中から若年層が購入しやすいものをピックアップすると、「ファストフード・コーヒー・宅配」、「コンビニエンスストア」、「ゲーム」などが挙げられます。また、Twitterで活発に取り上げられる傾向がある、漫画・アニメなどのサブカルチャー関連商品も向いています。やはり全体的に低価格の商材がTwitterでのマーケティングには適しており、価格が高い商材では、Facebookほどの効果は見込めないと考えてよいでしょう。

02 **情報収集や商品購入のきっかけとなるメディア**

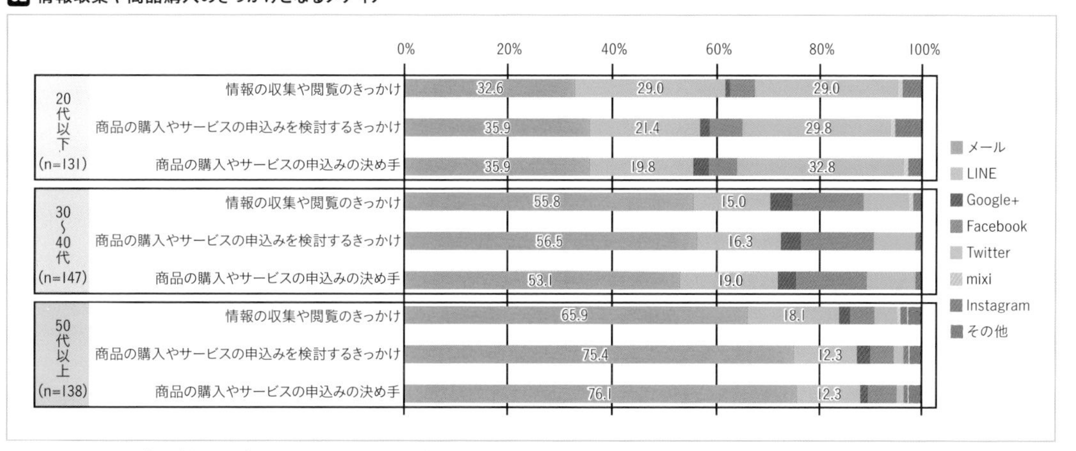

エクスペリアンジャパン株式会社による「メール&クロスチャネルユーザー動向調査2016」より
https://www.experian.co.jp/news/newsrelease_20160216.html

Twitterにおけるブランディング

もっとも、ブランディングにおいては、直接的な商品購入のきっかけとなることを目指していない場合もあるものです。そのため、30代以上のユーザー層を意識した商材のプロモーションでも、やり方次第で十分な効果が期待できるでしょう。ただしこの際に注意したいのは、ユーザー層や特徴によって醸成されているTwitterの雰囲気です。若年層が多く、匿名性も高いことから、全体的に気楽で活発な雰囲気がTwitterのタイムラインに満ちています。格調や高級感を重視した商材を扱う場合などは、そうした雰囲気とどこまで適合しているかを見極めることも重要です。

03 Twitterで目標を設定しよう

導入編

Twitterでマーケティングを開始する場合も、あらかじめ目的と目標を設定しておくことが大切です。これらが明確になっていないと、何をどうツイートしたらよいのかわからなくなり、Twitterの運用がうまくいっているのかを検証することもできません。まずは、目標として設定するための指標からしっかりと理解しておきましょう。

Twitterにおけるエンゲージメント

Facebookにおいても頻繁に登場しましたが、Twitterの目標設定を考えるうえでも「エンゲージメント」という概念がよく登場します。企業や商品やブランドなどに対するユーザーのつながりや関与を意味する言葉ですが、Twitterにおいては、アカウントに対するフォロー、企業が発信したツイートに対するクリック、リツイート、返信、「いいね」などのユーザーの行動を指します。

こうしたエンゲージメントが得られると、ユーザーとの関係性が深まり、リツイートなどによってより多くのユーザーにリーチすることができるようになります。ツイートした情報の拡散につながりやすくなるため、Twitterを運用していくうえでエンゲージメントを高めることは非常に大切な要素といえます。

反対にいえば、配信するツイートがユーザーの目に触れるだけでは十分ではありません。ユーザーの心を動かし、エンゲージメントが得られて初めて、SNSマーケティングの強みが発揮できるといえるでしょう。

フォロワー数を増やす

Twitterにおけるエンゲージメントの代表格といえるのが、フォロワーです。ツイートを閲覧するためなどの目的でアカウントをフォローしたユーザーのことを、そのアカウントにおいてフォロワーと呼びます。したがって、自分のアカウントのフォロワー数とは、自分のツイートの購読者数と等しい意味を持ちます。当然ながら、このフォロワー数が多いほど、ツイートしたときにより多くのユーザーに見てもらえる可能性が高くなります。そのため、まずはフォロワー数を増やすことが優先すべき課題の1つだといえるでしょう。

フォロワー数はツイートごとに把握することは困難ですが、日別に、または特定の期間にTwitterアカウントがどれくらい成長しているのかを把握する際に参考となる指標です01。

01 フォロワー数の表示

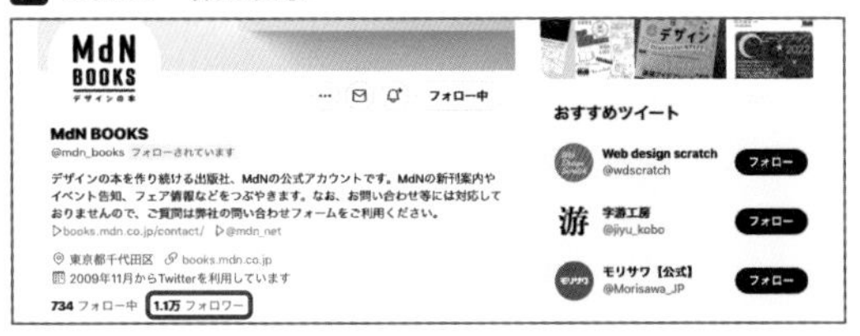

ホーム画面の「フォロワー」でフォロワー数を確認できる

「いいね」数を増やす

「いいね」とは、特定のツイートに対して興味や関心を示すために行われるエンゲージメントで、Facebookにおける「いいね！」に該当します02。ホーム画面で自分のアカウント名をクリックし、「いいね」をクリックすると、「いいね」を付けたツイートが一覧表示される仕様のため、タイムライン上であとで読み返したいツイートを見つけた場合などにもよく利用されます。Webブラウザにおけるブックマークのような機能と考えてもよいでしょう。

配信したツイートにほかのユーザーから「いいね」を付けられた場合、そのユーザーにとってそのツイートが価値があることを意味するため、配信したツイートの効果を測定する指標の1つして使われています。また、ほかのユーザーの付けた「いいね」の一覧も、自分のアカウントと同様に確認することができるため、一定のツイート拡散効果も持っています。

02 「いいね」数の表示

各ツイートの下部に「いいね」数が表示される

リツイート数を増やす

Twitterマーケティングの成否を左右するエンゲージメントこそ、このリツイートです。リツイートとは、自分やほかのユーザーのツイートを自分のタイムラインに再投稿する行為のため、自分のフォロワーと共有したい、またはフォロワーに知らせたいとユーザーが思ったツイートに対して行われます03。

配信したツイートがほかのユーザーにリツイートされると、より多くのユーザーの目に留まり、自社のTwitterアカウントをフォローしていない人にも情報が拡散する可能性が高まります。配信したツイートの効果を直接的に測定する重要な指標です。

03 リツイート数の表示

各ツイートの下部にリツイート数が表示される

目標設定のポイント

目標設定の前に、まずはTwitterを運用する目的を決めることが大切です。目的が明確になっていれば、それを実現するうえで、ここで紹介したような指標のうち、どれを目標とすればよいのかが見えてきます。以降は運用しながら具体的な数値の目標に落とし込んでいくとよいでしょう。

04 フォロワーを獲得するポイントをおさえよう

Twitterアカウントを開設したら、まずフォロワー数を増やしたいと考える人が多いと思います。事実、フォロワーの獲得はTwitterマーケティングを成功させるうえで極めて重要です。フォロワー数を増やすためにはツイートの質の向上がもっとも重要になりますが、ポイントをおさえることで効率的にフォロワーを増やすことが可能になります。

フォロワーの重要性

フォロワーの獲得がTwitterマーケティングでいかに重要かを確認するために、株式会社オプトが実施したSNSの利用実態に関する調査を見てみましょう。ユーザーがフォローなどをする企業・商材01と、ユーザーによってリツイートなどがされる企業・商材02を見比べると、若干の違いこそあれ、おおよそ一致していることがわかります。つまり、フォローとリツイートには一定の相関関係があり、フォロワーを多く獲得すれば、それだけリツイートによる情報拡散の可能性が高まるといえるのです。そのため、まずは少しでも多くのフォロワーを獲得することを優先的に考えましょう。

もっとも、フォロワー数が多いことがよいプロモーションに直結するわけではありません。フォロワーにとって有益な情報を発信することはもちろん、いかにツイートがフォロワーの目に留まる工夫がなされているかが大切です。そうした質の向上により、フォロワー増加の連鎖が起こりやすくなります。

01 SNS上でフォローなどをした企業・商材

順位	企業・商材
1位	コンビニエンスストア（24%）
2位	酒類メーカー・ブランド（19%）
3位	自動車メーカー・ブランド（17%）
4位	通信会社・サービス（14%）
4位	飲食店・ファストフードブランド（14%）
4位	通販・ネット商店（14%）
5位	パソコン・IT機器、AV機器、家電製品メーカー・ブランド（12%）
6位	ファッション・衣料メーカー・ブランド（11%）

株式会社オプトによるSNSの利用実態に関する調査より
http://www.opt.ne.jp/news/pr/detail/id=2351

02 SNS上でリツイートなどをする企業・商材

順位	企業・商材
1位	コンビニエンスストア（10%）
2位	自動車メーカー・ブランド（9%）
3位	酒類メーカー・ブランド（8%）
4位	飲食店・ファストフードブランド（7%）
4位	通信会社・サービス（7%）
5位	パソコン・IT機器、AV機器、家電製品メーカー・ブランド（6%）
5位	通販・ネット商店（6%）
6位	菓子メーカー・ブランド（5%）

株式会社オプトによるSNSの利用実態に関する調査より
http://www.opt.ne.jp/news/pr/detail/id=2351

ほかのユーザーに働きかける

Twitterアカウントを開設したばかりのときは、フォロワーがだれもいない状態です。Twitterでは画面上部の検索欄にキーワードを入力することで、ツイートやアカウントを検索することができますが、ここから来訪するユーザーはかぎられています。そのため、自分からほかのユーザーに働きかけるとよいでしょう。

○ほかのユーザーをフォローする

ほかのユーザーをフォローすると、そのユーザーには誰からフォローされたのかが通知されます。この通知をきっかけとしてフォローを返してくれるユーザーも少なくないため、自分から積極的にフォローしましょう。ただし、闇雲にフォローするのではなく、自社の商材・プロモーションに興味を持ってくれそうなユーザーに狙いを定めたほうが効率的です。また、一定期間に大量のフォローを行うと、アカウントが凍結されてしまうこともあるため、数時間おきに少しずつフォローするほうが賢明です。

○ほかのユーザーのツイートをリツイートする

ほかのユーザーのツイートをリツイートしたり、「いいね」を付けたりした場合にも、相手に通知が届きます。この特性を利用すれば、自分のアカウントの存在に気付かせることができます。また、関係性が濃いユーザーどうしほど、ツイートに反応する傾向があるといわれています。つまり、フォロワーとある程度の関係性が構築されていなければ、ツイートの内容がよくても反応率は上がりません。まずは自分から、ほかのユーザーのよいと思えるツイートを積極的にリツイートしましょう。

ツイートの質を向上させる

ほかのユーザーが自社のアカウントの存在に気付いても、ツイートの質が低ければフォローはしてくれないでしょう。また、仮にフォロワーになってくれたとしても、リツイート数やリンクへのクリック数を増やすことは難しいでしょう。では、どうすればユーザーの反応率を高めるツイートができるのでしょうか。

○改行や鍵カッコを入れる

ひと目見てわかりやすいかどうかを意識してツイートを作ることが重要です。多くのユーザーは自分のホーム画面の中央に絶えず流れるタイムラインでツイートを見ます。そのため、見やすいツイートでないと見過ごされてしまいます。注目されやすくするためには、適度な改行や鍵カッコを使うなどして文章を整えて、目立たせましょう。

○画像付きツイートをする

Facebookの場合と同様に、画像付きツイートのほうが、通常のテキストのみのツイートと比べて反応率が高いといわれています。視認性が高まり、ほかのツイートよりも目立つためです。実際に、Twitterの公式ブログが発表した「2015年振り返りツイート（トップ10）」（https://blog.twitter.com/ja/2015/2015yot1）を見ると、ほとんどが画像付きツイートか、芸能人のツイートであることが確認できます。

○全部の情報を盛り込まない

1つのツイートにぎっちりと情報を盛り込むのは控えましょう。タイムラインに流れた際に、ぱっと読めるボリュームにまとめるのがポイントです。情報量が多くて伝え切れない部分は、何度か小分けにしてツイートすることでカバーをしましょう。

○表現を変えて同様の内容をツイートする

すべてのユーザーが同じ時間帯に見ていることはまずありません。ユーザーごとにアクティブな時間帯は異なります。いつも同じ時間帯に投稿していては、まったくツイートを見ていないフォロワーが出てしまう可能性もあります。まったく同じ内容を投稿しようとすると、Twitter側から拒否されることもあるため、表現を変更して別の時間帯に同様の内容をツイートしましょう。

05 アカウントのキャラクターを設定しよう

導入編

SNSとは「人と人」のコミュニケーションに使うツールであるため、企業が淡々と情報を配信するようなツイートには関心を持たれにくいのが実情です。とくにフランクな雰囲気のあるTwitterではこの傾向が強いため、アカウントのキャラクター作りが重要になってきます。そうしたキャラクターを設定する際のポイントについて解説します。

親近感を左右する「中の人」

Twitterでは匿名性が高いこともあり、ユーザーどうしの距離感がFacebookよりも近くなっています。そのため、あらたまった姿勢のツイートばかりでは、ユーザーに親近感を抱いてもらいにくくなりがちです。そこで活躍するのが、いわゆるアカウントの「中の人」の存在が感じられるようなキャラクターです。まずは実際の企業アカウントが、どのようにキャラクターを活用しているのかを見てみましょう。

Twitterでそのキャラクターから人気を博している企業アカウントの代表格が、NHK広報局のアカウントです01。NHKという硬いイメージとは裏腹に、顔文字を多用したユーモア溢れるツイートでユーザーを楽しませています。内容としては番組の告知がメインですが、あくまでユーザーを楽しませることを重視した視線で文章を表現しているため、嫌らしさが感じられません。また、共通ポイント「Ponta」のアカウントも秀逸なキャラクターで評判です02。ほんわかとしたトーンで、ユーザーに癒しを与えてくれます。キャンペーン情報ばかりでなく、Pontaの私生活をうかがわせるイラストや写真などをツイートすることも多いため、親しみや愛着が持たれやすくなっています。

01 NHK広報局（https://twitter.com/NHK_PR）

NHKのイメージとのギャップがあるキャラクターで人気を博している

02 Ponta（https://twitter.com/Ponta）

キャラクター自体の私生活を作り上げており、親近感を抱かせる

キャラクターを考える前の下準備

こうした事例のように、企業アカウントにもかかわらずユーザーと友好的な関係を築くことができるようにするためには、キャラクターを考える前に、いくつかの下準備をしなければなりません。

◯Twitterの運用目的を明確にする

まず固めておきたいのは、そもそもTwitterを運用する目的は何なのか、という根本的な部分です。販促を目的にする場合と、ブランディングを目的にする場合とでは、キャラクターの設定も大幅に変わってくるからです。たとえば、外部のWebサイト・ランディングページにユーザーを誘導したいのであれば、キャラクターの個性を薄めて投稿に常にリンクを貼るスタイルにするのもよいでしょう。ユーザーとの友好関係を深めたいのであれば、実際にキャラクターを立てたり社員個人を登場させるのも手です。このように、Twitterマーケティングの目的を明確にしたうえでキャラクターを考えると、より具体的な方向性が見えてきます。

◯投稿カテゴリを決める

投稿の内容にはいくつかのカテゴリがあります。新商品などを紹介するものや、広告やキャンペーンなどを紹介するもの。社員など「中の人」を紹介するものや、ユーザーにとって有益な情報を提供するものなどです。Twitterの運用目的や商材と照らしあわせ、どのようなカテゴリの記事を投稿することが適切なのかを、あらかじめ決めておきましょう。

キャラクターの設定を決める

ここまで固めて初めて、キャラクターを作り込んでいきます。どのような人物がSNSを運営しているのかがわかるほど個性を出すのか、広報担当者によるものなのか、可愛らしいキャラクターなのか。口調や口癖をどう持たせるのか、「☆」や「♪」などの記号を使用するかどうかも含めて、投稿する文章の特徴を決めておくとよいでしょう。この設定が大雑把で何も特徴がないと、単なる企業の宣伝にしか見えません。設定を細かく作り込むことによって、人物像の深堀りがされていき、より共感されるメッセージを発信できるようになります。

投稿スタンスを決める

キャラクター設定が固まったら、投稿のスタンスを決めます。まずは画像のトーンから考えましょう。キャラクターのイメージを強調するために、02の例のように、画像の色味などのトーンをなるべく統一したほうがよいでしょう。また、キャラクターと関連付けた画像は特別感があるため、ユーザーにリツイートされる可能性を高めることができるでしょう。ユーザーは文章よりも先に画像に注目するため、ひと目で観賞したくなる、誰かに伝えたくなるような気分になるものを選ぶことがポイントです。

最後に、どのくらいの頻度で更新するのかを決めます。運用中に更新頻度がぶれるとイメージもよくありません。担当者のスケジュールや、運用を外注する場合の予算などにも関わってくるため、更新頻度は必ずあらかじめ決めておくとよいでしょう。こうしたルールを決めておくことで、アカウントのキャラクターが明確になり、結果的にユーザーとのコミュニケーションが取りやすくなります。

06 バズるための記事の作成ポイントをおさえよう

運用編

「バズる」とは、SNSマーケティングにおいては、主に情報の拡散が大いに成功したことを意味します。現在、日本におけるバズるための拠点として影響力があるのは、TwitterとFacebookです。ただし、人為的にポジティブなバズを起こそうとした場合、それぞれのメディアによって微妙にバズり方が違うため、注意が必要です。

TwitterとFacebookのバズり方

SNSマーケティングの最大の魅力の1つは、やはり爆発的に情報が拡散されて一挙に成功する――バズる――可能性があることでしょう。場合によっては万単位のリツイート・シェアがされ、売り上げが数十倍に急増することもあるものです。バズりやすいSNSの代表格はやはりTwitterとFacebookですが、両者のバズり方にはそれぞれ特徴があります。まずは、両者の違いから確認しておきましょう。

◎Twitterのバズり方

そもそもTwitterの特徴は、何といっても情報発信のスピードの迅速さにあります。テレビのニュースや新聞で新しい情報を取り込む時代から、Yahoo!ニュースなどのニュースサイトから新しい情報へアクセスする時代へと変わってきましたが、Twitterはさらにその先をいく、世の中に存在する中でもっともすばやく情報を発信するメディアといってよいでしょう。日常で起きた特異な出来事は、それを見た人によって瞬時に記事としてツイートされ、興味を持ったユーザーによって拡散され、さらにそれがスレッドにまとめられ、その日のうちにはニュースサイトの記事になっているという圧倒的なスピード感です。「一億総メディア化社会」の中核は、間違いなくこのTwitterが担っているといえるでしょう。こうした事情のため、Twitterでは、タイムリーなニュースや、1つの記事だけで情報が完結している共有しやすいコンテンツが、際立ってバズりやすいといえます。

◎Facebookのバズり方

瞬間風速がすさまじいものの、あっという間に次のニュース・話題に注目が移ってしまうTwitterとは異なり、長時間の拡散やサイト流入をもたらすのが、比較的時間のゆるやかなFacebookの特長です。そのため、バズを狙った手の込んだ記事を作成しやすい環境といえます。

匿名性の高いTwitterと違って実名性が高いことによっても、Twitterとの差が出ています。Twitterでは匿名を盾にして他人を叩くことが可能なため、批判されるべき点があるマイナスの記事などが拡散しやすくなっていますが、Facebookでは反対に、人に見せることで褒められるようなポジティブな記事、たとえば頭がよく見えそうなアカデミックで真面目なテーマの記事や、ユーモアがわかる人だと思われそうなバイラル※1動画や記事、またはTwitterなどで叩かれているような人をロジカルに擁護するような記事が拡散しやすい、という特徴があります。

このように、ひと口にSNSといってもその性質がまったく違うため、SNSを活用したバズマーケティングを行う際は、相性のよいコンテンツを考えて使い分けるとよいでしょう。

※1　バイラル
「ウイルスの」という意味の単語。伝染性が高く、人から人へ急速に拡散していくさまを表す。口コミやリツイートなどを狙ったマーケティング手法のことを、バイラルマーケティングという。

※2　インフルエンサー
芸能人や、インターネット上で有名な人物など、多くのユーザーに影響力を及ぼすキーパーソンのこと。

バズるツイートの作成ポイント

これまでに確認した特徴を考慮して、バズるためのツイートを意識して作成してみましょう。具体的には、以下の要素がとくに重要なポイントになります。

○最新ニュースを独自の視点で切り取る

Twitterではタイムリーな話題にユーザーが飛び付く傾向があるため、最新のニュースや話題をぜひ活用しましょう。とはいえ、ただ単に最新のニュース・話題を伝えるだけでは、ほかのユーザーのツイートと差別化できず、大きな効果は狙えません。真正面から記事にするのではなく、斜めや真うしろからなど視点を変えて、より付加価値のある見せ方を心がけましょう。

○ハッシュタグを付けて検索されやすくする

ターゲット層が興味のあるハッシュタグを付けてツイートをするだけで、ターゲット層に発見される可能性は上がるでしょう。ただし、画面左側の「トレンド」に表示される注目されているハッシュタグをツイートに使う方法はあまりおすすめしません。なぜなら、トレンドのハッシュタグは概して競合が多く、すぐさまタイムラインから消えてしまうためです。ターゲット層の関心に近く、かつ競合が少なそうなハッシュタグを活用するのが効果的でしょう。

バズにつなげるテクニック

Twitterでサービスや商品のプロモーションを行う際に、ついフォロワー増やしなどに奔走しがちですが、フォロワー数はプロモーションにおいて決定的には重要ではありません。フォロワーをむやみに増やしても、交流の密度はどんどん薄くなり、反応が期待できないフォロワーばかりが増えてしまう結果しか生みません。それよりも、影響力のある人に情報を拡散してもらうなどの方法を検討するほうが大切です。

○インフルエンサー※2の投稿に対してリアクションをする

芸能人や経営者など、ユーザーに影響力のある人物の中には、フォロワーとの交流を積極的に行っている人もいます。自分のサービスと親和性が高いか、同じカテゴリのインフルエンサーと積極的にコミュニケーションを取りましょう。こうしたインフルエンサーとの交流の様子は、インフルエンサーのフォロワーはもちろん、インフルエンサーと交流しようとして訪れたユーザーも見ることになります。自分のタイムラインに投稿するだけに比べ、より確実に効果的にプロモーションを行うことができるでしょう。

○あらゆる時間帯でツイートをする

多くのユーザーの目にツイートを触れさせるためには、とにかくさまざまな時間帯に投稿することが大切です。すべての人が同一の時間帯にタイムラインを見ているとはかぎりません。多くの時間帯で投稿することにより、あらゆるユーザー層にリーチさせることが可能になるでしょう。

07 コンテンツタイプによる投稿ポイントをおさえよう

運用編

TwitterはFacebookなどのSNSと異なり、投稿できる文字数が少ないという特徴があります。また、パソコンとスマートフォンというデバイスの違いによって、表示される画像のサイズや縦横比が異なります。こうした仕様により、コンテンツタイプごとに投稿する際のコツがあるため、それぞれを詳しく確認しておきましょう。

テキストは文字数がポイント

Twitterでは、投稿できるボリュームに全角140文字以内という制限があり、このボリュームを超えたテキストを投稿することはできません。文字数制限をオーバーした場合、エラーが赤く表示されます01。半角であれば2文字で1文字とカウントされるので、最大280文字まで投稿することができます02。

とはいえ、140文字を目いっぱい使用して、アピールしたい内容を詰め込み過ぎるのは好ましくありません。Twitterのタイムラインは急速に流れており、また気軽に利用しているユーザーが多いため、すぐに見てすぐに理解できる内容でなければ大きな効果が期待できないからです。ひと目で飲み込める、要点を絞ったツイートを心がけるとよいでしょう。

01 ボリュームオーバーの例

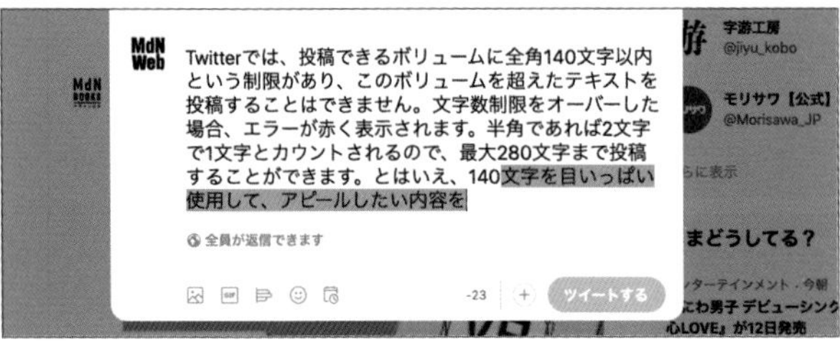

140文字を超えた部分は赤字でエラーが表示される

02 半角の表示例

文字数制限の緩和

以前は「写真や動画をアップロードした時の短縮URL」、「引用ツイートや投票付きツイート」、「返信ツイートの先頭に表示される"@ユーザー名"」も文字数にカウントされていましたが、2016年からそのルールが変更されました。そのため、画像や動画などを投稿することで、そのぶんの文字数を減らす必要はありません。

画像の見え方に注意する

Twitterでツイートに画像を添付する際に注意したいのは、画像のサイズによっては、タイムラインで見た際に上下や左右が切り取られてしまう点です。従来は、パソコンとスマートフォンで画像の表示サイズが異なっていたため、不意に切れてしまうことが多くありました。

仕様が頻繁に変更されるので、今後はまた変わる可能性もありますが、2021年11月時点においては、パソコンとスマートフォンで画像の表示サイズは変わらなくなりましたので、画像サイズの調整は容易になったといえます。

◯1つの画像を添付する場合

ツイートに1つの画像を添付する場合は、タイムラインに表示する際の縦横比の制限があります。横長の画像の場合は横2：縦1です。それ以上の横長の画像は左右の両端が切れて表示されます。

縦長の画像の場合は、横1：縦1.3です。それ以上の縦長の画像の場合は、上下の両端が切れて表示されます03。

◯複数の画像を添付する場合

複数の画像を添付した場合は、画像の縦横比に関係なく、均等に見切れて表示されます。2つの場合はほぼ正方形（1：1.1）に、3つの場合は右側が横1.8：縦1の2つに、4つの場合はすべてが横1.8：縦1となります04。複数枚を掲載する場合は、基本的にユーザーにタップして拡大表示してもらうことが前提でしょうから、それほど気にしなくてよいでしょう。

なお、Twitterの写真の切れ方については、単純に中央部分を表示するわけではなく、被写体と思われる部分が中央になるように自動認識してプレビューを表示します。

03 1つの画像を添付した際の表示

横長の画像

横2：縦1の比率よりはみ出す部分が切り取られる

縦長の画像

横1：縦1.33の比率より
はみ出す部分が切り取られる

04 複数の画像を添付した際の表示

2つの場合

❶ 横1：縦1.1
❷ 横1：縦1.1

3つの場合

❶ 横1：縦1.1
❷ 横1.8：縦1
❸ 横1.8：縦1

4つの場合

❶ 横1.8：縦1
❷ 横1.8：縦1
❸ 横1.8：縦1
❹ 横1.8：縦1

強化された動画機能も活用したい

2006年7月にTwitterのサービスが開始された当初は、動画を投稿することができませんでした。動画を投稿できるようになったのは2015年からと、それほど昔のことではありません。ユーザーがアップしたおもしろ動画などが人気になることは多いですが、企業アカウントでは動画を活用しているケースがまだそこまで多くありません。反対にいえば、活用過渡期の今だからこそ競合他社と差を付けるチャンスでもあります。動画投稿によってより豊富な情報をユーザーに伝えることができるため、ぜひ有効活用してみましょう。

◎動画は140文字以上の価値を提供できる

Twitterは140文字以内の短文で投稿するという手軽さから、すぐに情報を発信でき、すぐに情報が拡散されるのが最大の利点です。しかし文字数制限があるために、良質で豊富な情報発信が要となるマーケティングにとってはやや不向きのプラットフォームでもあります。

しかし、動画が投稿できるようになったことで、Twitterで発信可能な情報量は圧倒的に増えました。時間は2分20秒（140秒）の制限がありますが、表情や音声を使って伝えたいことを発信するには十分な環境です。とくに、実際の雰囲気が重要視される飲食店などの業態でのPR活動においては、非常に有用な機能でしょう。お店で提供されている料理や店内の雰囲気を動画で伝えることで、ユーザーの求めるよりリアルなお店の様子を伝えることが可能です。

◎すばやく動画を撮影して投稿する

動画は、iPhoneやAndroidスマートフォンなどのモバイル端末上のTwitterアプリから直接撮影できます 05。そのままTwitterアプリを離れることなく不要な部分の切り取りなどを行うことができ、すばやく投稿することが可能です 06。最長140秒までの動画を投稿できるため、ユーザーに伝えられる情報量の面でも画像より格段に増えますから、SNSマーケティングには欠かせないツールといえるでしょう。

動画の撮影場所が屋外であることも多いものですが、屋外で撮影した動画を持ち帰ってパソコンから投稿するのでは、情報の鮮度が落ちて、エンゲージメントの機会を失ってしまいかねません。Twitterでは情報の鮮度が何より求められるため、すばやく撮影し、すばやく投稿することで、新鮮な情報を提供するように心がけましょう。イベントやセミナー会場で現場ならではの情報や雰囲気を撮影して投稿する場合などに適しているといえるでしょう。

05 Twitterアプリからの撮影

Twitterアプリからそのまま動画を撮影できる

06 動画の編集

不要な部分の切り取りなどのかんたんな編集もできる

※1　フレームレート
動画が1秒あたり何枚の画像で構成されているかを示す。「fps」を単位とする。

※2　ビットレート
単位時間あたりの情報量。一般的には1秒あたりの情報量「bps」を単位とする。

投稿可能な動画の仕様

Twitterアプリで動画を撮影して投稿する場合は、動画は適切な仕様に調整されますが、そのほかのカメラで撮影した動画を投稿する場合や、パソコンから動画を投稿する場合には、投稿可能な仕様に注意しましょう 07 。Facebookではあらゆる形式の動画の投稿に対応していますが、TwitterではMP4形式とMOV形式の2つにしか対応していないからです 08 。そのため、FacebookとTwitterで同じ動画を投稿することを想定している場合は、MP4形式もしくはMOV形式で動画を作成しておくとよいでしょう。ただし、パソコンからはMOV形式の動画が投稿できないことに要注意です。

万一、投稿したい動画がMP4形式でもMOV形式でもない場合は、動画の形式をこれらに変換する必要があります。フリーソフトとしては、「XMedia Recode」（http://www.xmedia-recode.de/）や「MediaCoder」（http://www.mediacoderhq.com/）が多くの形式に対応しており使いやすいでしょう。

07 Twitterに投稿可能な動画の仕様

モバイル端末	MP4形式、MOV形式
パソコン	MP4（H264形式、AAC音声）
アップロードできる動画のサイズ	最大512MB、長さは140秒以下
パソコンからアップロードできる動画の解像度と縦横比	最小解像度　32 × 32 最大解像度　1920 × 1200（および1200 × 1900） 縦横比　1:2.39～2.39:1の範囲（両方の値を含む） 最大フレームレート※1　40fps 最大ビットレート※2　25Mbps

08 未対応の形式を投稿しようとした場合

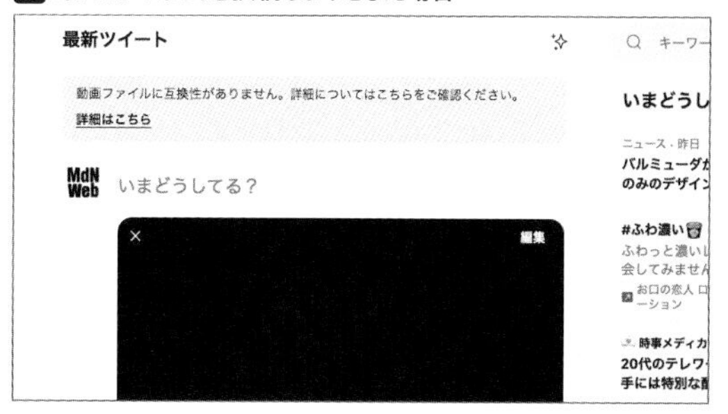

「動画ファイルに互換性がありません。」とメッセージが表示され、投稿することができない

動画の投稿頻度に気を付ける

スピード感と手軽さが求められるTwitterでは、Facebookのように手の込んだ動画をじっくりと準備するよりも、すばやく旬の場面を投稿したほうが効果的です。編集に時間をかけた質の高い動画を少なく投稿するよりも、粗削りながら見どころの感じられる動画を多く投稿するようにしましょう。ただし、タイムラインに表示される動画は、初期設定では自動的に再生されるようになっていることも考慮しましょう。あまりにも動画ばかりを乱発すると、ユーザーからひんしゅくを買うことにもなりかねません。テキストや画像の投稿とバランスを取り、適度な頻度で投稿しましょう。

08 ハッシュタグを効果的に活用しよう

ハッシュタグを含むツイートは、そのタグに興味があるユーザーに検索されることがあり、フォロワーではない人にも直接情報を見てもらえる可能性があるため、Twitterで情報を拡散するためには効果的です。 より多くのユーザーにツイートを見てもらうために、適したハッシュタグを使えるようにしましょう。

1 インフルエンサーが使うハッシュタグを調べる

多くの人にツイートを見てもらうためには、インフルエンサー（P.97参照）に情報を拡散してもらうと効果的です。インフルエンサーのツイートに含まれているハッシュタグはインフルエンサー自身が興味のあるタグです。同じタグを付けてツイートすることでインフルエンサーの目に留まる可能性を高めましょう。ここでは、twitonomyというツールを使用してインフルエンサーのハッシュタグを調べる手順を紹介します。

1 twitonomyのWebサイト（https://www.twitonomy.com/）にアクセスし、「Sign in」→「Sign in with twitter」の順にクリックし、アプリを承認します。

2 「Profile」をクリックします。

3 検索欄でインフルエンサーのユーザー IDを検索します。

4 画面左下の「Hashtags most used」で、インフルエンサーがよく使うハッシュタグが確認できます。

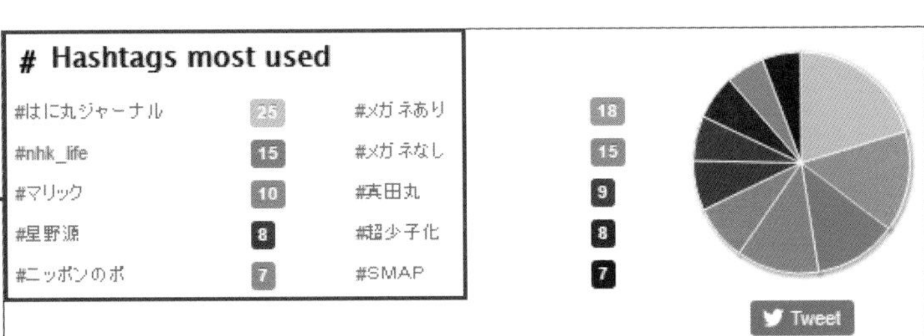

2 関連性の高いハッシュタグを調べる

ハッシュタグは少しでも表現が違うと別のタグになってしまいます。たとえば「#sony」と「#ソニー」は異なるタグですが、関連性は非常に高いタグです。このようなタグを知ることができれば、同じような内容に興味を持っているユーザーにリーチできる可能性が高まります。関連性の高いハッシュタグは、Hashtagifyというツールを使用すると、効率的に調べられます。

1 HashtagifyのWebサイト（https://hashtagify.me/）にアクセスし、検索欄にハッシュタグを入力して検索します。

2 関連性の高いハッシュタグがいくつか表示されます。

3 ハッシュタグのリーチを調べる

多くの人が利用しているハッシュタグを使ったほうがより多くのユーザーに見てもらいやすいため、1と2で調べたハッシュタグを使うとどれくらいのユーザーにリーチできるのかを調べましょう。ここでは、有料ツールではありますが、Hashtrackingというツールを使用してリーチ数を調べる手順を紹介します。

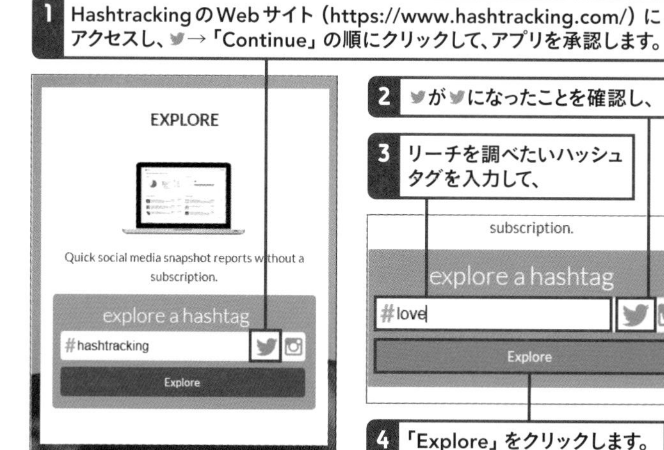

1 HashtrackingのWebサイト（https://www.hashtracking.com/）にアクセスし、→「Continue」の順にクリックして、アプリを承認します。

2 がになったことを確認し、

3 リーチを調べたいハッシュタグを入力して、

4 「Explore」をクリックします。

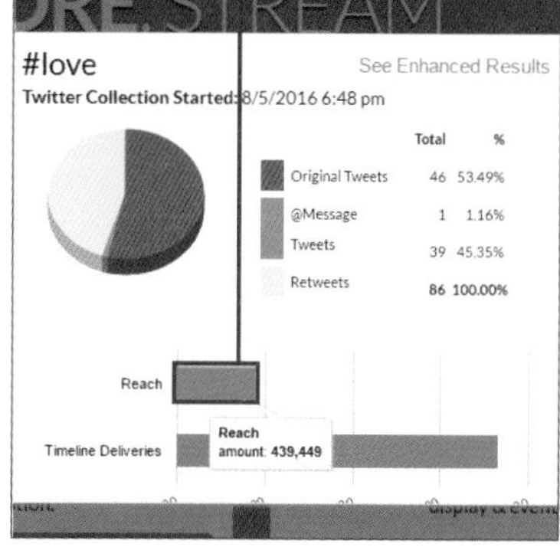

5 「Reach」のグラフ部分にカーソルを合わせて、リーチ数を確認します。

4 ハッシュタグに適したタイミングを調べる

これまでに紹介した方法で、使用すべきハッシュタグの候補をいくつかピックアップできると思います。しかし、ハッシュタグの候補の数が多い場合は、どのハッシュタグをツイートに含めるかを絞り込む必要が出てきます。そのようなときに考慮したいのは、それが「今」というタイミングでニーズのあるハッシュタグなのかどうかという点です。

たとえば「#ランチ」というハッシュタグについて考えてみましょう。一般的にそのハッシュタグでツイートを探そうとしているユーザーは、夕方や深夜の時間帯よりも、午前中や昼食前後の時間帯のほうが多いと考えられます。つまり、使用するハッシュタグによっては、ユーザーのニーズが高まる適切なタイミングが存在する可能性があるということです。

こうしたタイミングを適切に把握するために、ここでもツールを使用することを推奨します。RiteTagというツールを使うことで、ハッシュタグの今現在のニーズがどれだけ高いかを調べることができます。RiteTagでは、検索したキーワードが含まれるハッシュタグを同時に調べることができるため、関連タグのニーズを調べるうえでも重宝します。

1 RiteTagのWebサイト（https://ritetag.com）にアクセスします。

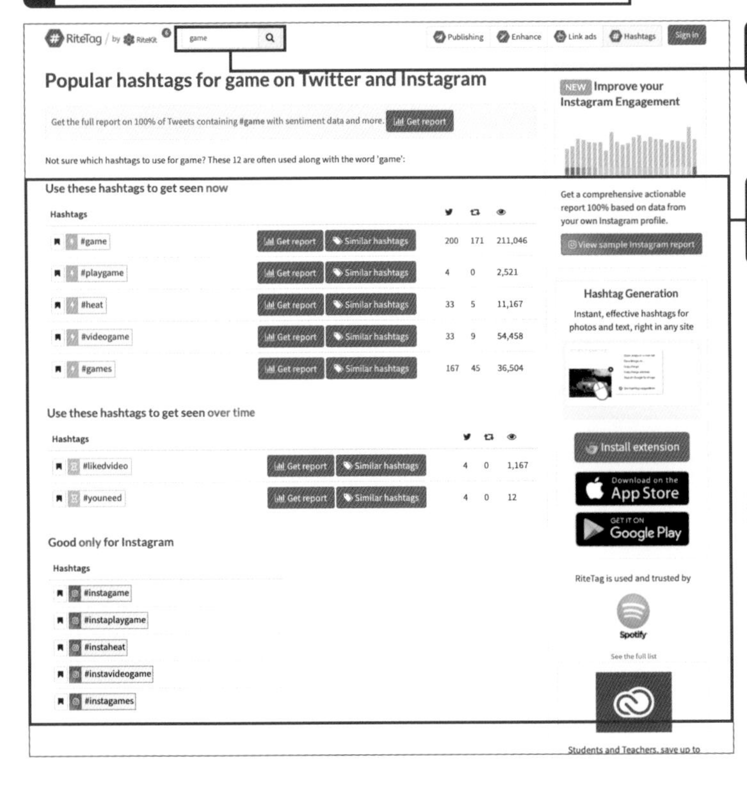

2 検索欄にニーズを調べたいハッシュタグを入力します。

3 入力した文字を含むハッシュタグがカテゴリごとに一覧表示されます。

最初のカテゴリの緑色のタグは「現在の閲覧ユーザーが多いハッシュタグ」、次の青色は「長期間で閲覧ユーザーが多いハッシュタグ」です。今すぐツイートしようとしている状況下では緑色のハッシュタグがあればそれを使用し、そうでない場合は青色のハッシュタグを使うとよいでしょう。なお、赤色のタグはInstagramでのみ有効と推定されるハッシュタグです。

5 ペナルティに気を付ける

これまで、ハッシュタグのメリットや適切なハッシュタグの調べ方などを紹介してきましたが、ハッシュタグによるリスクもあります。Twitterには140字という制限があるため、せっかくハッシュタグで文字数を消費するのであればより効果の高いものを選びたいところですが、効果を狙うあまり的外れな使い方をしていると、Twitterからペナルティを受けてしまう可能性があるのです。とくに、ツイートの内容と関連性がないハッシュタグを使用して複数投稿した場合は、スパムと判定されてアカウントが凍結されてしまう危険性があるため、十分に注意しなければなりません。

また、一度に使用するハッシュタグの数にも気を付けましょう。Twitterの公式ヘルプセンター 01 では、1つのツイートに使うハッシュタグは2つまでにすることが推奨されています。そのため、なるべくその範囲内でハッシュタグを利用したほうがペナルティを受けるリスクを減らすことができるでしょう。そのほかには、ユーザーの利益になるツイートにハッシュタグを使用する、文章並みに文字数が長いハッシュタグは使用しない、といった点に気を付けながらハッシュタグを利用するとよいでしょう。

ここで解説していないそのほかの理由でペナルティが課せられる可能性もあります。ペナルティを回避するためにも、あらかじめ公式サイトでTwitterのルールを確認しておきましょう 02。こうしたルールに注意しながら、自社に最適なハッシュタグを探してみてください。

01 Twitterの公式ヘルプセンター

https://support.twitter.com/

02 Twitterルール

https://help.twitter.com/ja/rules-and-policies/twitter-rules

09 フォロワーと円滑にコミュニケーションしよう

運用編

Twitterにはほかのユーザーとコミュニケーションを取るための、さまざまな機能が用意されています。これらのしくみと効果を理解したうえでコミュニケーションを行うようにすると、Twitterの運用効果をより高めることができます。こうした観点から、代表的な機能をそれぞれ見ていきましょう。

コミュニケーションの重要性

Twitterでは、企業が伝えたい情報を一方的に配信するだけではなく、ユーザーと積極的にコミュニケーションを取ることが重要です。一般的に、ユーザーは日頃からコミュニケーションを取っている企業に対しては、そうでない企業に比べて身近に感じやすく、興味・関心や好意を持ったりすることにつながりやすいと考えられるからです。また、Twitterを利用する目的は企業によってさまざまですが、いずれの目的においても日頃からコミュニケーションを取っているユーザーが多いほど、成果に対してプラスに働きやすくなるものです。

ユーザーのツイートに返信する

返信をする場合は、任意のツイートの下部の吹き出しをクリックしましょう。相手のツイートの下に連なる形で投稿ウィンドウが表示されます。「返信先」に相手のユーザーIDが表示されているので、文章を入力して投稿すると、そのユーザーに宛ててツイートが送信されます**01**。相手もそのツイートに対して返信することができるため、会話のようなやり取りを行うことができます。

ここで注意したいのは、返信の内容は第三者にも見えるということです。返信相手もフォローされていない限り、自分のフォロワーのタイムラインには表示されませんが、自分のタイムラインを訪れたユーザーは確認できるため、個人情報などを扱わないよう注意しましょう。また、相手のユーザーIDの前に文字を入力すると、フォロワーのタイムラインにも表示されることにも気を付けましょう。

返信すべき相手がフォロワーにいない場合は、Twitterの検索欄で自社に関するキーワードなどを検索してみましょう。自社の商品・サービスに関することで困っているユーザーなどがいれば、返信で話しかけることでアクティブサポートが可能になります。

01 返信の手順

吹き出しマークをクリックすると返信ダイアログが表示される

リツイートでコミュニケーションする

リツイートする場合は、任意のツイートの下部の🔁をクリックし、「リツイート」をクリックします02。リツイートは、ほかのユーザーのツイートを自分のタイムラインに再投稿して情報を拡散する行為ですが、リツイート元のユーザーに自分がリツートしたことが通知されるため、この行動もコミュニケーションの1つになります。「あなたのツイートが興味深い内容だったので共有させてもらいましたよ」と相手に暗に伝えているというわけです。もちろん、リツイートした情報は自分のフォロワーのタイムラインに表示されるため、何でもかんでもリツイートするのではなく、フォロワーと共有したい、またはフォロワーの役に立ちそうだと思ったツイートをリツイートするとよいでしょう。

反対に、自分のツイートがリツイートされた場合は、通知を手がかりに相手のタイムラインを調べ、相手がリツイートした意図を確認してみましょう。リツイートは、ほかのユーザーに情報を教えたい、共有したいという動機をともなうアクションのため、コンテンツに対してポジティブな意図で行われる場合が多いですが、悪質な情報などを注意喚起したり、コンテンツを批判したりするために行われる場合もあるため、厳密には相手のタイムラインの文脈から意図を判断する必要があるからです。

もっとも、一般的には、企業のコンテンツをそのままリツイートする場合は、ポジティブな意図から情報を共有することが多いと思われます。ネガティブなコンテンツについての情報をリツイートする場合には、大元のツイート自体ではなく、それに対して注意を促しているツイートをリツイートすることが多く、大元のツイート自体を拡散する場合でも、自身の見解や感想をコメントとして追記してツイートすることが多いためです。ただし、仮にポジティブな意図のリツイートをユーザーからもらった場合であっても、何がそのユーザーを満足させたのかを把握できれば、新たなコミュニケーションのきっかけにできます。

02 リツイートの手順

🔁→「リツイート」の順にクリックしてリツイートする

ユーザーのツイートを引用ツイートする

リツイートの際、その先頭に自分の文章を追加して投稿することを引用ツイートといいます。自分のメッセージを追加することによって、リツイートよりも情報を拡散する意図が明確になりやすいため、これをきっかけとしたコミュニケーションが生まれやすくなります。どのような意図をもって引用しようとしているのかが他者に伝わるようなコメントを意識してみると、よりコミュニケーションのきっかけになりやすいでしょう。

引用ツイートの手順はリツイートの手順と途中までは同じです。リツイート画面の上部にコメントを入力し、「ツイート」をクリックすると引用リツイートが完了します03。

03 引用ツイートの手順

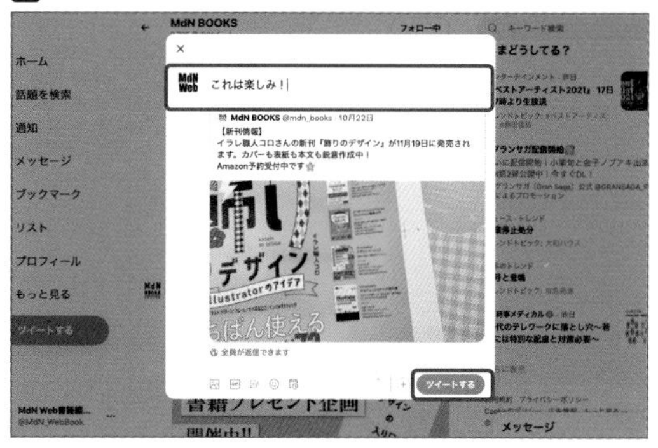

リツイート画面の上部に文章を入力し、「ツイート」をクリックする

10 Twitterアナリティクスで分析・改善しよう

分析編

専用の分析ツール「Twitterアナリティクス」を使うと、ツイートやフォロワーなどのデータを詳しく知ることができます。データをもとに問題点を改善していくことで、Twitterをビジネスの成長につなげる方法が見えてきます。Twitterアナリティクスで確認することができる主要データを、使い方とあわせて覚えておきましょう。

Twitterアナリティクスとは

Twitterアナリティクスとは、Twitterユーザーが無料で利用できるTwitter専用の分析ツールです。配信したツイートに関する詳細なデータを把握することができます。それぞれグラフなどで視覚的に情報を確認できるため、すばやい分析が可能です。特異な部分や変動の激しい部分などに注目し、その理由を追究することによって、ツイートの内容や、Twitterの運用方法を改善することができるでしょう。

Twitterアナリティクスを表示するには、Twitterにログインした状態で左側のメニューから「もっと見る」→「アナリティクス」をクリックします 01。表示されるTwitterアナリティクスの「ホーム」の上部のタブをクリックすることで、「ツイートアクティビティ」、「動画」、「コンバージョントラッキング」などの画面を切り替えることができます 02。それぞれで確認できるデータを、順に見ていきましょう。

01 Twitterアナリティクスの表示手順

左側のメニューから「もっと見る」→「アナリティクス」の順にクリックする

02 Twitterアナリティクスの主要画面

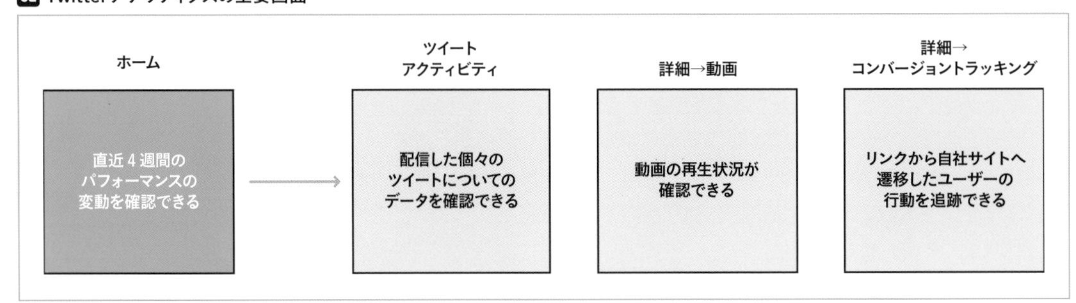

ホームで概要を確認する

ホームでは、自社のTwitterアカウントの現在の状況と、過去の主なツイートやフォロワーに関するデータが表示されます。過去28日でのパフォーマンスの変動や、月ごとの目立ったツイートをひと目で把握できるため、全体的な運営の方向性を確認する場合に重宝します。

「過去28日でのパフォーマンスの変動」を見て、大きく上昇または下降している指標がある場合は、その原因がどこにあるのかを探りましょう。ほかの分析画面とあわせて見て絞り込んでいくと、何を改善すればより効果が高まるのかというヒントを得られやすくなります。

自分のTwitterアカウントにおいて、直近4週間の数値がその前の4週間と比べてどう変化しているのかを把握できます。

- ツイート…ツイートした回数
- ツイートインプレッション…ツイートがユーザーに表示された回数
- プロフィールへのアクセス…プロフィールページが表示された回数
- フォロワー数…自分のフォロワーの数

月ごとに、高い効果を獲得したツイートや、影響力を持っているユーザーを把握することができます。

- トップツイート…その月にもっとも多く表示された自分のツイート
- トップの@ツイート…その月にもっとも多くの反応があった自分宛ての@ツイート
- トップフォロワー…その月にフォローしてくれたフォロワーのうち、もっともフォロワー数が多いフォロワー
- トップのメディアツイート…その月にもっとも多く表示されたリンク／画像／動画を含むツイート

ツイートアクティビティを確認する

Twitterアナリティクスの画面上部の「ツイート」をクリックすると、ツイートアクティビティが表示されます。ツイートアクティビティでは、投稿した個々のツイートに関するデータを確認することができます。ツイートがユーザーのタイムラインなどに表示されるインプレッションの回数や、ツイートに対してユーザーが反応するエンゲージメントの回数※2などが詳細にわかるため、実際に個々のツイートがどれだけユーザーの興味・関心を惹き付けたのかがはっきりとします。一覧表示されている個々のツイートをクリックすると、エンゲージメントの内訳を確認することもでき、ユーザーが具体的にどのような反応を示したのかが把握できます。

ツイートアクティビティではまず、人気の高いツイートから確認してみましょう。ユーザーの反応を多く得ているツイートの特徴を分析し、それを参考にして以降のツイート内容に反映させてみるとよいでしょう。改善したツイートのデータもまた確認し、実際に改善効果が表れているかどうかを調べます。そこで改善効果が確認できなければ、改善内容を再検討するとよいでしょう。このように、一度ですべてを改善するのではなく、少しずつ改善をくり返していくことがポイントです。

CSV形式のデータをダウンロードできます。資料やレポートを作る必要があるときなどに活用できます。

過去28日間における日ごとのツイート数と、そのインプレッション数の推移を把握できます。

インプレッション数が多いツイートを確認する場合は「トップツイート」、ツイートと返信の双方を確認する場合は「ツイートと返信」、Twitter広告を確認する場合は「プロモーション」をクリックします。

個々のツイートごとに以下のデータが表示されます。

- **インプレッション…ツイートの表示回数**
- **エンゲージメント数…ツイートへのユーザーの反応回数**
- **エンゲージメント率…エンゲージメント数をインプレッションの合計数で割った値です。エンゲージメント率が高いほど、フォロワーが興味や関心を持ったツイートといえます。**

エンゲージメント率、リンクのクリック数、リツイート、「いいね」、返信などの日別の推移が表示されます。

※2　エンゲージメントの回数
ユーザーがツイートに反応した合計回数。この反応には、ツイート（ツイート自体、リンク、ハッシュタグ、ユーザー名、プロフィール画像）へのクリック、リツイート、返信、フォロー、「いいね」が含まれる。

動画の再生数、再生率を確認する

上部メニューの「詳細」の中にある「動画」をクリックすると、動画アクティビティが表示されます。指定した期間の投稿した動画の再生数や再生率が確認できます。表示している動画アクティビティ画面は、画面右上部「データをエクスポート」からダウンロードが可能です。

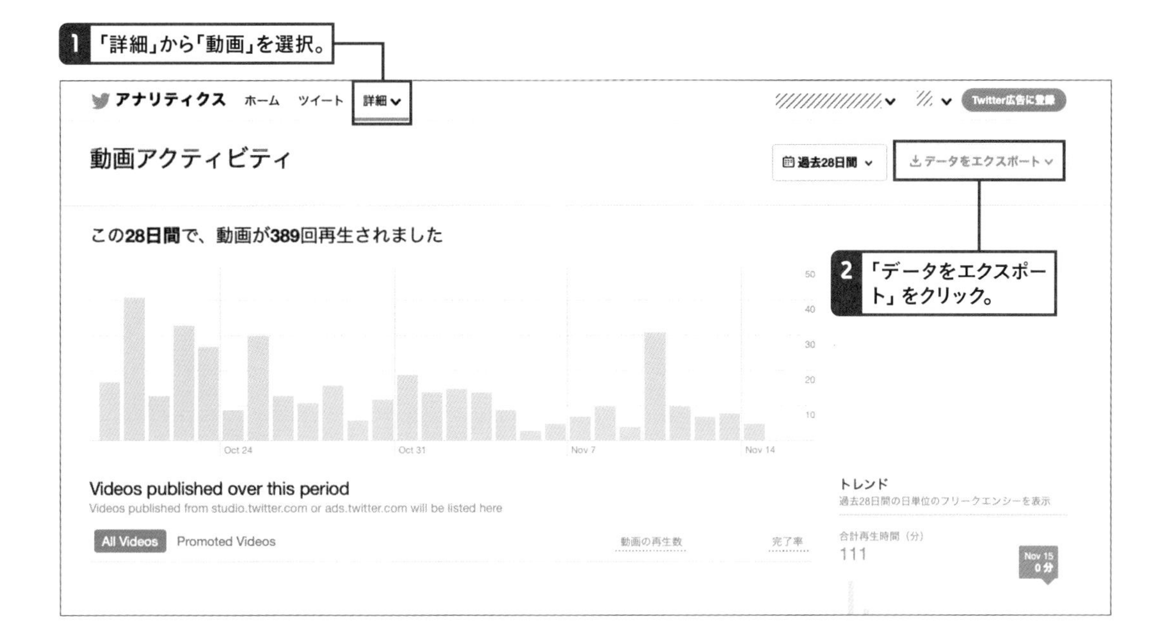

● アプリマネージャー

上部メニューの「詳細」❶の中にある「アプリマネージャー」を選択するとアプリマネージャーが表示されます。アプリマネージャーは、アプリプロモーションキャンペーンで使うモバイルアプリを追加する、コンバージョンの効果を最適化する、エンゲージメントを獲得できそうなユーザーをターゲティングする、といったことができる広告アカウントのツールです。

● コンバージョントラッキング

上部メニューの「詳細」❶の中にある「コンバージョントラッキング」をクリックするとコンバージョントラッキングが表示されます。コンバージョントラッキングは、ウェブサイトでユーザーの行動からコンバージョンを最適化します。

11 Twitterの関連アプリを活用しよう

活用編

Twitterが公式に提供しているアプリ以外に、他社が開発しているアプリを使う方法もあります。余分な機能がないことで使いやすいものや、デザインが見やすいもの、公式にはない機能が活用できるものもあります。公式のTwitterアプリを使っていて不便を感じた場合は、ぜひ試してみるとよいでしょう。

Twitterのおすすめクライアント

Twitterクライアントとは、Twitterのアカウント全体を管理・操作するためのアプリのことです。スマートフォン上で動作するアプリのほか、ブラウザ上で使用するWebアプリケーションも含まれます。基本的にはTwitter公式のクライアントを使えばよいですが、仕事で使用する場合ではとくに、かゆいところに手が届かないと感じることもあります。ここではよく使われる2つの代表的なTwitterクライアントをご紹介します。

● TweetDeck

もともとはTweetDeck社が開発していたクライアントですが、Twitter社が2011年に買収したため、公式のクライアントのひとつとして扱われています。特徴は、通常のTwitterのタイムラインは1カラムで構成されているのに対し、「ホーム」「通知」「トレンド」などのタイムラインを複数のカラムで同時に確認できる点です。複数のアカウントのタイムラインも同時に確認できるため、仕事でTwitterを運用する場合には便利です。

https://tweetdeck.twitter.com/

● Janetter

シンプルでありながら、デザインの自由度が高いインストールタイプのTwitterクライアントです。27種類ものテーマから好みのものを選択できるほか、新しいテーマを作ったり、ほかのユーザーが作成したテーマを使ったりすることもできます。また、フォントの種類やサイズも変えることができます。iPhoneとAndroidスマートフォン用のアプリもあり、スワイプでタイムラインをサクサク切り替えられるので、非常に軽快に操作することができます。

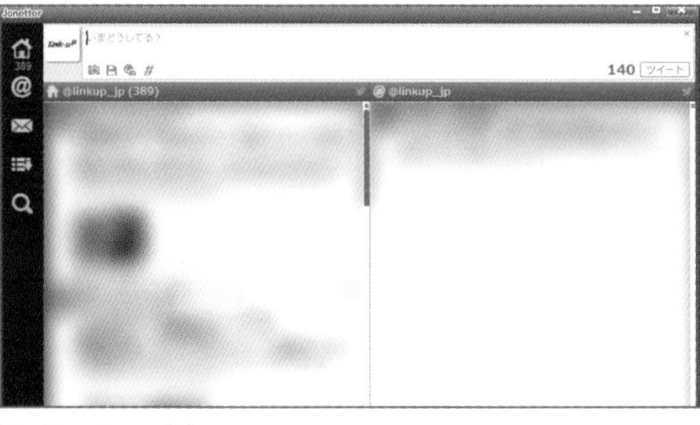

http://janetter.net/jp/

※1　API
プログラムのデータなどを、外部のプログラムから呼び出して利用するための仕様のこと。APIのリクエストが上限に達すると、Twitterが一時的に利用できなくなることがある。

Twitterを便利にするおすすめアプリ

クライアント以外にも、Twitterに関するアプリは無数にあります。気になるアプリを見つけたら積極的に試してみるとよいでしょう。ここでは、フォローとフォローの解除に関する情報を調べる「フォローチェック for Twitter」と、複数の画像を投稿したいときに便利な「下書きメモ for Twitter」を紹介します。

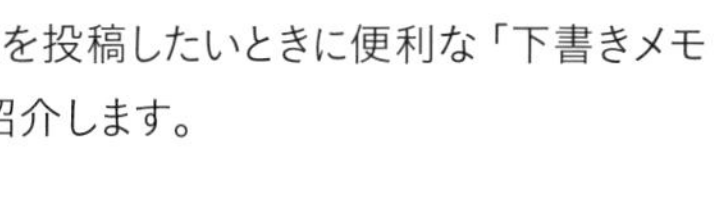

フォローチェック for Twitter

こちらがフォローしているのにフォローしてくれないユーザー、こちらがフォローしていないのにフォローしてくれているユーザーなどを把握できるアプリです。前者の場合は、フォロー枠を空けるためにフォローを解除する候補を探すときに使えますし、後者の場合は、フォローし忘れているユーザーをフォローするときなどに役立ちます。また、最近フォローを解除したユーザーも確認することができるため、そのユーザー情報を確認することで、フォローを解除された理由を推測することもできるでしょう。なお、このアプリはスマートフォン専用アプリです。iPhoneではApp Storeで、AndroidスマートフォンではGoogle Playでアプリを検索してインストールしてください。

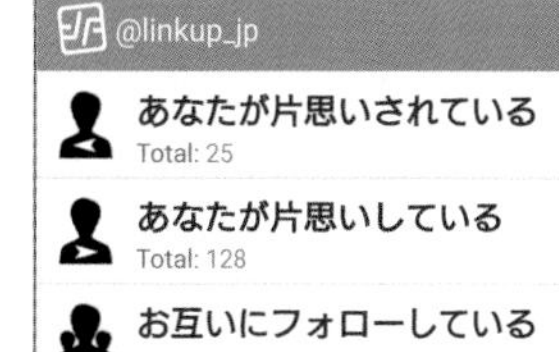

下書きメモ for Twitter

Twitterで複数の画像を投稿をするとサムネイルが自動で調整されてしまうため、写真別に意図していない箇所が切り取られてしまうことがあるかと思います。

下書きメモ for Twitterはサムネイルサイズに合わせて自分でトリミングすることができますので、投稿前にプレビューで確認することが可能になります。なお、このアプリはiPhone専用アプリです。App Storeでアプリを検索してインストールしてください。

アプリを使用するうえでの注意点

Twitterアプリには好ましくないものも存在します。中にはアプリを起動していなくてもバックグラウンドでTwitterのデータを取得し、API※1のリクエストが制限を超えてしまってほかのアプリが動作しなくなるものも。こうした事態を回避するために、怪しいアプリは連携を解除しましょう。パソコンなら「もっと見る」→「設定とプライバシー」→「セキュリティとアカウントアクセス」→「アプリとセッション」→「連携しているアプリ」から連携を解除できます。

12

Twitter広告を活用しよう

広告編

以前は広告代理店などを通じてしかTwitter広告は掲載できませんでしたが、2015年10月から、Twitterアカウントを所有しているユーザーなら誰でもTwitter広告を掲載することができるようになりました。コストも数十円から設定できるため、中小企業や個人事業主にも利用しやすい広告サービスといえるでしょう。

Twitter広告とは

Twitter広告とは、Twitterアカウントがあれば誰でも出稿・運用が行える、Twitter専用の広告サービスです。Facebook広告と同様に、タイムラインの投稿に紛れて掲載されるため、注目度が高くなるメリットがあります 01。また、フォロワーの増加、Webサイトへの流入、エンゲージメントの増加、アプリのインストール数の増加など、目的別に最適な広告配信が可能です。さらに、目的とキーワード、興味関心など、さまざまなターゲティング項目を組み合わせることで、より効果的なプロモーションが実現できます。

フォロワーの獲得や、Webサイトへの来訪など、あらかじめ設定されたアクションが達成された場合に広告料金が発生します。また、Twitter広告はオークション形式の料金体系です。競合する企業が設定した予算や入札額、または広告の品質に応じて、広告の料金が変動します。

01 Twitter広告の掲載位置

パソコンでの掲載位置

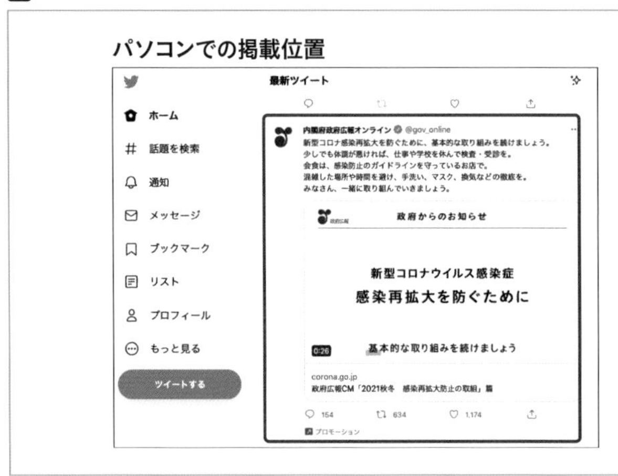

スマートフォンでの掲載位置

パソコンとスマートフォンのどちらも、タイムライン上のツイートに紛れて掲載される

Twitter広告を出稿する

Twitter広告の概要が掴めたら、実際にTwitter広告を出稿してみましょう。ここでは、基本的なTwitter広告の出稿手順を例として紹介します。

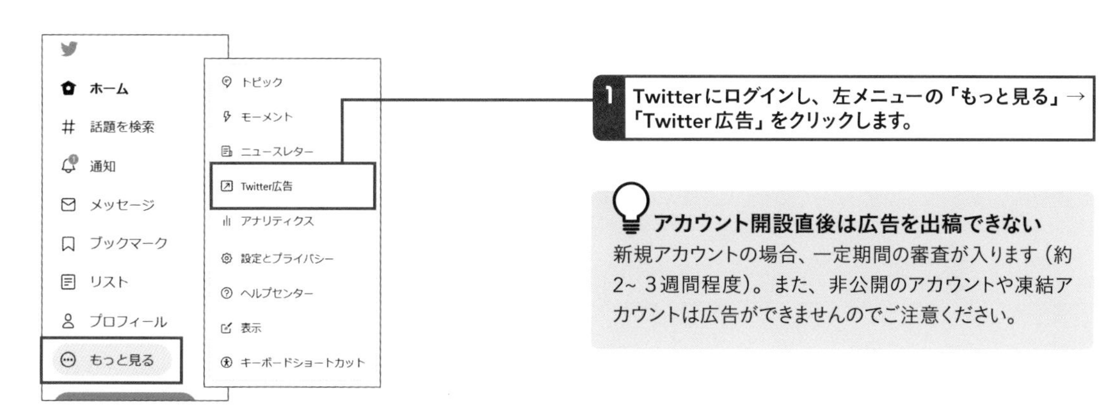

1 Twitterにログインし、左メニューの「もっと見る」→「Twitter広告」をクリックします。

アカウント開設直後は広告を出稿できない

新規アカウントの場合、一定期間の審査が入ります（約2~ 3週間程度）。また、非公開のアカウントや凍結アカウントは広告ができませんのでご注意ください。

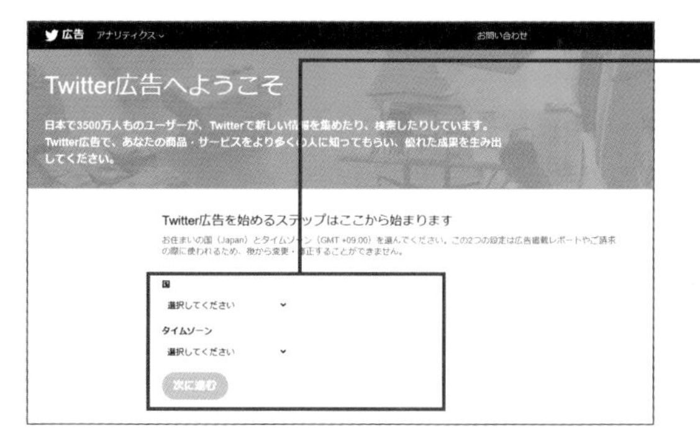

2 国とタイムゾーンを設定し、「次へ進む」をクリックします。

「広告を作成する」ボタンが表示された場合

画面に「広告を作成する」ボタン表示された場合は、クリックすれば国とタイムゾーンの設定に遷移します。遷移しない場合はまだ広告配信ができる状態ではないため、少し期間を置いてから再度お試しください。

3 任意の広告の目的をクリックします。ここでは「エンゲージメント数」を増やす広告設定を例に説明します。該当の目的を選択し、「次へ」をクリックします。

アカウント開設直後は広告を出稿できない

新規アカウントの場合、一定期間の審査が入ります（約2~ 3週間程度）。また、非公開のアカウントや凍結アカウントは広告ができませんのでご注意ください。

Twitter広告の目的の種類

リーチ：より多くのユーザーに広告を表示します。
動画の再生数：動画のリーチを拡大し認知を高めます。
プレロール再生数：Twitterと提携している200以上のコンテンツ配信パートナーの動画の本編の前に再生される動画広告で、認知を高めます。
アプリのインストール数：アプリのインストール数を増やします。
ウェブサイトのクリック数：ウェブサイトへの誘導を促します。
エンゲージメント数：ツイートのエンゲージメント（いいねやRTなど何らかのアクション）を増やします。
フォロワー数：フォロワー数を増やします。
アプリのエンゲージメント数：アプリを開くなど実際に使ってもらうように促します。

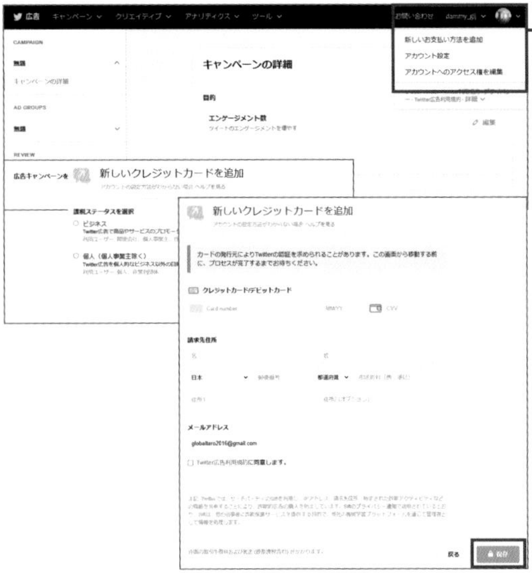

4 キャンペーン設定の画面に遷移しますが、最初にお支払い方法を設定しておく方がスムーズです。
アカウント名の右の矢印マークをクリックし、「新しいお支払方法を追加」をクリックします。
課税ステータスにチェックを入れ、クレジットカードを設定してください。使用できるクレジットカードはAmerican Express、Discover、JCBなどで、デビットカードの利用も可能です。
すべて設定したら「保存」をクリックし、キャンペーンの設定を始めます。

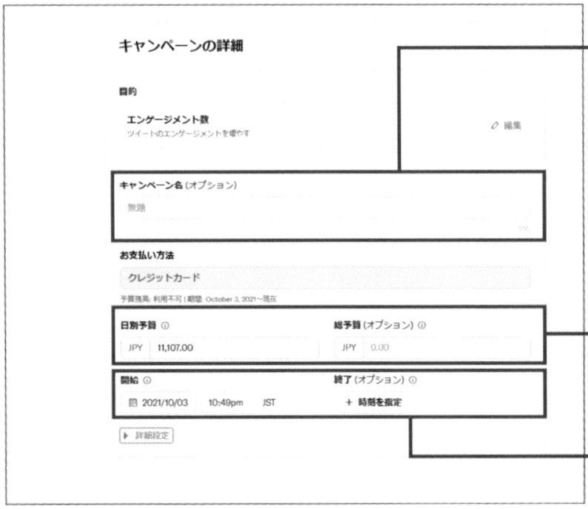

5 任意のキャンペーン名を入力します。必須ではありませんが、何のキャンペーンかは入れておくとわかりやすいです。

6 日別予算を設定します。オプションで総予算を設定できます。総予算を設定しておくと、それ以上金額を使ってしまうことはないので便利です。

7 キャンペーン開始日と終了日を入力します。その後、画面右下の「次」をクリックします。

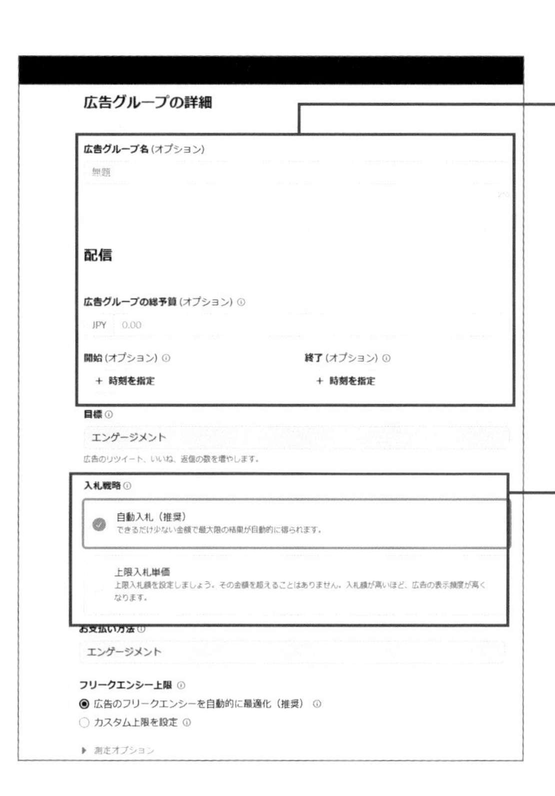

8 任意の広告グループ名を入力するほか、予算や開始・終了日時を指定します。
なお、これは必須ではありません。入力しなければ予算・開始日や終了日はキャンペーンで指定した日時が適用されます。
ただし、複数広告グループを作成する場合は広告グループ名は入力してください。
本書は初心者向けの入門書なので、複数広告グループを設定する説明は割愛させていただきます。

9 入札戦略を選択します。デフォルトは「自動入札」になっていますが、上限単価を設定したい場合は、「上限入札単価」を選択し、上限単価を入れてください。推奨は「自動入札」です。

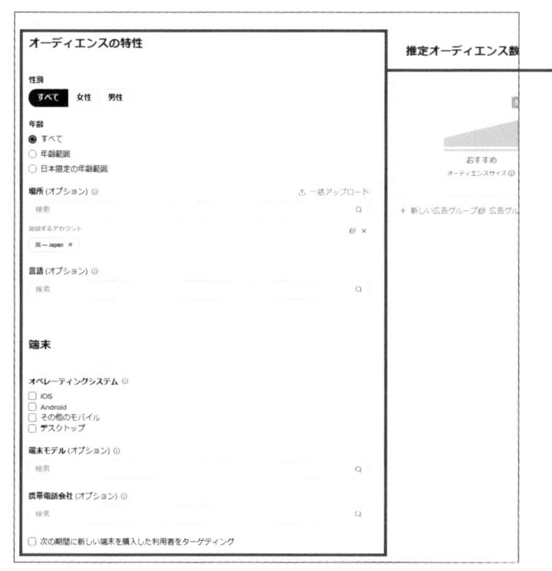

10 「性別」「年齢」「場所」「言語」を指定します。
場所は任意ですが、日本の場合「市」まで指定できます（一部例外あり）。
「言語」は例えば日本在住の英語ユーザーに広告を配信したい場合に設定します。
ユーザーの使用OSや携帯会社、他すでに作成しているカスタムオーディエンスのユーザーをターゲティングすることも可能です。

カスタムオーディエンス

顧客のメールリストやWebサイトアクティビティをもとにオーディエンスを設定する機能です。詳細は下記をご確認ください。
https://business.twitter.com/ja/help/campaign-setup/campaign-targeting/custom-audiences.html

Twitterオーディエンスプラットフォーム

Twitter以外のアプリ上に広告を配信することができます。ただ、どのプラットフォームに配信されるかわからないため、リスクを避けたい場合は「オン」になっているボタンを「オフ」変更してください。
また、「オン」になっているままだと『「広告カテゴリー」を設定してください』というエラーが出ます。その場合は「オフ」にすることでエラーが解消されます。

Twitterオーディエンスプラットフォーム

Twitterオーディエンスプラットフォーム
Twitterオーディエンスプラットフォームにリーチを拡大することにより、Twitter広告プログラムの利用規約に同意したとみなされます。
オン
形式 (5)
ネイティブ
バナー

ターゲティング機能
キーワード（オプション）
フォロワーが似ているアカウント（オプション）
興味関心（オプション）
映画とTV番組（オプション）
イベント（オプション）
会話トピック（オプション）
推定オーディエンス数

プレースメント
Twitterのプレースメント
ホームタイムライン
プロフィール
検索結果

11 詳細なターゲットを設定します。

- キーワード：ユーザーが検索、ツイートしたキーワードや、エンゲージメントしたツイートに含まれているキーワードなどを追加または除外します。
- フォロワーが似ているアカウント：特定のアカウントのフォロワーと興味関心が似ているアカウントにリーチします。
- 興味関心：利用者が興味関心を持っていそうなカテゴリーを設定できます。
- 映画とTV番組：放送前、放送中、放送後に、特定のテレビ番組や映画にエンゲージメントしたユーザーにリーチします。
- イベント：ユーザーの興味あるイベントを設定できます。
- 会話トピック：特定の会話トピックについてツイートしたユーザー、ツイートにエンゲージメントしたユーザー、ツイートを表示したユーザーにリーチします。

設定すると右側の「推定オーディエンス数」でどれくらいのユーザーにリーチ可能か見ることができます。

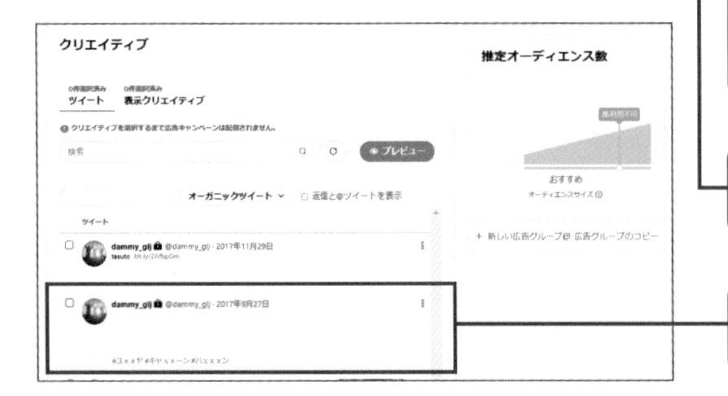

12 配信面を指定できます。多くのユーザーにリーチしたければデフォルトのままにしておくとよいでしょう。

13 宣伝したい投稿にチェックを入れ画面右下の「次」をクリックします。

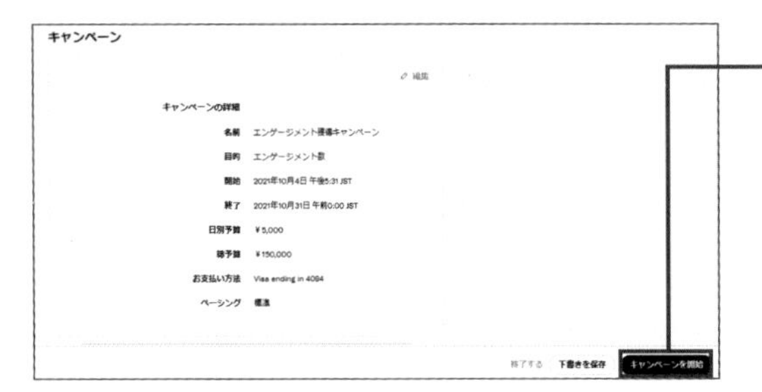

14 確認画面ですべての設定が正しいかチェックし、よければ「キャンペーン開始」をクリックします。

CHAPTER 4

Instagram マーケティング

このCHAPTERでは、近年もさらに注目を集めているInstagramを活用したマーケティングについて解説します。写真や動画の投稿をメインコンテンツとしている点でFacebookやTwitterなどのSNSと大きく異なるため、特徴をしっかりと把握して適切に運用しましょう。

01 Instagramでできるマーケティングとは

導入編

2010年に登場して以来着実にユーザー数を伸ばし、今や世界規模のビジュアルメディアにまで成長したのが、ここで紹介するInstagram（インスタグラム）です。最近でもInstagramをSNSマーケティングで活用する企業が増え続けており、ますます注目度が高まっています。まずは、どのようなマーケティングが可能なのかをおさえておきましょう。

ビジュアルメディアの長所を生かすInstagram

SNSマーケティングの一環として各コンテンツの質を向上させるには、テキストばかりに頼るだけでは不十分です。写真、イラスト、動画といった視覚効果の高いメディアをふんだんに活用し、より直観的でわかりやすい情報を提供することが必要となります。これまでに紹介してきたFacebookやTwitterでも、こうしたビジュアルメディアを投稿することはできますが、これらのSNSではあくまでもメインコンテンツはテキストであり、写真や動画はサブコンテンツという位置付けです。しかし、ここで解説するInstagramは、反対に写真や動画がメインコンテンツであり、テキストがサブコンテンツという位置付けのプラットフォームのため、ユーザーに対してより視覚的に情報を訴えやすくなっています01。こうしたビジュアルメディアの使いやすさから、Instagramは SNSマーケティングにおいてユニークな位置を占めています。

2006年に一般公開されたFacebookやTwitterに比べると、2010年に公開されたInstagramはSNSとしてはやや出遅れたといえます。しかし、写真投稿をメインとした斬新さを武器に、Instagramはそこから短期間で認知を拡大し、月間アクティブユーザー数は2013年に1億人を突破、さらに2016年には5億人、2018年には10億人と順調にユーザー数を伸ばしています。国内ではFacebookを抜き、2019年に3,300万人を突破しました。このことからも、写真や動画などのビジュアルメディアのニーズがどれほど高いのかがわかります。

01 Instagramの投稿

写真・動画により、ビジュアル性を高くアピールできる

※1　セルフサーブ型広告
自社で広告予算を自由に設定して運用することができる出稿形式の広告。運用型広告とも。

ハッシュタグによる認知拡大

Facebookでは投稿をシェアすることができ、Twitterでは投稿をリツイートすることができますが、Instagramにはこうした共有機能がありません。そのためInstagramでは、FacebookやTwitterでできるような投稿の大規模な拡散は狙いにくくなっています。しかし、その分ハッシュタグが多用される傾向があり、ほかのSNSよりも検索経由でのユーザーの流入が期待できます。FacebookやTwitterでは1つの投稿で多くのハッシュタグを使いづらいものですが、Instagramでは10を超えるハッシュタグが付けられる投稿も少なくないため、工夫次第でさまざまなユーザーに効果的にアプローチすることができるでしょう 02 。

02 ハッシュタグの使用例

♥ いいね！379,188件
nasa Saturn's moon Rhea appears dazzlingly bright in full sunlight. This is the signature of the water ice that forms most of the moon's surface. Rhea (949 miles or 1,527 kilometers across) is Saturn's second largest moon after Titan. Its ancient surface is one of the most heavily cratered of all of Saturn's moons. Subtle albedo variations across the disk of Rhea hint at past geologic activity.

Credit: NASA/JPL-Caltech/Space Science Institute

#nasa #space #rhea #saturn #cassini #nasabeyond #solarsystem #moon #titan #astronomy #science
コメント1520件すべてを表示

多くのハッシュタグを付けても違和感がない

Instagram広告の活用

以前はかぎられた大手企業しかInstagramで広告を出稿することができませんでしたが、2015年10月にセルフサーブ型広告※1の提供が開始されました。これにより、原則としてあらゆる企業がInstagram上で自由に広告を配信することができるようになりました。テキストや画像のみならず、動画で作成した広告や、スライドショー形式の広告を配信することもできます 03 。このように効率的なPRが可能になったInstagramは、SNSマーケティングにおけるプラットフォームとしての価値が一層向上したといえるでしょう。

なおInstagramの親会社はFacebookであり、広告の配信はFacebookページから行います。Facebook広告と同様にInstagram広告でも、年齢、居住地域、性別などといった項目でターゲット層を細分化したうえで広告を配信することができます。そのため、特定のターゲットに絞った無駄のないアプローチが可能です。

03 Instagram広告の出稿

写真や動画、スライドショーなど、さまざまな形式で広告を出稿できる

02 Instagramの特徴を把握しよう

Instagramは写真や動画の投稿をメインとしたSNSである点で、FacebookやTwitterなどのSNSと大きく異なります。それ以外にも仕様や機能に独特な部分が多いため、Instagramでのマーケティングを行ううえでは、こうした違いからしっかりと把握しておく必要があるでしょう。ここでは、FacebookやTwitterとの違いを中心に確認しておきましょう。

Instagramの仕様の特徴

まずは、Instagramの仕様の特徴を、FacebookやTwitterと比較しながら確認しましょう01。Instagramは写真と動画をメインに投稿するSNSであり、テキストはあくまでそれらを補完するものとして使われるという点が、Instagramのもっとも大きな特徴です。テキストのみの投稿ができないこともあり、テキストの内容よりも、写真や動画のクオリティに対するユーザーからの要求が高く、より見映えのよいビジュアルコンテンツを投稿することが求められやすいメディアであるといえます。また、Instagramの投稿画像は正方形が基本です。FacebookやTwitterで投稿した写真を再利用する場合は、部分的にトリミングしなければならないことがある点に気を付けましょう。

テキストのみの投稿ができないということ以外にも、Instagramのテキストには重要な制限があります。テキストにURLのリンクを挿入できないのです。そのため、自社のWebサイトやランディングページなどにユーザーを誘導するといった用途には向いていません。あくまでInstagram内で完結したものを前提として、コンテンツを考える必要があります。

コンテンツを考えるうえでは、投稿の表示順序にも注目しましょう。Instagramのフィード※1における投稿の表示形式はもともと時系列順でしたが、2016年6月から、ユーザーの興味や関心度が高いもの順に変更されています。こうした事情からも、今後は投稿のタイミングを意識することよりも、コンテンツのクオリティを重視することに注力したほうがよいでしょう。

なおInstagramでは、リアルでつながっている仲のよい友人同士でフォローしあっているユーザーが多いことも覚えておきましょう。

01 ほかのSNSとの仕様の比較

	Instagram	Facebook	Twitter
ユーザーのつながり	実際の仲のよい友人が中心	実際の知人、友人、仕事仲間	実際の知人、友人、共通の趣味を持った他人
テキストの投稿パターン	テキストのみは不可	テキスト＋リンク	テキスト＋リンク
画像の投稿パターン	画像＋補足テキスト	画像＋テキスト＋リンク	画像＋テキスト＋リンク
動画の投稿パターン	動画＋補足テキスト	動画＋テキスト＋リンク	動画＋テキスト＋リンク
投稿の表示順	重要度順	重要度順	重要度順か新着順かを選択

※1　フィード
Instagramのホーム画面で、フォロワーの投稿が一覧表示される領域のこと。

Instagramの機能の特徴

次に、Instagramの機能の特徴を見ていきましょう 02。Instagramで特徴的なのは、投稿を拡散するための機能が少ないということです。まずInstagramに投稿した内容は、自分のフォロワーのフィードにしか表示されません。そしてCHAPTER4-01でも触れたように、フォロワーがフィードで見た投稿を複数のユーザーとシェアする機能もありません。もっとも、投稿に「いいね！」を付けることで、その情報をフォロワーと共有することはできますし、投稿をダイレクトメッセージで個別のユーザーと共有することもできます。それでも、FacebookやTwitterに比べて拡散性が低いメディアであることは、あらかじめしっかりと理解しておく必要があります。

こうした制限がある一方で、充実しているのはハッシュタグです。Instagramでは、任意のハッシュタグを検索することで、フォローしていないユーザーの投稿を見つけることが頻繁に行われているため、投稿する際には関連する複数のハッシュタグを含めるようにしましょう。企業アカウントによる投稿では、10個以上のハッシュタグを付けることもめずらしくありません。FacebookやTwitterのように控え目にハッシュタグを使用していては、ユーザーとの接点を大幅に狭めてしまうでしょう。ユーザーの検索ニーズを想定しながら、積極的に活用したいところです。位置情報も同様によく検索されるため、場所に関わる写真には位置情報を付けておくとよいでしょう。

ユーザーとの接点という意味では、コメント機能も重要です。ただし、自分の投稿にコメントをくれたユーザーに返信をする場合、「返信する」をタップした際に冒頭の相手の「@＋相手のアカウント名」を消してしまうと、相手にコメントが届いたことが通知されないため、コメントに気付いてもらえない可能性があります。コメントが無駄にならないように、必ず「@＋相手のアカウント名」の表記に続けて返信を書くようにしましょう。

こうした機能上の制限のため、Instagram外でのキャンペーンやさまざまなチャネルで告知してフォロワーを増やしていくことも重要です。同時に、Instagram上では質の高い写真や動画コンテンツを投稿することで、フォロワーからの「いいね！」やコメントを増やし、自社に対するイメージを高めていくといった運用の仕方が一般的です。

02 ほかのSNSとの機能の比較

	Instagram	Facebook	Twitter
フィードに表示される投稿	フォローしているユーザーの投稿	「いいね！」、シェアを含む、フォローしているユーザーの投稿	フォローしているユーザーのツイート／リツイート
「いいね！」機能	あり	あり	あり
コメント機能	あり	あり	あり
投稿の共有機能	なし	シェアあり	リツイートあり
個別メッセージ機能	あり	あり	あり
ハッシュタグ	10個以上付けることが多い	付けることは少ない	1～2個付けることが多い

03 Instagramに適した目的・商材を把握しよう

導入編

これまでに、InstagramがほかのSNSと仕様や機能で大きく異なることを確認してきましたが、ユーザー層にもほかのSNSとは異なる特徴が見られます。とくに、若年層の女性ユーザーが多いことが際立っています。こうした特徴を考慮して、Instagramマーケティングに適した目的・商材を割り出していきましょう。

Instagramでは若い女性ユーザーが多い

Instagramに適した目的・商材を考えるうえで重要になってくるのは、やはりそのユーザー層です。そこでまず、Instagramのユーザー層に関する株式会社ガイアックスの調査結果から確認してみましょう 01。この調査では、2018年9月時点で2,900万人いるInstagramアプリのユーザーを性年代別に分類していますが、もっとも目を引くのは若い女性ユーザーの多さです。20～30代歳の女性ユーザーだけで60%にも上ります。こうした特徴から、Instagramでは若年層の女性をメインターゲットとしたマーケティングが効果的だといえるでしょう。

ここで、トレンダーズ株式会社による、日本の20～40代の女性ユーザーを対象としたInstagramの利用動向調査を参照し、より詳しくユーザー分析を進めてみましょう 02。Instagramの魅力として群を抜いて多かった回答は、「素敵な写真を閲覧できる点」であり、写真の鑑賞者として参加するユーザーが極めて多いことがわかります。また、そのほかの回答は、「流行を知ることができる点」、「友人の様子を知ることができる点」、「生活の参考になる点」などであり、Instagramが単なるコミュニケーションツールとしてだけでなく、情報収集ツールとしてもふんだんに活用されていることがわかります。こうしたことから、ビジュアルメディアを中心としたブランディングや情報告知が効果的に作用するものと考えられます。ただし、リンクが投稿できないことから、個別の商品での集客には向かないでしょう。

01 Instagramの性年代別ユーザー数（国内）

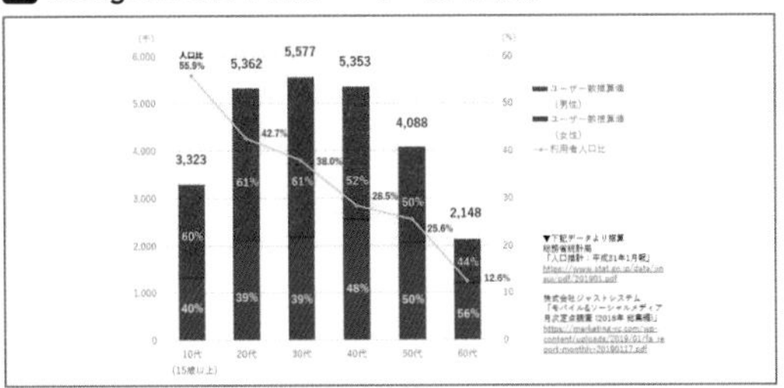

株式会社ガイアックス「2019年2月更新！12のソーシャルメディア最新動向データまとめ」
https://gaiax-socialmedialab.jp/post-30833/

02 Instagramの魅力

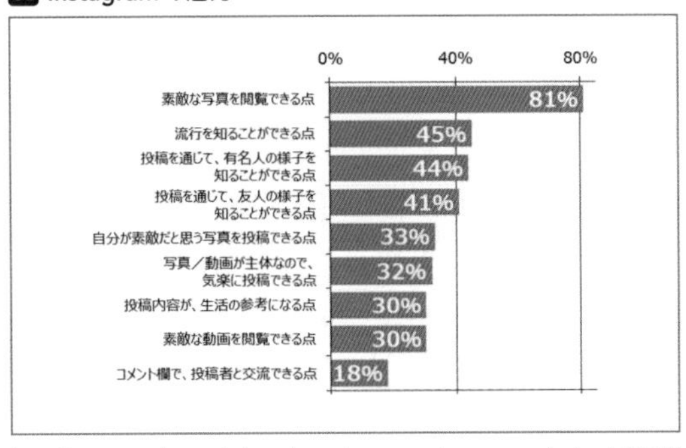

http://www.trenders.co.jp/wordpress/corporate/wp-content/uploads/2015/09/mpr20150903.pdf

Instagramに適した商材

これまでに、Instagramが若年層の女性ユーザーをターゲットにした、ブランディングや情報告知に適していることを確認しました。そのため、まず若年層が購入しやすい価格帯の商材や、女性が興味を持ちやすい商材がとりわけ適していると考えられます。しかしそれだけではまだ幅が広いため、ここからさらに具体的に、適した商材を絞り込んでいきましょう。

前述したトレンダーズ株式会社の調査では、女性ユーザーに対してさらに詳しくアンケートを行っています。これらの調査結果をヒントにすると、Instagramマーケティングで効果を得やすい商材が、よりはっきりと見えてきます。

◎注目ジャンルは「衣」と「食」

Instagramの投稿を見て真似したいと思ったジャンルに関する回答を見ると、Instagramでとくにユーザーの注目を集めているのは、やはり若い女性が好みそうなものであることがわかります03。とりわけ、「ファッション」と「食べ物／飲み物」では、半数を超えるユーザーが真似したいと感じています。同調査で、投稿されたファッションアイテムを欲しいと思ったユーザーが73%、投稿された食べ物／飲み物を見て食べたい／飲みたいと思ったユーザーが79%に上っていることからも、ファッション関係や飲食関係の商材でのマーケティング効果が期待できます。事実、Instagramで見た食べ物／飲み物を実際に購入した／購入したいと答えたユーザーの合計は43.8%もいるため、かなりの影響力があるといえるでしょう04。

◎写真が映える商材

前述の02で確認したように、Instagramの魅力として圧倒的に多かった回答は、「素敵な写真を閲覧できる点」です。そのため、仮に若い女性が好む商材であっても、見映えの悪いものであれば大きな注目は集めにくいでしょう。企業がInstagramに参画して成功できるかは、いかに高品質で美しい画像を投稿できるかにかかっています。その証拠として同調査で、食べ物や飲み物を真似したいと思う投稿のポイントを問うた結果、85%もの人が「写真の美しさ」と回答しています。ファッションや美容用品、インテリア用品など、視覚的に映える商材を美しい写真に仕上げて投稿すれば、よりユーザーのニーズを満たすマーケティングが行えるはずです。

03 真似したいと思ったInstagramの投稿ジャンル

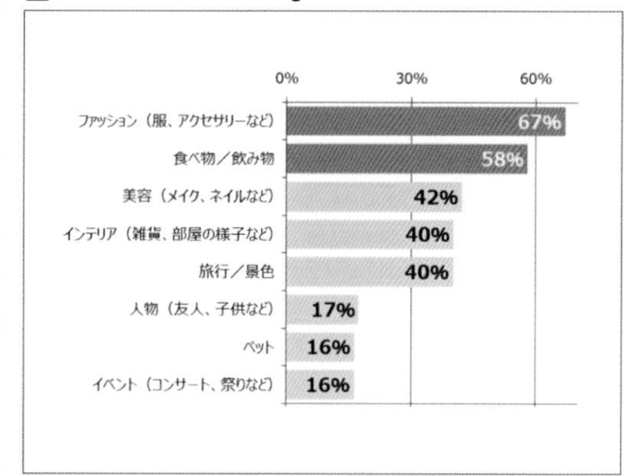

http://www.trenders.co.jp/wordpress/corporate/wp-content/uploads/2015/09/mpr20150903.pdf

04 Instagramの投稿を見て購入した／購入したいもの

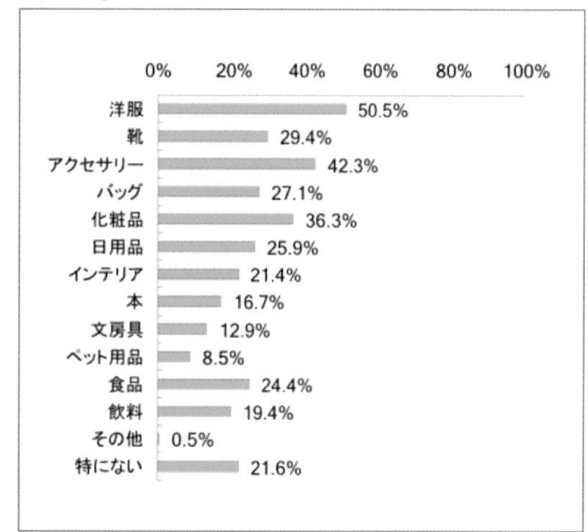

株式会社MERGERICK「Instagramショッピング機能に関する調査」
https://prtimes.jp/main/html/rd/p/000000021.000020340.html

04 Instagramで目標を設定しよう

導入編

Instagramの運用効果を得るためには、目的に応じた目標を設定することが大切です。Facebookや Twitter などのSNSと比べると取得できるデータはそれほど多くないため、指標の意味さえ理解してしまえば、目標を立てやすいSNSであるといえます。

フォロワーを獲得する

これまでに解説してきたように、Instagramでは投稿を複数のユーザーとシェアすることができません。こうした制約上、「フォロワーの数」がそのまま「ユーザーへの最大リーチ数」となるため、Instagramを運用するうえでフォロワーを増やすことは、ほかのSNSと比べても非常に重要な目標となります01。

しかし、Instagramではどれだけ良質なコンテンツを投稿し続けていても、それをほかのユーザーが勝手に広めてくれ、フォロワーが自然に増えていくというサイクルがあまり期待できません。そのため、より直接的にフォロワーを増やす施策を具体的に考えて、適宜実行していく必要があります。

もっともよく見られる施策は、Instagram外の何かしらのキャンペーンを活用したフォロワーの獲得です。前提としてユーザーが参加したくなるようなメリットを提示しておく必要がありますが、キャンペーンの参加条件に「自社アカウントをフォローすること」を含めることで、直接フォロワーを獲得することが期待できます。また、キャンペーンの参加条件に「指定したハッシュタグを付けてInstagramで投稿すること」も含めておくと、ハッシュタグを通じて、接点のないほかのユーザーに自社アカウントやキャンペーンの存在を認知してもらえる可能性が高まります。

そのほかにInstagram外の施策として、自社サイトで告知する、実店舗で告知する、そのほかのSNSで告知する、なども同時に行っておくと、フォロワーの獲得を効率的に進めることができるでしょう。Instagram内の施策としては、投稿でハッシュタグを多用することが効果的です。この場合、1投稿につき10個以上のハッシュタグを使用することが目安となります。

01 フォロワー数の表示

フォロワー数は、プロフィール画面の「フォロワー」に表示される。

「いいね！」やコメントを獲得する

投稿に対して「いいね！」を付けたり、コメントを付けたりしてくれたユーザーは、投稿内容に少なからず興味があることを意味しています。投稿ごとに、こうしたエンゲージメントの数を把握するようにしましょう。自分の投稿に対して「いいね！」やコメントが付いた場合、画面下部の♥をタップすることでそれらを確認できますが、それだけでは具体的な数は把握できません。必ず個々の投稿を表示して、具体的なエンゲージメント数を確認しましょう02。

エンゲージメントの確認によって、自分のフォロワーがどのような投稿に対して反応してくれる傾向があるのか、あるいは興味を持ってくれる傾向があるのかといったことがわかるようになります。それらを参考にして、以後の投稿内容を見直していくことで、ユーザーとの関係性をさらに高めていくことができます。

02 「いいね！」数の表示

各投稿の下部の「いいね！」に、「いいね！」数が表示される

ハッシュタグの出現数を増やす

ハッシュタグは、投稿する写真や動画と関連性の高いものを付けることが一般的です。自社の名前や、商品・ブランドなどに関連するハッシュタグを含んだユーザーの投稿は、自社に関することを話題にしてくれているのを計る1つの指標と捉えることができます。つまり、自社に関連するハッシュタグの出現数が多いほど、話題になったり認知度が高まったりしていることを意味しており、ハッシュタグの出現数が減った場合はその反対の状態を表しています。

そのため、ハッシュタグの出現数を定期的に把握して、目標値を設定しておくことも重要です。ハッシュタグの出現数は、ハッシュタグを検索することで把握できます03。

03 ハッシュタグの検索

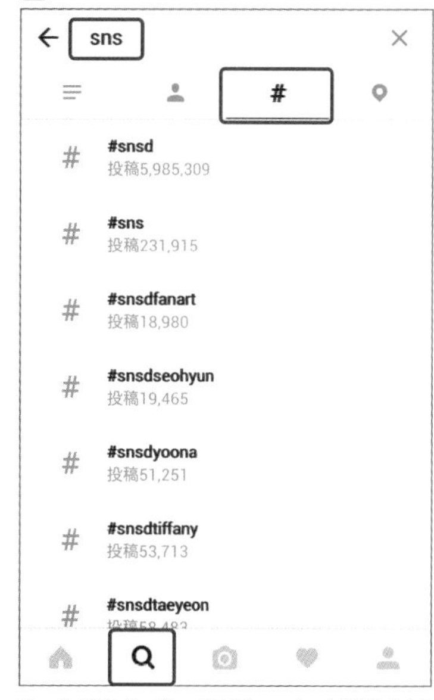

Q→#の順にタップし、検索欄にハッシュタグを入力して検索する

> **コンテンツの質とフォロワーの数を両立させる**
>
> まずは質の高いコンテンツを投稿することと、フォロワーを増やすことを両立させるのが大切です。どちらかが欠けてしまうと継続的にフォロワーを増やしていくことは難しくなるため、最初はこの2つの指標で目標を設定するとよいでしょう。なお、投稿コンテンツの質は、エンゲージメント数の多寡で評価することができます。

05 Instagramの運用ポイントをおさえよう

運用編

これまでに、Instagramの仕様やユーザー層にまつわるさまざまな特徴について確認してきました。こうした情報を踏まえ、Instagramを効率的に運用するためのポイントをまとめてみます。FacebookやTwitterと比べても運用ポイントが大きく異なるため、違いを意識してうまく使い分けられるようにしましょう。

Instagramでは量より質で攻める

CHAPTER4-01でも触れたように、Instagramの国内ユーザーは2019年時点で3,300万人に上っています。Twitterが国内で4,500万人と言われていますが、これに次ぎ、Facebookよりも多い数字です。しかも、CHAPTER4-03で紹介したトレンダーズ株式会社による調査では、Instagramを「ほぼ毎日利用する」と回答したユーザーが56%もいることが明らかになっています。ほかのSNSと比べてもかなり高い頻度で利用されているSNSでもあるため、FacebookやTwitterと同様にしっかりと運用に力を注ぎたいものです。

さらに、株式会社ICT総研が行った「2015年度SNS利用動向に関する調査」(http://ictr.co.jp/report/20150729000088-2.html)では、あらゆるSNSの中でInstagramがもっとも高い満足度をユーザーに与えていることがわかっています。このことから、Instagramでは写真や動画などの質の高いコンテンツによってユーザーが楽しむことができている状況がうかがえます。タイムラインの流れが急速なTwitterでは、写真の質よりも鮮度や投稿量が1つのポイントになると解説しましたが、Instagramでは反対に、写真の質を高めるための努力が重要になってくるといえるでしょう。

このことは実際に、Facebookによる発表「Japanese on Instagram」によって裏付けられています 01。Instagramの国内ユーザーが企業を評価するポイントとして、「投稿内容が面白い」、「写真が高品質」などが上位に挙げられているのに対し、「投稿が頻繁」という項目はあまり重視されていないことがわかります。これまでにも触れてきたように、Instagramのフィードには基本的にフォローしているユーザーの投稿が表示されるだけのため、その流れはゆったりしています。長くユーザーの目に触れるため、じっくり仕上げたコンテンツで攻めましょう。

01 Instagramで企業を評価するポイント

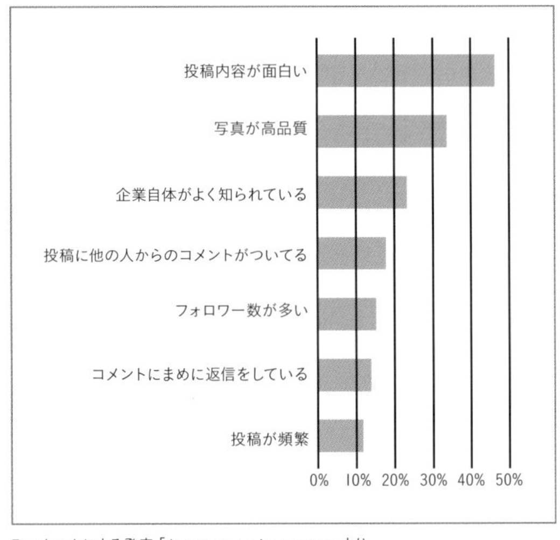

Facebookによる発表「Japanese on Instagram」より

シェアよりユーザーを意識する

Instagramには、そもそも投稿を複数のユーザーとシェアする機能がありません。投稿には「いいね！」とコメントが付けられるのみです。そのためInstagramでは、「バズる」といえるほどの拡散現象が発生しません。そこで、初めからシェアされるための工夫を考慮せずに、目の前にいる個々のユーザーに対して意識を集中し、「いかにユーザーが素敵だと思う写真を投稿するか」ということを中心にコンテンツを考えましょう。Facebookによる発表「Japanese on Instagram」によれば、Instagramでは7割を超えるユーザーが企業アカウントにも反応するとわかっています02。投稿する写真単体がすばらしければ、ユーザーは好意的な反応を示してくれることでしょう。

なお、Instagramで投稿できるテキストは写真の下部に小さく添えられるため、ほかのSNSと比べて存在感が薄いものです。コメントの文字をほとんど見ず、写真だけを見て過ぎ去るユーザーのほうが多いでしょう。つまり、Instagram内では「説明」というものがスルーされやすいということです。マーケティングに必要なメッセージを伝えたい場合は、伝えたいことを1枚の写真に凝縮して投稿することが重要なポイントになります。

02 Instagramの企業アカウントに対する反応

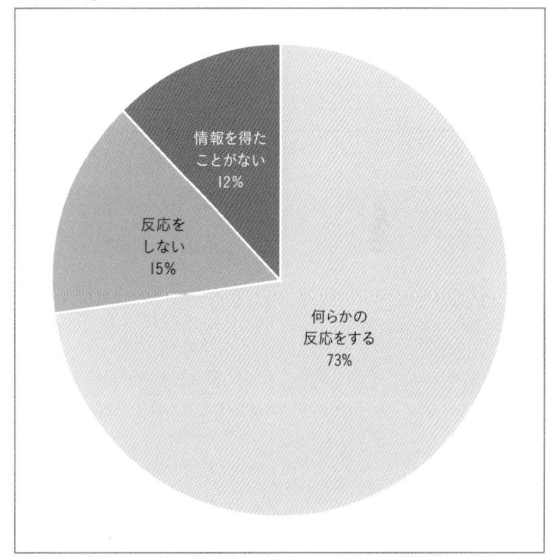

Facebookによる発表「Japanese on Instagram」より

ユーザーのファン化を狙う

このように個々のユーザーを意識した質の高いコンテンツを投稿していけば、ユーザーが自社アカウントのファンになることも期待できます。ここでいうファンとは、単なるフォロワーのことではなく、実際に自社アカウントを気に入ってくれているファンのことを意味します。CHAPTER4-03で紹介したトレンダーズ株式会社の調査では、投稿と同様に食べたり飲んだりしたいと思うポイントとして、「投稿の内容に親近感を感じること」、「投稿者に親近感を感じること」、「投稿者のファンであること」などが挙げられています。つまり、アカウントに対して親近感を持っているファンを増やせば、商品購入などの実際のアクションを起こしてくれやすくなるといえるでしょう。

◎ほかのSNSと組み合わせる

それでもやはり、Instagram単体でアカウントの認知を高めるのは難しいものです。Instagram内では、フォロワーによる「いいね！」などを経由した認知に期待するぐらいしか方法がありません。そこで、Instagramをほかのsnsと組み合わせて活用することが極めて重要になります。すでに運用しているTwitterやFacebookへInstagramから投稿することで、ほかのSNSのフォロワーがInstagramアカウントの存在に気付き、コンテンツを見てくれる可能性が高まります。ほかのSNSとの連携方法については、CHAPTER5-10で詳しく解説します。

06 ハッシュタグで効果的にユーザーを呼び込もう

Instagramでプロモーションを行う場合、ハッシュタグの活用が欠かせません。Instagramでは、ユーザーが投稿をハッシュタグで検索することが多いため、ハッシュタグがそのまま検索ニーズになると考えてよいでしょう。ターゲット層が使うハッシュタグを想定して、うまく投稿に盛り込むことが肝心です。

ユーザーのニーズからハッシュタグを考える

シェア機能のないInstagramを活用してプロモーションを行ううえで不可欠なのがハッシュタグです。FacebookやTwitterと異なり、Instagramでは基本的に、投稿されたコンテンツの内容に関しては、ハッシュタグでしか検索できません。反対にいえば、ハッシュタグさえ効果的に使いこなすことができれば、プロモーションで大きな成果が期待できるのです。

Instagramではユーザーの検索がハッシュタグに集中するため、「検索されるハッシュタグ＝ユーザーのニーズ」と捉えてよいでしょう。ターゲットとしているユーザーが、どのようなハッシュタグで日頃検索しているのかを想像することが重要です。

ここで参考にしたいのは、18 ～ 39歳の女性ユーザーを対象にして行われた、株式会社コムニコによるInstagramのハッシュタグに関する調査です。よく取り入れるハッシュタグの活用法を確認すると、「フォローすべきアカウントを探す」「ブランド名などの固有名詞で最新情報を確認する」などにハッシュタグが活用されている実態がうかがえます01。ユーザーのこうした私生活を具体的にイメージすることで、より適切なハッシュタグを思い浮かべることができるでしょう。

01 Instagramでよく取り入れるハッシュタグの活用法

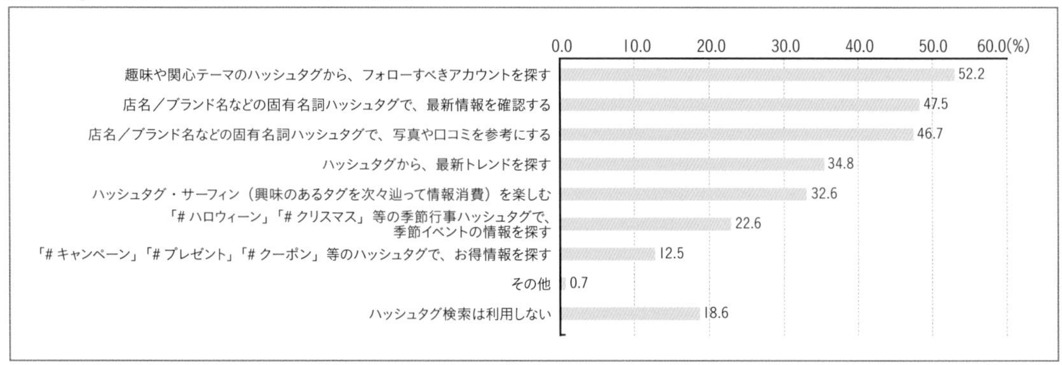

株式会社コムニコ「10代～ 30代女性のSNS利用スタイル調査を実施」（実施期間：2018.9.28 ～ 10.3、調査対象：18歳～ 39歳女性、有効回答：1,036人）
https://blog.comnico.jp/news/sns-research-20181204

人気のハッシュタグが効果的とはかぎらない

もっとも、投稿数の多い人気のハッシュタグばかりを使って集客しようなどと、安直に戦略を立ててはいけません。それではターゲットとするユーザーにリーチさせることは困難です。よく使われている人気のハッシュタグが効果的だとは、一概に言い切れないものなのです。

ここで、ハッシュタグを使うそもそもの目的を、あらためて振り返ってみましょう。企業によってさまざまな目的が想定されますが、基本的にはそれは、最終的にターゲットとするユーザーに、自社の商材やサービスなどの情報について知ってもらい、商品購入などの行動を起こしてもらうことでしょう。つまり、このような成果をもたらしてくれるハッシュタグでないと意味がないのです。よく使われるハッシュタグは競合が多いため、投稿したコンテンツはすぐにほかの投稿の波間に埋もれてしまい、ユーザーの目に付かなくなってしまいがちです。仮にユーザーの目に付いたとしても、ユーザーが求める内容と合致しないコンテンツでは効果は見込めません。こうした理由から、ユーザーによる成果が見込め、それなりにニーズがあり、それほど競合がないハッシュタグを使うことがポイントになります。

そのためには、自社がどのようなユーザーにリーチしたいのかということを先に考えるのが大切です。ここが明確にならなければ、いつまでも漠然としたターゲットに対して、インプレッション数の多い無難なハッシュタグを使い、闇雲にプロモーションをし続けることになります。ただ漠然と人気のハッシュタグを付けても、写真との関連性が薄い不自然なものであれば、ファンを定着させることは難しいでしょう。

Instagramは同じ嗜好を持ったユーザーを見つけるという要素も大きいSNSです。そのような心理で検索しているユーザーを取り込むためには、リーチしたいユーザーがどのような興味を持っており、どのようなキーワードで検索しているのかということを考えながら、コンテンツにとって自然なハッシュタグを検討する必要があります。

このように効果的にハッシュタグを使うことで、公開した写真がより多くの人に見てもらえる可能性が高まります。自社のInstagramに適したハッシュタグを見つけてどんどん活用していきましょう。

ハッシュタグを一度に多用する

ニーズの高いハッシュタグほど検索ボリュームは多くなりますが、その分、同じような投稿をするユーザーも多くなります。ユーザーとの接点をより多くするためには、やはりハッシュタグを複数使うことが重要です。TwitterやFacebookと異なりInstagramではハッシュタグを多用するのが普通のため、一度に多用してひんしゅくを買うことはまずありません。ハッシュタグを11個付けたときの反応率がもっとも高いというデータすらあるほどです。1枚の写真につき最大30個までハッシュタグを付けることができるため、コンテンツに関係するハッシュタグを、さまざまな角度から複数考えてみましょう。

なお、投稿時にハッシュタグを入力すると、そのハッシュタグにおける投稿数が表示されます02。この投稿数をニーズの目安にして、さまざまなものを試してみましょう。

02 ハッシュタグの追加

投稿時にハッシュタグを入力すると、各ハッシュタグの投稿数も確認できる

07 写真撮影のコツをおさえよう

運用編

写真がメインであるInstagramでは、写真のクオリティやおもしろさが、ユーザーを惹き付けるもっとも重要な要素になります。もちろん見映えをよくする写真加工も大切ですが、写真の撮影方法にこだわって、そもそもの写真のクオリティを上げることのほうが重要です。ここで紹介するテクニックをヒントに、よりよい写真を目指してください。

物を利用した撮影テクニック

Instagramのアプリ内には加工ツールが搭載されているため、撮影した写真をおしゃれに仕上げることができますが、高められる見映えには限界があります。そのため、そもそもの撮影方法にこだわって、よい写真を用意することが肝心です。ここではまず、物を利用することで写真の印象を大きく向上させるテクニックから紹介します。

◎物越しに撮る

近くにある物と遠くにある物を画面内で対比させることによって、遠近感を強調した写真を撮影することができます。右の写真では、テントの入口をあえてフレーム内に写すことで、中央に抜けている風景の奥行きを強調し、逆説的にスケール感を演出しています。そのほかにも、指輪の輪っかの中に人が入るように撮影する、カフェで机に置かれたコーヒー越しに新聞を読んでいるビジネスマンを撮影するなどの例が挙げられます。写真の世界観を立体的に仕上げたい場合などに活用するとよいテクニックです。

◎被写体を鏡に映す

被写体を鏡の中に反射させて撮れば、日常とは異なる視点を鑑賞者に与えることになり、独特の世界観を演出することができます。右の写真では、丸い鏡にあえて身体の一部だけを投影することによって、鏡の枠が異世界への入口であるかのように錯覚させています。新作アイテムを着たモデルを撮影する際なども、普通にそのまま撮影するよりも、鏡に映して撮影したほうが、世界観の際立った興味深い写真に仕上がることでしょう。

構図を利用した撮影テクニック

もちろん特別に物を利用しなくとも、写真の印象を大きく変えることは可能です。カメラの位置を少しずらし、写真の構図を工夫するだけで、同じ被写体を普通に撮影する場合よりも魅力的な写真を撮影することができます。物を必要とせず、いつでも手軽に活用することができるため、あらゆる場面で重宝する手法です。具体的にどのようなテクニックがあるのかを見ていきましょう。

◎撮影する高さを変えてみる

通常人は、自分の目線と同じ高さで撮影するものだという固定観念に捉われています。いつも見ている目線で写真を撮影してしまうからこそ、何だか味気ない、とおり一遍の写真に落ち着いてしまうのです。そこで、撮影する高さを意識的に変えてみましょう。右の写真のように地面に限りなく接近して撮影すれば、虫や小動物の視点を鑑賞者に提供することができます。反対に、椅子などに乗っていつもより高い位置から撮影すれば、蝶や小鳥の視点から被写体の新たな一面を映し出すことができるでしょう。

◎被写体をあえてずらす

人が捉われている撮影上の固定観念には、被写体を中央に映すというものもあります。被写体を中央に配置すると、構図のうえでは安定感が生じますが、誰もが撮影する構図のため、目新しさやおもしろさを鑑賞者に与えることはできません。被写体をあえて中心に置かずに撮影することで、アンバランス感が生まれ、テーマ性を感じさせる雰囲気の写真に仕立てることができます。上下左右のどこに寄せるかでニュアンスが大きく変わってくるため、被写体がもっとも映える構図を探りましょう。ただし、ずらし過ぎると違和感が出てしまうので、適度なバランス感は必要です。

◎斜めに撮る

写真を垂直ないし水平に映すことも、撮影上の固定観念の1つです。あえて斜めに撮ることでバランスを崩せば、躍動感が出たり、動きがあったりする写真に仕上げることができます。被写体のラインなどを対角線に重ねるように撮影することで、斜めであっても安定感や美しさを補完することができます。もっともこの撮影方法は、被写体によっては不向きな場合もあるため、注意が必要です。角度の鋭さも、被写体に応じて調整するとよいでしょう。

写真にストーリーを込める

物や構図を利用するテクニックをものにすれば、鑑賞者の興味をかき立てる見映えのよい写真が撮影できますが、それらはあくまで表面的な効果に頼ったものです。そこからさらに深みのある世界に仕上げるためには、表現の奥にあるテーマ自体を作り込む必要があります。その代表的なテクニックが、写真にストーリーやメッセージを込めるというものです。ストーリーやメッセージが感じられることで、写真という静止したメディアの前後につながる時間的な世界が想像されて、一気に奥深さが増すものです。このようにシチュエーションや世界観を想像させる写真は、ユーザーの共感を得やすく、結果として「いいね！」の増加につながります。写真撮影の巧みさや、被写体のクオリティに頼らないという点でも、メリットの多いテクニックのため、ぜひ使いこなせるようにしましょう。

◎プロポーズシーンの例

とはいえ、写真だけでストーリーなどを伝えることは困難だと思う人もいるでしょう。しかし、右の写真を見れば、誰もがひと目でプロポーズのシーンを撮影したものだとわかるはずです。おしゃれなレストラン、男性が掲げる指輪ケース、驚く女性の表情……こうした明確な手がかりを総合的に盛り込んで強調することで、文字に頼らなくとも写真だけで十分にストーリーを伝えることができるのです。

さらに詳しく写真を見れば、両手で口元を覆うほどに強く驚きながらも、その女性の目元は喜びにあふれており、プロポーズの瞬間を長らく心待ちにしていた心境さえもうかがえます。このように、写真にストーリーが込められていることに気付けば、写真上から具体的なストーリーを読み解く楽しみも生まれます。こうしたおもしろさが感じられると、多くの場合、ユーザーは写真に「いいね！」を付けてくれることでしょう。

◎バージンロードの例

右の写真もまた、ひと目で結婚式のバージンロードでの一場面であることがわかるでしょう。何よりもまず、ウエディングドレスという明確なモチーフが大々的に盛り込まれているからです。文字を使えない写真でストーリーを伝えるには、このように視覚的にわかりやすい特徴のあるモチーフをしっかりと強調することが重要です。

ここでのストーリーをさらに具体的に想像してみましょう。白髪の混じった父親は、娘に左腕をゆだねながら、これまで娘と共に過ごしてきた人生を振り返っているのかもしれません。また、これからの娘の人生を喜んでいると同時に、別れを悲しんでいるのかもしれません。こうした多様な想像を可能にしているのは、あえて表情が見えない背後からの構図になっているからです。細部の表現を不明確にすることで、かえって想像の楽しみは増えるのです。

よくある失敗に注意する

これまでに紹介してきたテクニックを活用すれば、より魅力的な写真が撮影できることでしょう。しかし、つい見過ごしがちな落とし穴もあります。代表的な失敗例をもとに、撮影上の注意点をおさえましょう。

◎メインテーマがわかりにくい

音楽と同様に、写真もメインテーマを中心に構成されています。ここで気を付けなければならないのが、複数のメインテーマを盛り込まないようにすることです。右の写真のように、水面と花の2つのテーマが同等の強さで共存していると、どちらに注目すればよいのかわかりにくくなります。もっとも強調したいメインテーマを絞るように意識するのがポイントです。サブのテーマを盛り込みたい場合は、そのメインテーマが映えるように、あくまで控え目に配置するとよいでしょう。

◎余計な映り込みがある

とはいえ、メインテーマが強調されていればそれでよいというわけではありません。ここで注意しなければならないのは、写真の中にテーマを害する余計なものが写り込んでしまうことです。右の写真では趣のある手水をメインとして中心に据えていますが、左手奥にうっかりゴミ箱が映り込んでいることで、雰囲気が壊れてしまっています。こうなると鑑賞者は、美しい世界から一気に現実に引き戻されてしまいます。伝えたいメインテーマに必要な要素だけをファインダーに含め、不要なものは徹底的に取り除くようにしてください。

◎被写体が陰っている

右の写真では、メインとなる被写体に影が大きく落ちており、全体的に暗い印象に包まれてしまっています。このような状態では、被写体自体がどれほど美しいものであっても、十分に魅力が伝わりません。影をテーマにしたものでもないかぎり、メインの被写体が陰らないように配慮しましょう。大きな被写体を撮影する場合は、天候や時間帯を考慮することも必要です。小さな被写体を撮影する場合は、必要に応じて照明器具などを活用するとよいでしょう。

08 画像加工アプリで写真を魅力的に編集しよう

運用編

Instagramでプロモーションを行ううえで大切なのは、写真に個性や統一感を持たせることです。そのためInstagramでは、画像加工アプリを使うことは必須です。画像加工アプリを使って、どれだけ写真の持つ個性や魅力を際立たせ、ほかのユーザーの写真と差別化を図れるかがポイントになってきます。

多機能なおすすめアプリ

Instagramでは写真がメインコンテンツになるため、ブランディングなどで企業や商材の個性やカラーをより視覚的にプロモーションすることができます。裏を返せば、写真に個性や統一感がなければ、ブレた印象を持たれかねないともいえるでしょう。ブランドの統一された世界観を作り出すためには、画像加工アプリで独自にテイストを調整する必要があります。まずは、こうした調整に役立つさまざまな編集機能を備えたアプリから紹介します。

● VSCO

VSCOはインスタグラムでもっとも使われてる人気の写真加工アプリです。フィルター、加工ツールが豊富に用意されているので、詳細に画像を加工することが可能です。

VSCOの特徴として挙げられるのが「レシピ」機能です。自分が加工した加工履歴を保存しておけるので、他の画像を投稿する際に、保存した加工履歴を別の写真に反映させることができます。こちらに機能を使えば、写真に統一感を持たせることが容易になります。

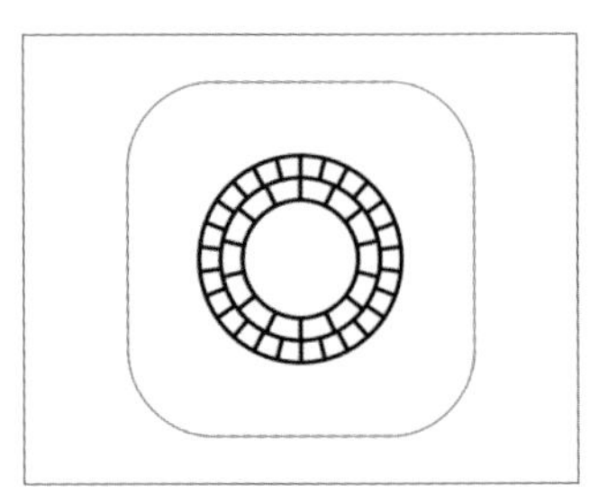

https://apps.apple.com/jp/app/id588013838

● Moldiv

12種類のテーマ、180種類のフィルター、100種類以上のフォント、560種類以上のステッカーなど、豊富な選択肢から自由に写真を飾り立てることができます。もっともこのアプリの最大の持ち味は、複数枚の写真を組み合わせたり、さまざまな形のフレームに写真を当てはめたりするコラージュ機能が優れている点です。コラージュの操作中にガイドが出るため、初めて使う人でもかんたんに編集することができます。最大9枚の写真を1つのフレームにまとめることができるため、多くの情報を一度に伝えたい場合にも重宝します。

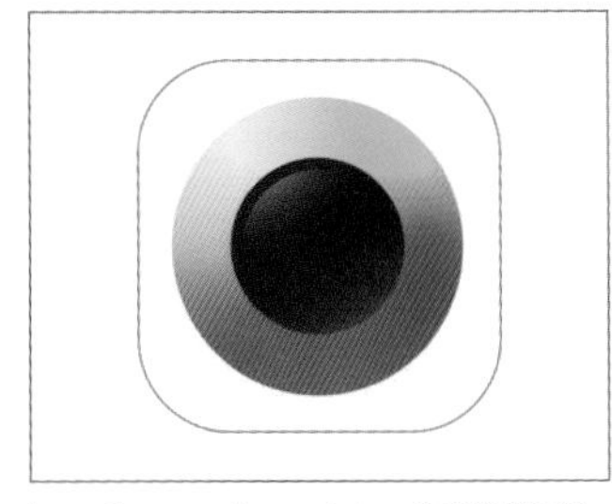

https://apps.apple.com/jp/app/id608188610

特殊加工で魅せるアプリ

画像加工アプリには、色合いなどといった通常の編集機能とは異なる特殊加工ができるものもあります。モノクロ写真の一部をカラーで飾ったり、2枚の写真を合成したりする加工が代表的なものです。こうした特殊加工を施すことで、より個性的な世界観を作り出すことができます。同時に、ほかのユーザーの写真との差別化をより強く図ることもできるため、注目度をさらに高める役割も果たします。こうした効果を実現するために役立つ、特殊加工に長けた3つのアプリを紹介します。

● Analog Paris

Analog Parisは、写真をパリの風景のように加工するアプリです。40種類以上のピンクがかったフィルターが用意されており、建物等を撮影して写真に加工するとパリのような雰囲気のある写真に仕上がります。このパリのような雰囲に仕上げられるのでインスタグラマーの間でも人気のあるようです。

また、Analogシリーズには Tokyo、Londonなど、都市の名前がついたアプリが数種類あるので、それぞれ各都市の雰囲気を表現したいときには便利なアプリです。

https://apps.apple.com/jp/app/id1035219562

● kirakira+

「kirakira+」は撮影した写真にキラキラした加工ができるアプリです。12種類のキラキラ加工が可能で、写真だけでなく、動画もキラキラした加工が可能です。

光が当たっている部分を余計に光らせるフィルターなので、元々の写真や動画自体に光っている部分がないとキラキラした加工ができないので注意してください。

https://apps.apple.com/jp/app/id955687901

● Huji Cam

Huji Camは富士フイルムの写ルンです風の写真が撮れるアプリです。ただし、富士フイルムの公式アプリではないのでご注意ください。Huji Camの特徴としては、フィルムカメラで撮影したような写真を取りたいときに、現像を待たずに確認ができることです。初めからフィルムカメラテイストの撮影できますので、写真加工の手間がありませんが、逆に撮影した写真を加工する編集機能はありません。

https://apps.apple.com/jp/app/id781383622

09 Instagramライブを活用しよう

Instagramのストーリー機能のひとつに「ライブ配信」があります。閲覧者は配信者へコメントや「いいね！」を送れたり、質問を投げたりと、配信者と閲覧者でコミュニケーションをとれます。Instagramライブは、最大4時間のリアルタイム動画の配信が可能です。

「Instagramライブ」の配信方法

Instagramライブに必要な機材はスマートフォンです。PC版Instagramからのライブ配信はできないのでご注意ください。

◎事前準備

Instagramライブではフォロワー以外のアカウントから見られないようにする非公開設定が可能です。公開範囲が決まっている場合は事前に設定しましょう。

● 指定したフォロワーにだけ非公開にする

ストーリー投稿画面から「設定」ボタンを押して、「ストーリー」→「ストーリーを表示しない人」を選びます。

● フォロワー以外に対して非公開にする

自分のプロフィール画面（タブ）を開き、「設定」→「プライバシー設定」→「非公開アカウント」をオンにします。

◎撮影開始

撮影を開始するときは、図の順番でタップしていきます。

❶タイトルの追加

タイトルはライブ配信中の左上に表示しますので、登録しておきしましょう。

❷ライブを選択してタップ

❸タップ

これで撮影が開始になります。

「Instagramライブ」の配信中の操作

Instagramライブの配信中は右のような画面で操作します。

❶配信者

配信者のアカウントが表示します。

❷コメント

固定でコメントを表示させたり、非表示にすることができます。

❸コラボ招待

視聴者と2人で配信することが可能です。

❹質問

閲覧者からの質問を確認できます。

❺ライブ招待

フォローしているアカウントに配信中の通知を送ることができます。

❻配信終了

タップをすると、「ライブ配信を終了しますか？」と表示されますので、「動画を終了」をタップするとInstagramライブが終了します。

❼写真動画の共有

❽音声ON/OFF

❾カメラON/OFF

❿カメラ切替

内外のカメラを切り替えられます。

⓫エフェクト変更

様々な画面エフェクトが可能です。

Instagramライブのポイント

配信者と閲覧者でコミュニケーションが取れることがInstagramライブの特徴ですが、実際にライブを実施してみると、段取りが悪かったり、機材トラブル等の原因によって閲覧者（フォロワー）が減ってしまうようなケースがあるかと思います。
Instagramライブを実施する場合、商品のアピールポイント・使い方・カメラアングル等の確認や、コメント・質問のリクエストを受け付けるかなど、事前に具体的に決めておいた方がスムーズに進行できるでしょう。
また、安定して配信できる通信環境なのかを確認するためにリハーサルをしておくことも大切です。Instagramライブの告知についても、1度だけではなく、最低でも2～3日前と直前に事前告知することをおすすめします。

10 Instagramの関連ツールでスムーズに運用しよう

Instagramで活用できるアプリやツールは、写真関係のものだけではありません。Instagramの運用に関連するツールも、国内外で多く提供されています。これらのツールを活用すれば、より効率的かつ効果的にInstagramを運用することができます。ここでは、投稿や分析にとりわけ役立つツールを紹介します。

投稿やフォローに使えるおすすめツール

Instagramの運用業務のパフォーマンスを向上させるには、関連ツールの存在は欠かせません。現在、Instagramの運用をサポートするツールは国内外で多く開発されています。こうしたツールを活用すれば、運用パフォーマンスが向上し、運用担当者のモチベーションの向上にもつながります。まずは、投稿やフォローなどをより効果的に進めるために有用なツールを紹介します。

● Later

Instagramの公式アプリではリアルタイムに投稿することしかできませんが、ユーザーが多い時間帯や、ターゲット層にアプローチしやすい時間帯に投稿したい場合もあるでしょう。そのようなときに役立つのがこのLaterです。Laterは、あらかじめ用意した内容を予約した時間に投稿できるツールです。ただし、予約した時間に自動的に投稿されるわけではなく、その時間に届く通知を経由して投稿するしくみになっていることには注意しましょう。無料プランでは月間30投稿までしか投稿できないため、複数のアカウントを運用している場合には有料プランに切り替えるとよいでしょう。

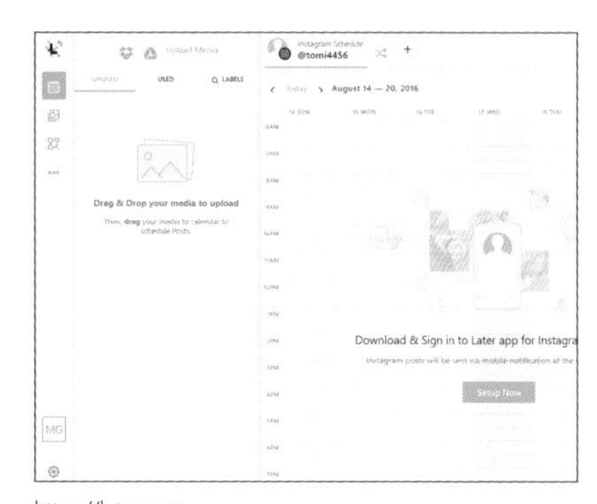

https://later.com

● Hootsuite

HootsuiteはInstagramのみに特化しているわけではなく、Facebook、Twitternなど複数のSNSを一括管理ができるアプリです。投稿から解析まで対応しているので、複数のSNSを運用している場合には作業が大幅に効率化できます。プランも無料で使えるフリープランからビジネスプランまで、運用しているソーシャルアカウント数、管理者数によって最適なプランを選ぶことができます。

https://hootsuite.com/ja/

データ分析に使えるおすすめツール

Instagramを運用するうえでは、アカウントのデータを的確に把握し、状況を分析する作業が重要になってきます。そうしたデータ分析をすることなくして、コンテンツをより最適化し、マーケティングの成果を改善することは困難だからです。Instagram自体には、FacebookやTwitterに搭載されているような高度な分析ツールはありませんが、他社が提供している分析ツールを活用することができます。そのような分析ツールの中でも、とくに機能性に優れた「Iconosquare」と「Instagramインサイト」を紹介します。なお、これらのツールの詳細な使い方は、続くCHAPTER4-11で解説します。

● Iconosquare

Instagramでデータを分析するためにまず活用したいのは、このIconosquareです。投稿の閲覧回数や、フォロワー数の推移、来訪したユーザーの属性など、基本的なデータの分析機能を無料で利用することができます。「いいね！」やコメントなどのエンゲージメントの状況を把握しやすく、どのような投稿が人気があるのかが効率的に分析できるため、いち早くユーザーが求めているコンテンツを知ることができます。

このツールでは、投稿した時間帯や、写真に適用しているフィルターの種類、個々のハッシュタグなどに関連する、詳細なデータを確認することもできます。多角的な視点から状況を把握することで、通常の運用では気付かないような盲点が見つかることでしょう。

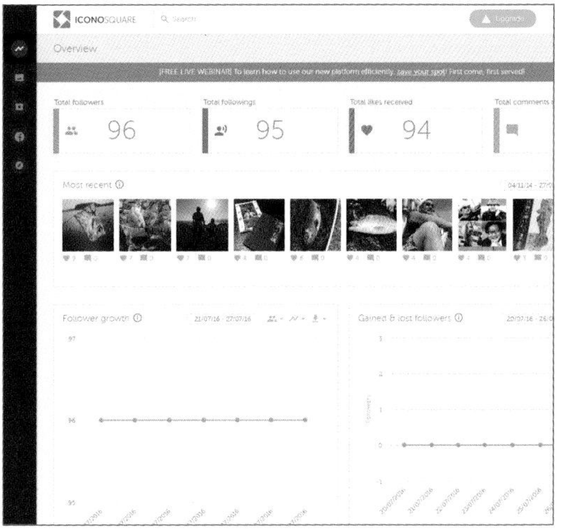

https://pro.iconosquare.com

● Instagramインサイト

Instagramインサイトとは、インタラクション数、リーチ、インプレッション数といった基本的な情報や、コンテンツの閲覧数、ユーザーの地域や年代まで把握できるInstagramの機能の一つです。Instagramにはさまざまな分析ツールが存在していますが、唯一オフィシャルな分析結果を確認できる機能になります。

11 運用状況を分析・改善しよう

分析編

Instagramには、FacebookやTwitterなどに実装されている分析機能が用意されていないため、主要指標の推移や投稿別の効果測定などを行うには、ほかの企業が提供している分析ツールを利用する必要があります。ここでは、IconosquareとInstagramインサイトを活用して、運用状況を具体的に分析・改善する方法を紹介します。

Iconosquareを利用する

Instagramの運用状況を分析するには、CHAPTER4-10で紹介したIconosquareを使うと便利です。英語表示ですが、シンプルでかんたんに操作でき、さまざまなデータを確認することができるため重宝します。 Iconosquareは有料のツールですが、最初の14日間は多くの機能を無料で利用することができるため、まずは実際に試用してみるとよいでしょう。

Iconosquareを利用するには、まず公式サイト（https://pro.iconosquare.com）にアクセスし、画面右上の「Start a free trial」をクリックします01。個人情報を入力して「Next」をクリックし、画面の指示に従ってInstagramアカウントと連携すれば利用できるようになります。

01 Iconosquareの公式サイト

「Start a free trial」をクリックして利用を開始する

◎アカウントの基本データを確認する

左側のメニューで→「Overview」の順にクリックすると、アカウントの基本的な指標と最近の傾向を把握することができます02。ここで注目したいのは、現在の静止したデータそのものよりも、これまでにデータがどのように推移してきたかを確認できる指標です。フォロワー数の推移や、フォロワー増加・減少数の推移、被「いいね！」数や被コメント数の推移などを把握すれば、これまでの運用成果がどの程度反映されているのかがわかるでしょう。直近の投稿の効果を調べるうえでは、最近のフォロワーや、最近フォロワーを解除したユーザーを確認することも有意義です。ユーザーのアカウント情報から特徴を割り出し、投稿のどのような内容に反応したのかを想像すれば、改善点が見つかるはずです。

02 Iconosquareの「Overview」画面

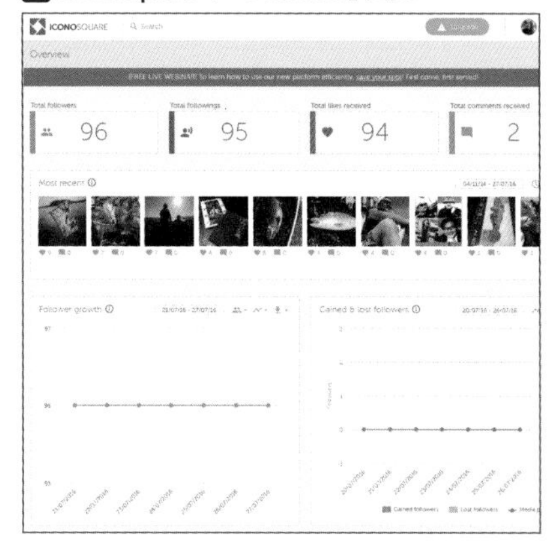

◎フォロワーの情報を確認する

「Community」画面では、フォロワーに関する詳細な情報を見ることができます03。左側のメニューで→「Community」の順にクリックして確認しましょう。相手がフォローしてくれているにもかかわらず、自分がフォローしていないアカウントなどを把握することができるので、フォロー返しをする場合にも役立ちます。ここではとくに、人気のある「トップフォロワー」の情報を把握しておきましょう。トップフォロワーはほかのユーザーに対する影響力が大きいため、ファンに取り込むと有益です。トップフォロワーが自社の商品をInstagram上でPRしてくれれば、その効果は計り知れません。どういった性格のトップフォロワーが付いているのかを確認し、そのフォロワーを狙った投稿をするとよいでしょう。

03 Iconosquareの「Community」画面

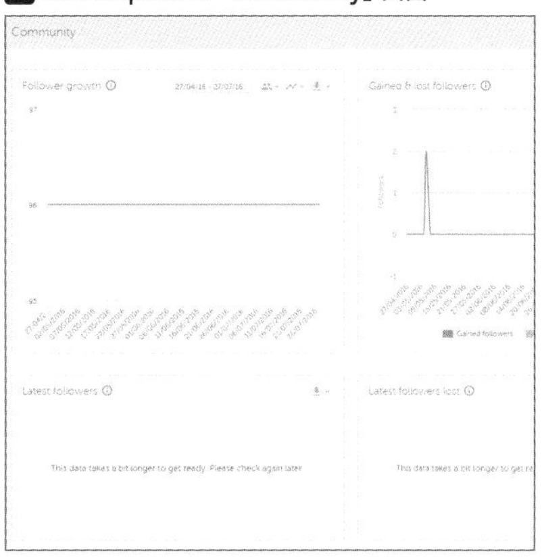

◎投稿のデータを確認する

「Content」画面では、これまでに投稿したコンテンツに関する詳細な情報を見ることができます04。左側のメニューで→「Content」の順にクリックして確認しましょう。この画面では、投稿数の比較データ、曜日別の平均投稿数、利用したフィルターの割合、使用したハッシュタグの割合などの情報が把握できます。過去の投稿に意図しない傾向があれば、これらのデータから気付くことができるでしょう。反対に、使用するフィルターやハッシュタグの割合などで特定の傾向が確認できた場合、その傾向と異なるフィルターやハッシュタグを試すことで、どのような変化が起こるのかを実験してみるのも、運用の改善には有益です。

04 Iconosquareの「Content」画面

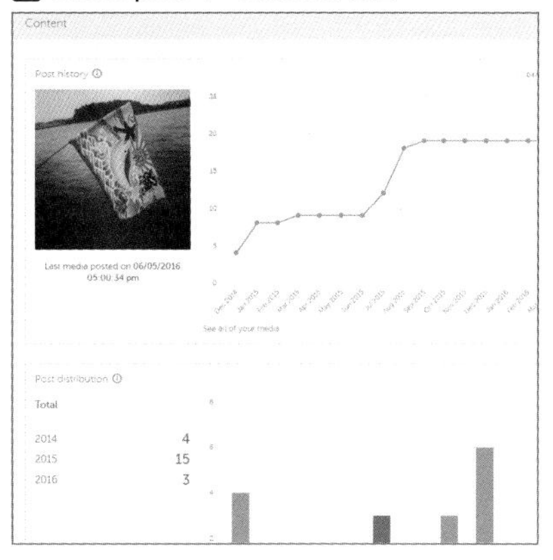

◎エンゲージメントのデータを確認する

「Engagement」画面では、エンゲージメントに関する詳細なデータを見ることができます05。左側のメニューで→「Engagement」の順にクリックして確認しましょう。ここでは、エンゲージメントが高い時間帯や、フィルターの種類別のエンゲージメント数などがすばやく把握できるため、エンゲージメントを高めるための改善策を考えるうえで役立ちます。たとえば、エンゲージメントが低い時間帯に投稿することが多いのであれば、エンゲージメントが高い時間帯に多く投稿するように改善することで、成果の向上が期待できるでしょう。さまざまな時間帯やフィルターで投稿し、それぞれのエンゲージメントの成果を把握するところから始めるのも1つの手です。

05 Iconosquareの「Engagement」画面

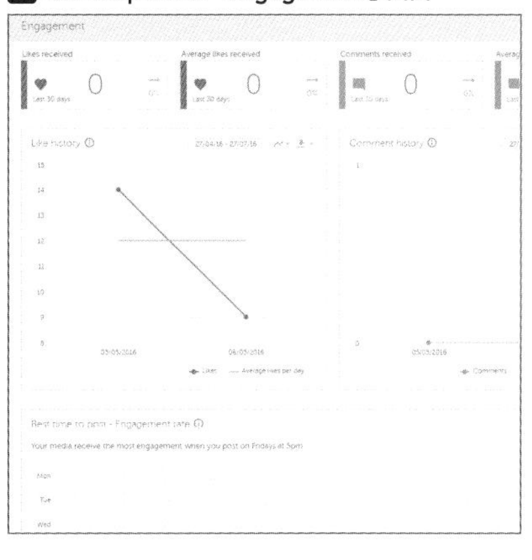

Instagramインサイトを利用する

CHAPTER4-10で紹介したInstagramインサイトも、Instagramの効果を簡単にチェックすることが可能です。アプリから簡単にアクセスすることができるので、ぜひチェックしてみてください。どのような項目が表示可能かを紹介します。

◎アクティビティ

1週間ごとのインタラクション数、リーチ、インプレッション数を確認できます。

- **インタラクション**

他のユーザーが該当アカウントに対して行ったアクションを示します。

- **プロフィールへのアクセス**

プロフィールの閲覧数です。

- **ウェブサイトクリック**

プロフィールのウェブサイトタップ数です。

- **電話配信のクリック**

ビジネスへの電話配信のタップ数です。

- **道順を表示**

ビジネスへの道順を表示のタップ数です。

◎発見

- **リーチ**

該当アカウントの投稿を見たユニークアカウント数

- **インプレッション**

該当アカウントのすべての投稿が表示された合計回数

◎コンテンツ

投稿した画像や動画の閲覧数等が表示します。

- **オーディエンス**

ユーザーが多い地域や性別が表示します。

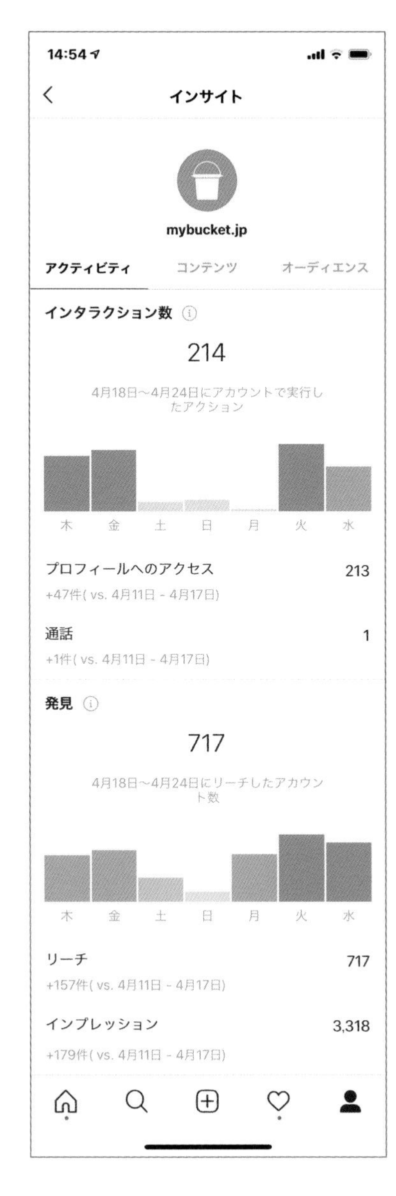

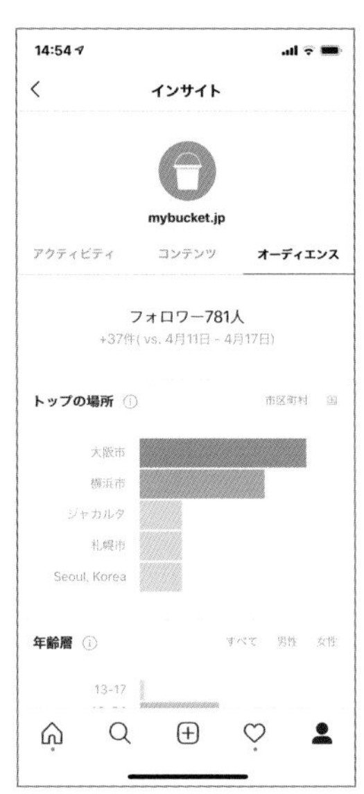

ハッシュタグツールを利用する

◎ハシュレコ

Instagram分析ツール「Aista」のハッシュタグの利用頻度のデータを基に、ハッシュタグを提案してくれる検索ツールです。特徴としては検索結果に表示されたハッシュタグの右側についている「カメラアイコン」を押すと、Instagramが起動してハッシュタグを直接検索することが可能です。

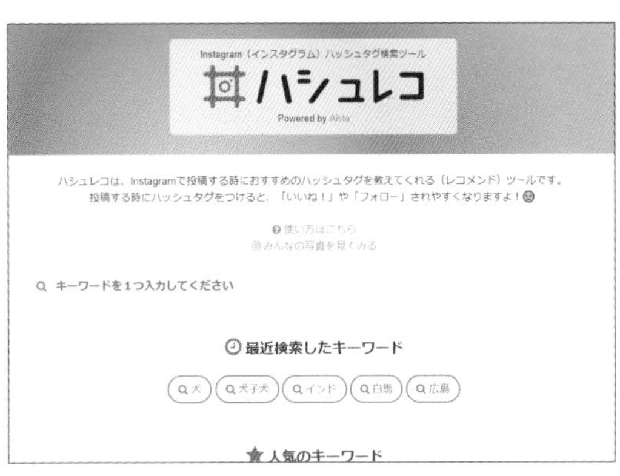

https://hashreco.ai-sta.com/

◎instatool

instatoolはtagreco（おすすめタグ発見）、tagpop（ハッシュタグの人気度調査）、tagfollow（おすすめユーザー発見）、taglike（類似ハッシュタグ発見）、tagrank（人気ランキング）の5つ機能でハッシュタグを検索できるサービスです。検索結果をハッシュタグとしてクリップボードにコピーしたり、メール送信したり、CSV形式でダウンロードしたりできますので大変便利です。

https://instatool.nu/

12 Instagram広告を活用しよう

広告編

Instagram広告は、ユーザーのフィードに表示されます。フィードには本来フォロワーの投稿しか表示されないため、フォロワー以外のユーザーにリーチしたい場合には非常に効果的な手段になります。Instagram広告には3つのタイプがあるため、それぞれの特徴を理解したうえで、目的やターゲットに応じて適切なものを選びましょう。

Instagram広告の種類と4つのタイプ

Instagram広告は投稿と同様にユーザーのフィードに表示されますが、リンクを設置できるなど広告ならではの利点があります。

また、Instagram広告はFacebook広告と同じシステムで作成します。よって、広告の種類やデザインタイプはFacebookと同様4つです。ただし、Instagram固有の推奨事項がありますので、ここではそれも含めて説明します。

◎画像広告

画像フォーマットを使用して、製品やサービス、ブランドを紹介できます。推奨される画像のアスペクト比は1:1、解像度1,080px×1,080px以上、ファイルタイプはJPGまたはPNGです。ハッシュタグは最大30個まで。

◎動画広告

動画で商品やサービス、ブランドを紹介できます。推奨されるアスペクト比は4:5、解像度、1,080px×1,080px以上、ファイルタイプはMP4、MOVまたはGIFです。ハッシュタグは最大30個まで。

◎カルーセル広告

1つの広告で最大10点の画像や動画を表示し、それぞれに別のリンクを付けることができます。複数の商品を紹介したり、ブランドのストーリーを展開するようデザインすることも可能です。推奨アスペクト比は1:1、解像度1,080px×1,080px以上、画像・動画のファイルタイプは前述の通りです。ハッシュタグは最大30個まで。

◎コレクション広告

コレクション広告にはカバー画像／動画があり、その後に3点の商品画像が続きます。利用者がコレクション広告をクリックするとフルスクリーンで商品画像が表示されます。推奨アスペクト比は1.91:1～1:1、解像度は1,080px×1,080px以上、画像・動画のファイルタイプは前述の通りです。

01 Instagram広告の例

Instagram広告は下部にリンクが設置できる

コレクション広告

コレクション広告は広告マネージャーを使用しないと作成できません

Instagram広告を出稿する

Instagram広告は前述した通り、Facebook広告を経由して出稿します。Facebookページを持っていない場合は、CHAPTER2-06を参照して、事前にFacebookページを作成しておきましょう。Facebookページを作成したらInstagramを連携させる必要があります。まずはその作業からご説明します。

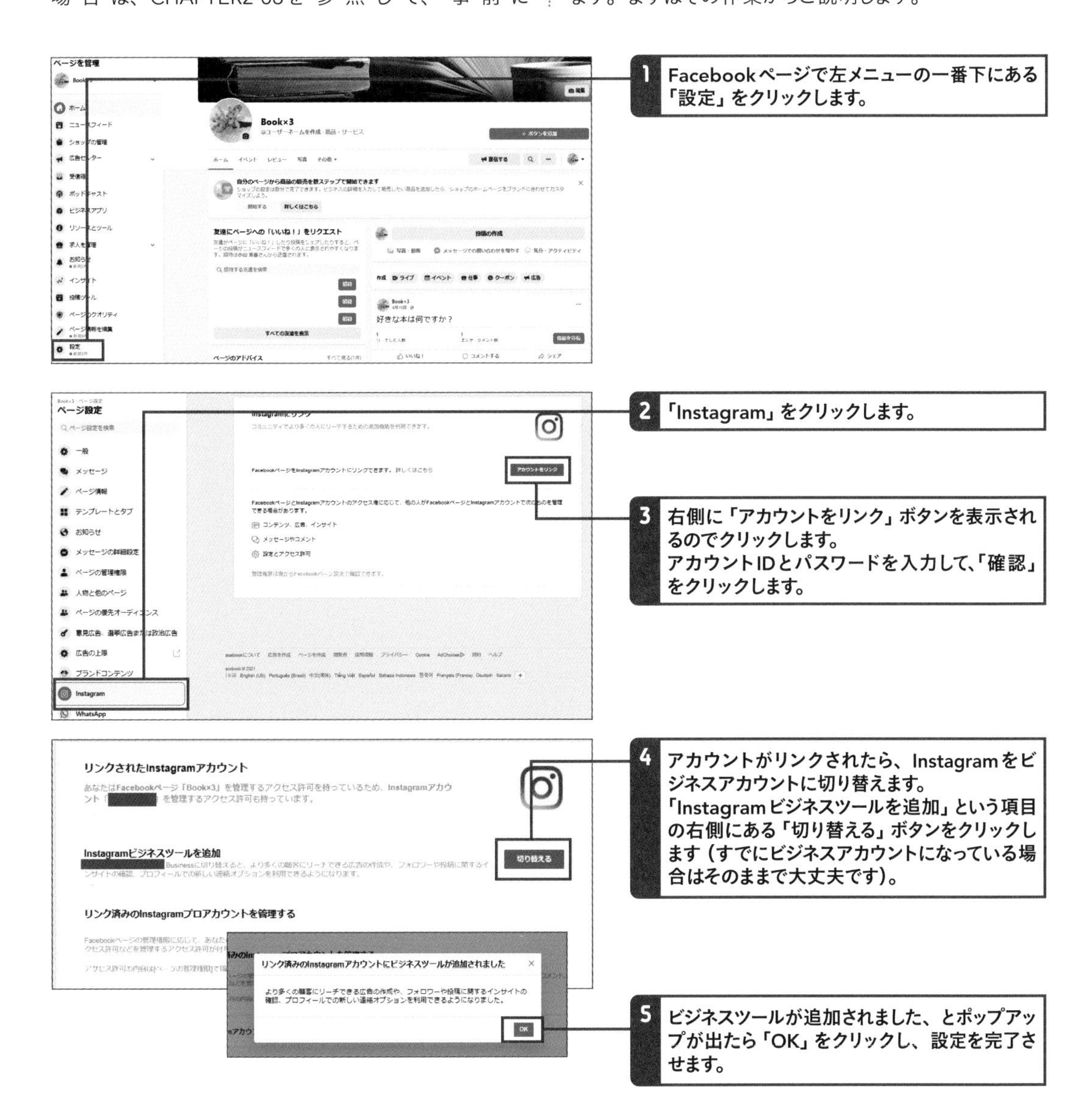

6 Facebookページのホームに戻るとInstagram広告が出稿できるようになっていることが確認できます。

7 これ以降の設定はP80〜82で紹介したFacebook広告と同じです。実施したい広告タイプを選択し、クリエイティブを作成して、配信するターゲットを設定していきましょう。

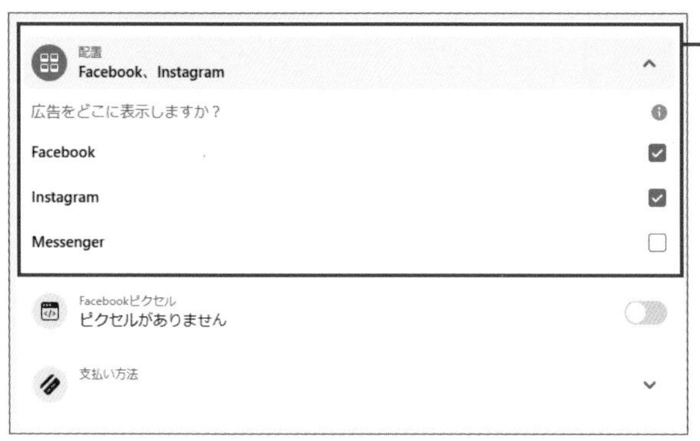

8 最後に配信先で「Instagram」が選べるようになっていることを確認しましょう。ここで配信するメディアを設定します。両方配信することも、どちらかのみ配信することも可能です。

CHAPTER 5

その他のマーケティング
YouTube・LINE・TikTok・Snapchat・Pinterest

FacebookやTwitter、Instagram以外にも、マーケティングに利用できるさまざまなSNSがあります。ここで紹介するSNSは個性的なものが多いため、それぞれの特徴をしっかりと把握し、適切に使い分けられるようにしましょう。

01 YouTubeの特徴を把握しよう

導入編

YouTubeは動画の投稿を中心としたSNSの代表格です。FacebookやTwitterなど、ほかのSNSでも動画を投稿することはできますが、動画をメインコンテンツとしている点で大きく異なります。マーケティングの目的に応じて適切に使い分けられるように、YouTubeの特徴からおさえておきましょう。

YouTubeとは

YouTubeは、全世界で10億人以上のユーザーに利用されている、人気の動画系SNSです。投稿された動画は毎日60億時間以上も視聴されており、注目を集めた動画などは再生回数が億単位に至るものもあるため、マーケティングでも積極的に活用されています。

ニールセン株式会社が実施したデジタルコンテンツの利用率の調査によると、YouTubeの利用者数が6,288万人で3位になっています 01 。ここで注目したいのは、パソコンからのユーザー数が9%であるのに対し、スマートフォンからのユーザー数はそれを大幅に上回る64%であることです 02 。同調査では、スマートフォンによるYouTubeアプリ 1日の時間帯別の利用時間も報告していますが、このデータからも興味深い特徴がうかがわれます 03 。日本におけるデータでは、もっとも利用率が高いのは夜の時間帯ですが、朝の7～9時という通勤・通学の時間帯に利用率が急増し、その後も帰宅時間にかけて高い利用率が継続しており、電車内や外出先などでかなりの時間、動画を視聴している実態が浮かび上がってくるのです。これらのことから、外出中のスマートフォンでの視聴を意識して動画を制作する必要があるといえるでしょう。たとえば、音声が聞こえない状態でも内容が理解できる演出を意識したり、手軽に見られる再生時間に抑えたりすることがポイントになります。また、被写体やテキストを見やすいサイズにすることなども重要です。

01 ブランド別リーチ＆利用者数（2018年5月）

サービス	リーチ	利用者数
Yahoo Japan	53%	6,656万人
Google	53%	6,624万人
YouTube	50%	6,288万人
LINE	46%	5,793万人
Rakuten	40%	5,023万人

Sauce:Nielsen Digital Content Ratings
※リーチは日本の2歳以上の人口をベースに算出　※PCは2歳以上、スマートフォンは18歳以上の男女

スマートキャンプ株式会社「ヤフーとグーグルが利用者数トップ2、YouTube、LINEが猛追」https://boxil.jp/beyond/a5029/

02 YouTube年代別デバイス利用率（2018年5月）

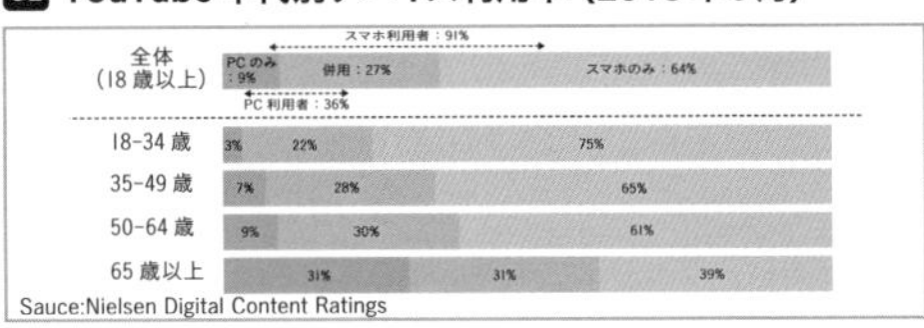

スマートキャンプ株式会社「ヤフーとグーグルが利用者数トップ2、YouTube、LINEが猛追」https://boxil.jp/beyond/a5029/

03 YouTubeアプリの時間帯別利用時間

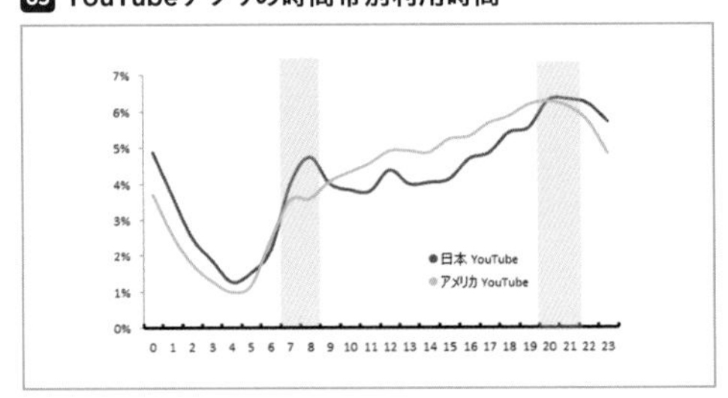

http://www.netratings.co.jp/news_release/2015/09/Newsrelease20150929.html

マーケティングに活用できる各種機能

YouTubeはただ単に動画が投稿・視聴できるだけのSNSではありません。各種マーケティングがスムーズに展開できる、さまざまな機能が搭載されています。たとえばInstagramではWebサイトのリンクが掲載できませんでしたが、YouTubeでは動画の下部や動画の画面上にリンクを設置することが可能です。タグやカテゴリなどのメタデータも設定でき、検索によるリーチも期待できます。また、FacebookやTwitterなどのSNSで動画を共有するための専用ボタンも備えられており、拡散性も高いといえるでしょう。特筆すべきは「チャンネル」と呼ばれる独自のページを作り込むことができる点です03。チャンネルには動画を自由な配置で掲載できるため、カスタマイズ次第で効果的にPRできるでしょう。

03 チャンネルの活用例

チャンネルでは動画を自由にカテゴライズ・配置できる

YouTubeの動画広告の強みと弱み

YouTubeの動画広告としては、ユーザーが一般の動画を視聴する前などに再生されるインストリーム広告（P.153参照）が代表的です。タイムラインに掲載されるほかのSNSの動画広告は、タイムラインをスクロールすることで無視できますが、YouTubeのインストリーム広告は一般の動画の再生画面自体に大きく再生されるため、ユーザーにしっかりと映像を見せることができます。また、FacebookやTwitterの動画広告では、動画のイメージを大きく左右する音声が自動再生されない初期設定になっており、ユーザー側が能動的に動画広告に接触しないかぎりは動きとしてのおもしろさだけでPRするしかありません。一方、YouTubeのインストリーム広告では初期状態で音声が再生される本格的な動画広告です。 ユーザーにしっかりと動画自体を見せたいマーケティングには最適な媒体といえるでしょう。

しかし、YouTubeのインストリーム広告では、自社サイトやキャンペーンサイトなどリンク先への誘導が難しいという弱点があります。動画広告の画面上にリンクを設置できるものの、ユーザーはその動画広告のあとに再生される、一般の動画を見たいという気持ちが強いからです。画面右上のディスカバリー広告（P.153参照）の枠などにもあわせて広告を掲載することもできますが、スムーズにクリックしてもらいにくい仕様です。

投稿されている一般の動画を視聴することを目的とするユーザーが多いYouTubeに対して、FacebookやTwitterといったSNSでは、知人や友人とのコミュニケーションを取りつつ、「話題のネタを探す行動」も同時に行われやすい、という特徴があります。そのため、動画広告とあわせてキャンペーンや企業サイトなどのリンクを掲載すると、YouTubeの動画広告に比べてクリックされやすいといわれています。こうしたことから、YouTubeの動画広告では、ユーザーをWebサイトなどに誘導することよりも、ブランディングなどの目的で活用するほうが望ましいといえるでしょう。

02 YouTubeの活用ポイントをおさえよう

運用編

動画はユーザーにとって直感的に理解しやすく、伝えたいことを正確に訴求することに優れているため、Webマーケティングにおいて効果的なコンテンツです。ここでは、マーケティングをスムーズに行うための動画の編集方法のほか、広告や分析機能を活用する際のポイントについて解説します。

動画の編集機能を活用する

YouTubeでは、投稿した動画をWebブラウザ上で編集することができます。動画を魅力的に演出できるだけでなく、集客などの成果を効果的に高める仕掛けを組み込むこともできるため、ぜひ活用してみましょう。

投稿した動画を編集するには、画面右上の≡→「チャンネル」→「動画の管理」の順にクリックして動画の一覧を表示01し、編集したい動画の「詳細」をクリックして詳細画面を表示します。詳細画面では左部のエディタをクリックすることで、編集機能を切り替えることができます。

「動画の詳細」画面では、動画の基本情報やメタデータを設定できます。ユーザーへのリーチを増やすために、関連するタグを多く設定しておくことが大切です。また、YouTubeで動画を検索した際に表示されるのは、タイトル、説明文、サムネイルのため、ユーザーの目が留まるように、これらをわかりやすいものや、インパクトのあるものに設定しておきましょう。

「動画エディタ」では、動画のカット、ぼかしなどで雰囲気を調整できます02。オリジナルと比較しながら、より魅力的に見えるよう加工しましょう。BGM等を追加したい場合は、「トラックを追加」をクリックして音源を使用しましょう。

01 YouTube Studio画面

02 動画エディタの編集画面

広告を活用する

YouTubeのユーザーに向けて広告を配信するには、Googleの広告サービス「Google広告」を利用します。Google広告のWebサイト（http://ads.google.com/）でアカウントを作成して広告を出稿しましょう。目的別に6タイプの広告が出稿できますが、ここでは主に使用される4つのタイプを紹介します。

◎スキップ可能なインストリーム広告

動画が視聴される前などに表示される動画広告で03、5秒間再生するとスキップできるタイプの広告です。ユーザーが広告を30秒以上（動画が30秒未満の場合は、最後まで）視聴した場合に課金されます。

◎スキップ不可のインストリーム広告

動画が視聴される前などに表示される動画広告で、最後まで見ないと動画を視聴することができません。最長15秒までの動画広告を見せることができます。目標インプレッション単価制が採用されており、広告の表示回数に基づいて課金されます。

◎バンパー広告

最長6秒のスキップ不可の短い動画広告で、最後まで再生しないと動画を視聴することができません。バンパー広告も目標インプレッション単価制が採用されており、広告が表示数に基づいて課金されます。

◎TrueView ディスカバリー広告

YouTubeの関連動画の横や検索結果部分、モバイル版YouTubeのトップページなど、ユーザーが動画コンテンツを探している場面で表示される広告です。ユーザーがサムネイルをクリックして広告を視聴した場合のみ課金されます04。

03 インストリーム広告

04 TrueView ディスカバリー広告

分析機能を活用する

YouTubeで公開した動画のデータは、分析ツール「YouTubeアナリティクス」で見ることができます。画面右上のアカウントアイコン→「クリエイターツール」→「アナリティクス」の順にクリックして確認しましょう。公開した動画全体の再生時間、平均視聴時間、視聴回数、動画への評価、ユーザー情報などが把握できます04。

YouTubeの運用効果を高めるには、動画コンテンツの質を向上させていく必要があります。個別の動画ごとの効果を把握することもできるため、動画を公開したら定期的にYouTubeアナリティクスにアクセスし、どのような内容の動画だと効果が高いのかを確認して、今後の動画制作に反映させるようにしていきましょう。また、流入経路となった検索キーワードも把握できるため、タグや説明文などを改善する際の参考にしましょう。

04 YouTubeアナリティクスの管理画面

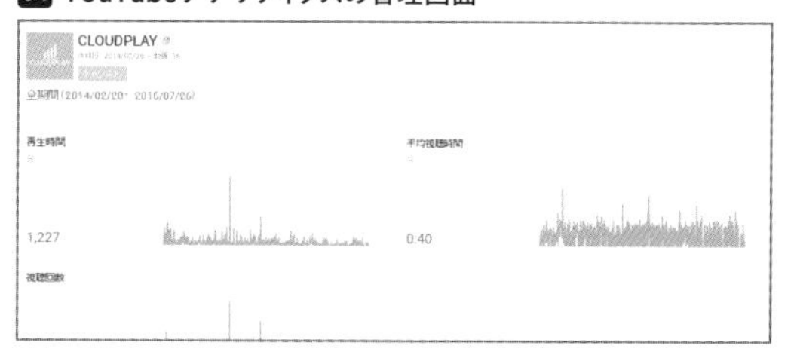

03 YouTubeライブを活用しよう

活用編

YouTubeライブはリアルタイムで映像配信できる機能です。以前は限られたユーザーしか利用できませんでしたが、現在は誰でもライブ配信可能です。YouTubeライブで配信した動画は、配信後にアーカイブとして残せますので、リアルタイムで見逃してしまったユーザも閲覧できます。アーカイブは非公開、限定公開等の設定も可能です。

「YouTubeライブ」の配信方法

YouTubeライブでは個人のチャンネル、仕事などで使う名前でチャンネルでの配信が可能です。パソコンやノートパソコン等で配信を行う場合は、次の機材が必要になりますのでご用意ください。

- **Webカメラ**（パソコンまたはノートパソコンにカメラ機能がない場合）
- **マイク**（Webカメラまたはパソコン／ノートパソコンにマイク機能がない場合）

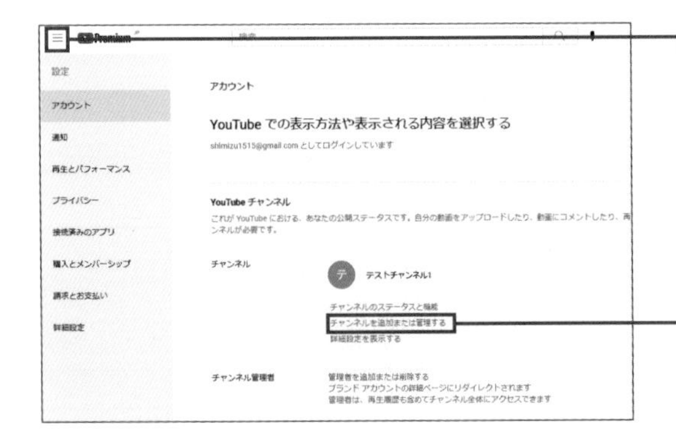

1 YouTubeにログインしてアイコンから設定をクリックします。

2 ここでは、新しくチャンネルを作成します。「チャンネルを追加または管理する」をクリックします。

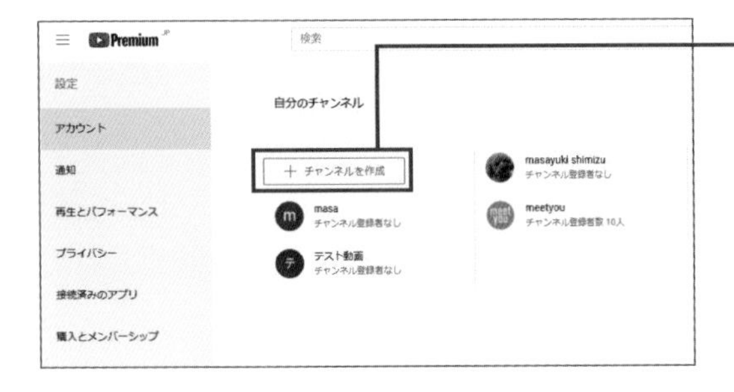

3 自分のチャンネルページが表示しますので、「＋チャンネルを作成」をクリックします。

4 チャンネル名を設定し、「新しいGoogleアカウントを独自の設定で作成していることを理解しています。」にチェックを入れて、「作成」ボタンをクリックします。

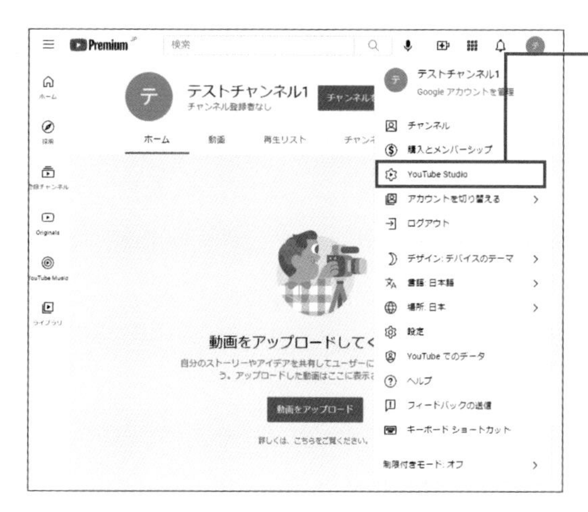

5 チャンネルページが表示されるので、右上の「YouTube Studio」をクリックします。

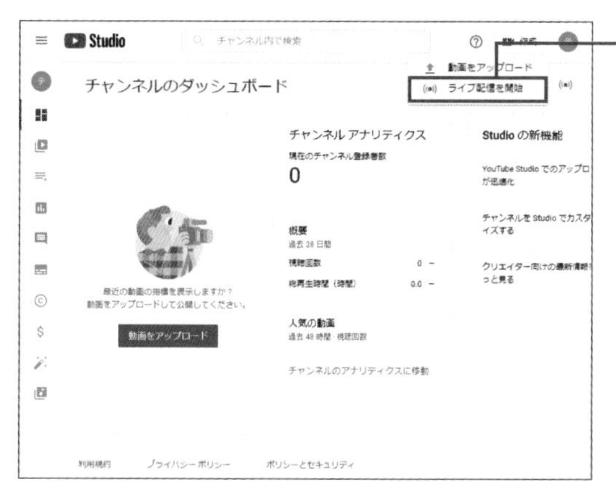

6 チャンネルダッシュボードが表示されるので、「ライブ配信を開始」をクリックします。YouTubeライブ管理画面に遷移しますので、各項目を選択または記入するとライブ配信が開始されます。

※電話番号の確認が必要になりますので、携帯電話等をご用意ください。

04

LINE公式アカウントの特徴を把握しよう

導入編

LINEは、「友だち」と呼ばれる個々のユーザーとメッセージをやりとりしたり無料通話をしたりすることができる人気のSNSです。利用できるアカウントには「LINE公式アカウント」がありますが、ここではLINE公式アカウントを活用したマーケティングを中心に解説します。

LINEとは

LINEは、国内最大級のユーザー数を誇るSNSです。国内ユーザー数は7,900万人以上で、日本の人口の実に61%以上をカバーしている状況であり、FacebookやTwitterをも上回る人気を獲得しています。さらに、毎日利用しているユーザーも85%という非常に高いアクティブ率であり、今やユーザーにとってもっとも身近なSNSであるといってよいでしょう。こうした人気の理由には、メールよりも手軽にメッセージをやりとりでき、無料で通話できる点などが挙げられます。また、「スタンプ」と呼ばれる表情豊かなイラストを送信することで、より円滑で楽しいコミュニケーションが図れることも魅力です。

ただし、オープン型SNSのFacebookやTwitterなどと異なり、LINEは個々のユーザーどうしのコミュニケーションを中心としたクローズド型SNSであるため、企業がマーケティングに利用するには不利な部分があります。企業がユーザーとコミュニケーションを図るには「LINE公式アカウント」と呼ばれるアカウントを利用しますが、いずれの場合もユーザーが自社アカウントを友だちに追加してくれなければ、基本的にはユーザーに直接メッセージを配信することができません01。そのため企業がLINEを活用するうえでは、まずユーザーが自社アカウントを友だちに追加してくれるように仕向けることがポイントになるといえるでしょう。

LINEアプリの中でユーザーが企業のアカウント情報に接触する場所としては、「その他」画面で「公式アカウント」をタップすると表示される、「公式アカウント」画面が代表的です02。

01 LINE公式アカウントによるメッセージ配信例

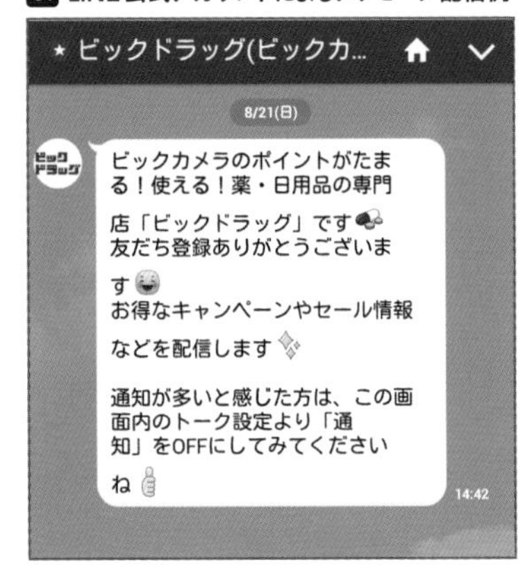

ユーザーがアカウントを友だちに追加していないと、企業からのメッセージを受け取れない

02 「公式アカウント」画面

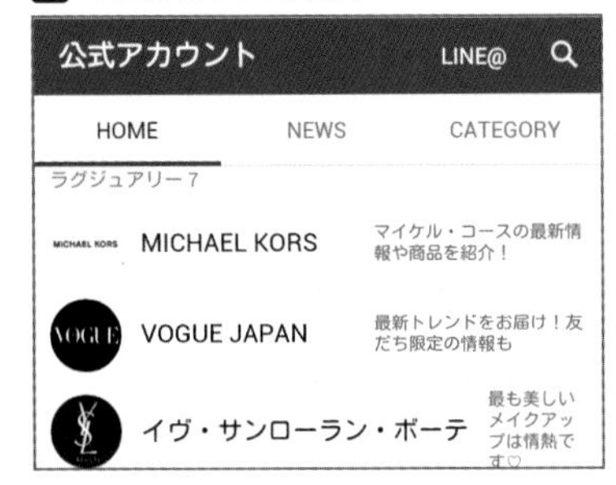

公式アカウントはLINE@よりも露出が高く、ユーザーの目に付きやすい

LINE公式アカウントとは

●LINE公式アカウント（https://www.linebiz.com/jp/service/line-official-account/）

LINE公式アカウントとは、企業や店舗が開設できるLINEアカウントのことです。ユーザーは公式アカウントを友だち追加することによって、お得な情報やサービスを受けたり、アカウントに疑問点などを質問したりすることで、ユーザーとのエンゲージ向上が期待できます。日本国内では大企業から店舗まで、幅広く活用されており、現在300万以上のアカウントが開設されています。

●選べるプラン

予算やメッセージ通数に応じて、フリープラン、ライトプラン、スタンダードプランを選択できます03。フリープランであれば無料で活用することが可能です。

●ユーザーへ情報が直接届く

LINE公式アカウントから配信するメッセージは、ポップアップなどでユーザーに直接届きます。

●店舗やウェブサイトへの高い集客力

クーポンやキャンペーンの反応率が高いので店舗（実店舗を含む）やウェブサイトへの流入が期待できます。

03 LINE公式アカウントの料金プラン

	フリープラン	ライトプラン	スタンダードプラン
月額固定費	無料	5,000円	15,000円
無料メッセージ通数	1,000通	15,000通	45,000通
追加メッセージ料金	不可	5円	～3円

https://www.linebiz.com/jp/service/line-official-account/

05 LINE公式アカウントの活用ポイントをおさえよう

運用編

LINE公式アカウントではアカウントが認知されにくいため、ユーザーを呼び込むためには、さまざまな工夫を施す必要があります。ここでは、LINE公式アカウントの機能を駆使する方法や、認証済みアカウントを利用する方法、そして広告を活用する方法について解説します。

LINE公式アカウントでできること

メッセージ配信

性別、年代、居住地（都道府県）等でセグメントして、友だち追加したユーザーに直接メッセージを送ることができます。セグメントされているので、メッセージの開封率が高いのが特徴です。メッセージはテキストの他にも画像や動画なども利用できます。

タイムライン投稿

企業側は公式アカウントフィード（ユーザーのタイムライン）に情報を配信することが可能です。公式アカウントフィードはタイムライン上で友だちに情報を共有することができるため、情報の拡散が期待できます。

AI応答機能

ユーザーから話しかけられた内容をカテゴリーで判別し、定められたメッセージを自動的に返信します。簡易的なサービスサポートなどへの活用が可能です。

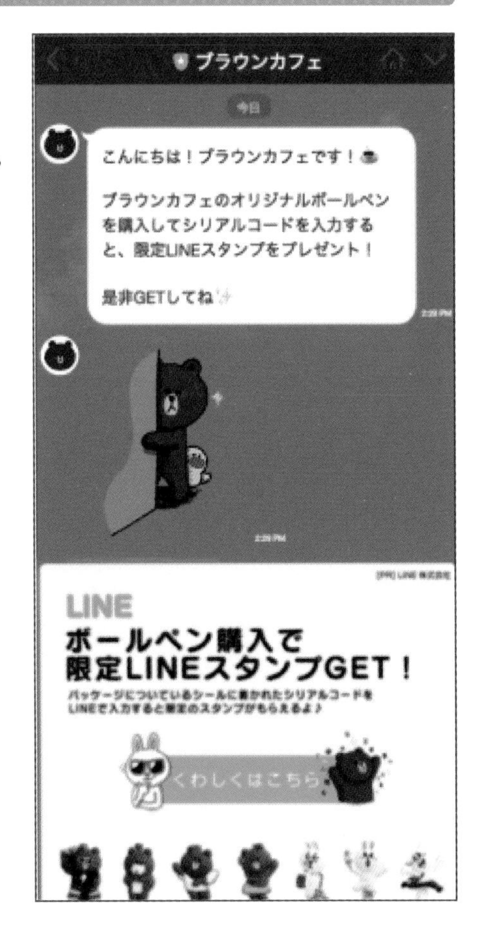

◎リッチメニュー

LINE公式アカウントの画面下部に開くメニューからリンクが設置できるので、自社サイトや購入ページへの誘導が可能です。

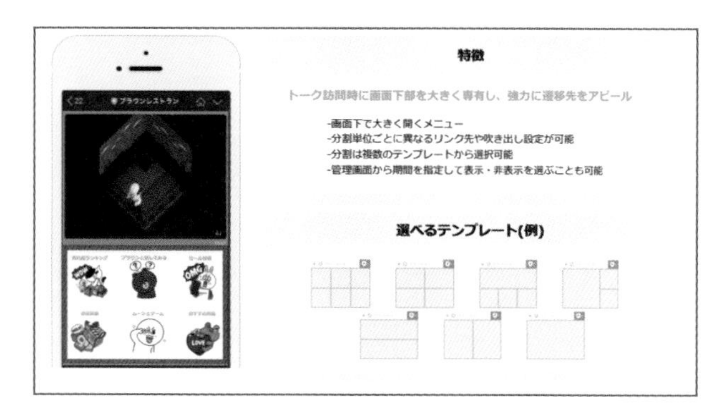

◎ショップカード

ポイントカードを作成・発行することができます。来店や商品購入等によってポイントが加算され、継続したサービス利用やリピート強化が期待できます。

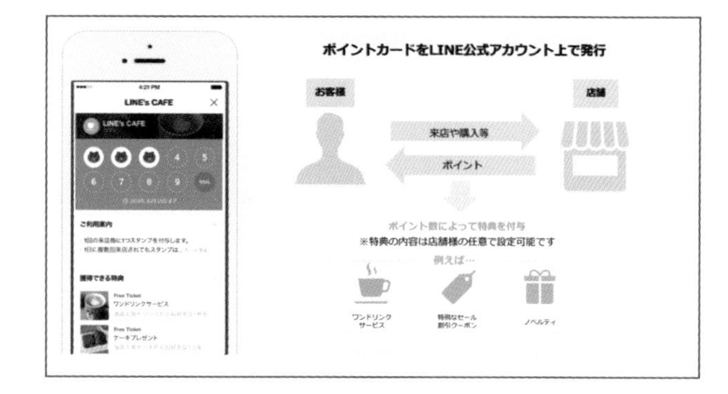

◎クーポン抽選機能

LINE上でクーポンや抽選を作成することが可能です。特定のユーザーや閲覧ユーザー全員に配信できるので、来店促進が期待できます。クーポンの使用数は管理画面で確認することができます。

◎レポート機能

メッセージの配信数・クリック数等、実際の数値を確認することが可能です。

LINEによる案内

LINEの公式ページ「LINE公式アカウントを無料で開設！新たな機能や料金プラン」では、LINE公式アカウントの解説方法や販促、宣伝施策など、最新の情報がていねいに紹介されています。
https://www.linebiz.com/jp/column/technique/20190418-1

06 TikTokの特徴を把握しよう

「TikTok」は昨年のアプリダウンロード数で1位となった大人気アプリです。昨年の新語・流行語大賞にもノミネートされた「TikTok」ですが、名前は知っているものの、実際に利用したことがないご担当者の方も多いのではないでしょうか。

TikTokとは

TikTok（ティックトック）は2015年9月に北京字節跳動科技有限公司（ByteDance）によってサービスがリリースされた短編動画の共有サービスです。2017年あたりから日本国内でも若者を中心にユーザー数が増加しており、2018年6月にはアクティブユーザーが1億5000万人に達し、世界で最もダウンロードされたアプリとなっています。

iOS：https://apps.apple.com/jp/app/id1235601864
Android：https://play.google.com/store/apps/details?id=com.ss.android.ugc.trill&hl=ja&gl=US

TikTokの特徴

多くのユーザ（10代〜20代中心）に支持された特徴として、次の3点が挙げられます。

動画撮影〜編集作業の簡易化

TikTokの特徴として、他の動画SNSのようにコンテンツ自体にオリジナリティーが求められているわけではなく、誰もがTikTokに参加しやすくするためにあらかじめ動画のお題が決まっていたり、動画コンテンツの編集もしやすくしているので、アプリ内ですべての作業が完結できるようになっています。今までの動画SNSへの参加の敷居を大幅に低くしたことが成功している要因でもあり、TikTokの一番の特徴でもあります。

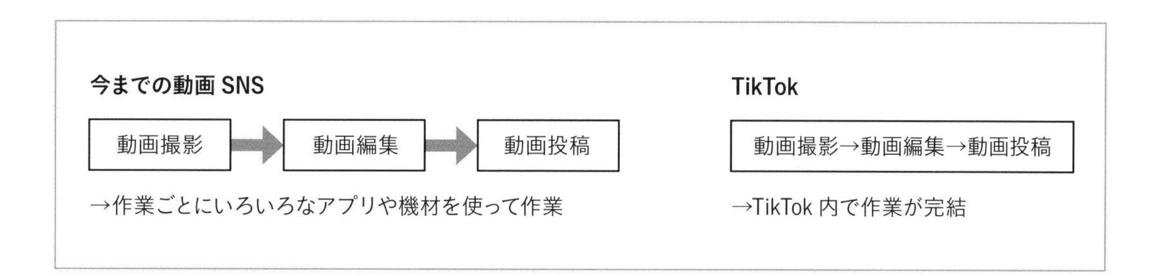

シンプルな操作性

TikTokのUIは一画面完結型でのシンプルな画面構成です。動画画面内のメインボタンも「フォロー」「いいね」「コメント」「シェア」4つのみで構成されています。片手で簡単に操作しやすいように動画再生画面はフリックで上下に飛ばせます。興味が無ければ次の動画へ遷移することができるので、TikTokから離脱させないようなしくみになっています。

TikTokからのレコメンド

現在のSNSの多くは人との繋がりをベースに情報やタイムラインが表示していますが、TikTokの場合、TikTokがレコメンドするコンテンツをベースに表示させているので、人との繋がりがなくても多くのコンテンツを閲覧することができます。閲覧されたコンテンツに何らかのアクション（フォロー、いいね、コメント、シェアなど）をすることで、TikTokのAIがさらに最適なコンテンツをレコメンドしてくれるしくみになっています。

TikTokのビジネスアカウント

TikTokをビジネス活用するためには、たんに動画を投稿するだけではなく、投稿した動画にどれくらいの効果があったかを分析する必要があります。このようなインサイト機能は、個人アカウントを作成してからビジネスアカウントに切り替えることで利用可能になります。

ビジネスアカウントでは人気動画の視聴数、フォロワー数、フォロワー属性等を確認できるようになります。ビジネスアカウントへの切り替えの詳しい手順はTikTokの公式ページ（https://tiktok-for-business.co.jp/archives/5907/）をご覧ください。

07 TikTokの活用ポイントをおさえよう

運用編

ユーザー層が若年層中心となっているTikTok。若い層を対象にマーケティングを行いたいときはこのTikTokの有用性も高くなるわけですが、新しいSNSですので、特にその利用状況や広告の特徴を把握した上で施策を行いましょう。

TikToKの利用状況

TikTokについて、18歳〜69歳の男女1,738人に対するMMD研究所による調査によると、「現在利用している」は5.8%、「利用したことはあるが、現在は利用していない」は3.4%、「どんなものかわかるが、利用したことはない」は13.2%という結果になり、合算すると認知度は38.2%となりました01。他のSNSと比較すると利用状況、認知度は現時点ではまだ高くはないですが、今後さらに増加することが予想されます。同調査の「利用用途」では、「動画の投稿・視聴のどちらもしている/していた」は45.6%、「動画を視聴のみしている/していた」36.2%、「動画を投稿のみしている/していた」18.1%となっています02。

01 TikTokの認知度

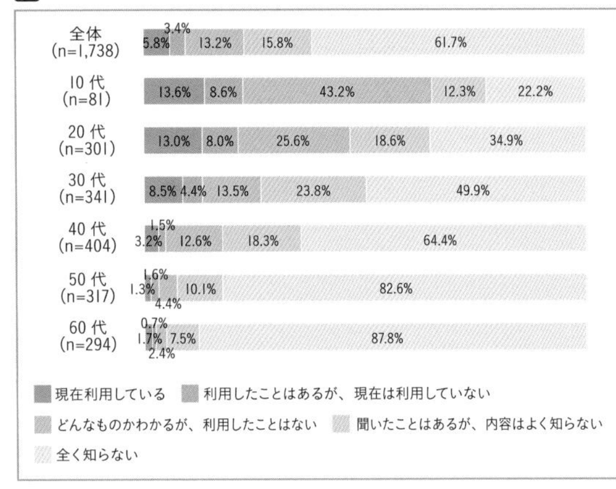

MMD研究所「『Tik Tok』の認知度は38.2%、利用率は5.8%」

02 TikTokの利用用途

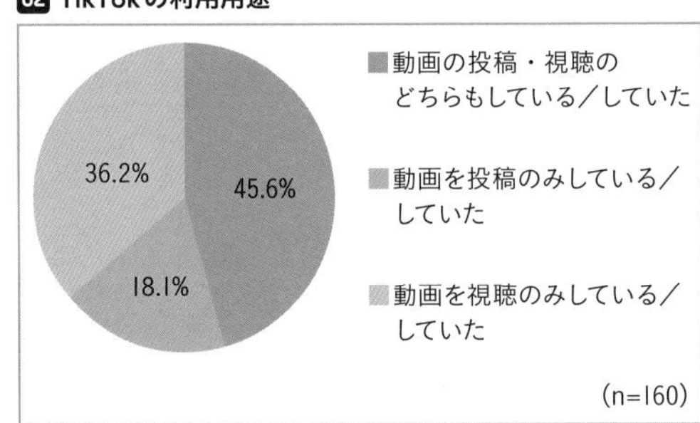

https://mmdlabo.jp/investigation/detail_1726.html

TikTokの広告について

TikTokの広告には、「#チャレンジ」「インフィード広告」「起動画面広告」の3種類があります。

#チャレンジ

ハッシュタグ（#）を活用して広告主がお手本となる振付動画を公開し、その動画を見たTikTokユーザーが振付動画を真似るか、アレンジを加えて自撮り動画を作成して投稿します。他の動画SNSでもインフルエンサーに商品やサービスを紹介してもらう“企業案件”がありますが、TikTokの場合は一般ユーザーが誰でもキャンペーンに参加できるところに大きな特徴があります。投稿動画は投稿数が多ければ多いほど多くの人の目に留まりバズる確率が高くなりますので、予測以上にブランド認知度に大きく貢献できる可能性を秘めています。03はLUXの#チャレンジ画面です。

03 チャレンジの実例

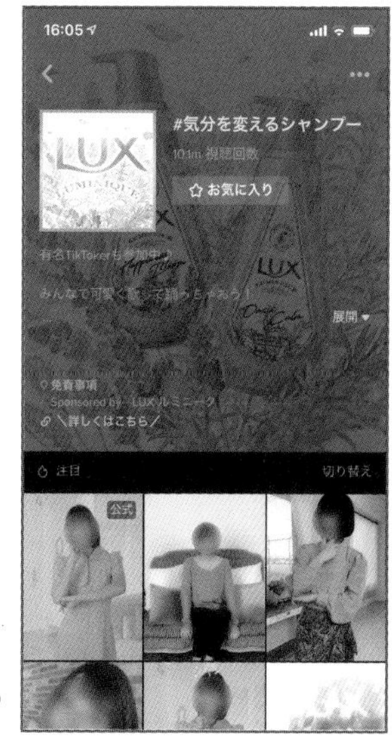

ユニリーバ「LUX」の
#チャレンジ

インフィード広告

TikTokの中でもっともユーザーに視聴されている「おすすめ投稿」に表示される広告です。スマートフォンの全画面に表示されるので、自然な形で目を引く広告商材だといえるでしょう。通常投稿と同様に「いいね」「コメント」「シェア」もつけられるので、さらに多くのユーザーに拡散されることも期待できます。04はサントリー Qooのインフォード広告です。

04 インフィード広告の実例（LUX）

サントリー「Qoo」の
インフィード広告

起動画面広告

TikTokの起動画面で全画面に表示する広告です。すべてのユーザーに訴求できるので、もっとも強力な広告商材だといえるでしょう。ただし1日1社限定のため、広告枠の確保やコストの問題も発生するので、配信のハードルは高いようです。

08 Snapchatの活用ポイントをおさえよう

運用編

Snapchat（スナップチャット）はアメリカで生まれた一風変わったSNSで、投稿したコンテンツが一定時間経つと消えるのが大きな特徴です。コンテンツが残らないということが与える安心感と気軽さから、若年層を中心に人気を集めて成長しており、日本でも取り上げられることが増えてきています。国内ではまだ限定的ですが、今後の普及に向けて活用方法を把握しておきましょう。

Snapchatの独自の仕様

写真、動画、テキストは残らない

Snapchatの最大の特徴は、「フレンド」と呼ばれるコミュニケーション相手のユーザーに送った写真や動画などのコンテンツが、基本的には最長10秒で消えてしまうことです。一般的なSNSでは投稿したコンテンツは残り続けますが、ときには他人との間で問題になったり炎上してしまったりする要因となる可能性があるため、コンテンツが消える仕様により、そうした心理的な負担が和らげられる効果があると考えられます。

写真を加工できるフィルターとレンズ

Snapchatには写真を加工するためのフィルターやレンズ機能などが搭載されています。特徴的なのは、おもしろおかしい見た目に加工する機能が多いことです 01。とくにレンズ機能では、犬やバイキングなど、いくつかのパターンからテンプレートを選ぶだけで、写真をそのテンプレートに合わせた外見に加工してくれるため、見た人が思わずクスッと笑ってしまうようなコンテンツをかんたんに作ることができます。

01 写真の編集画面

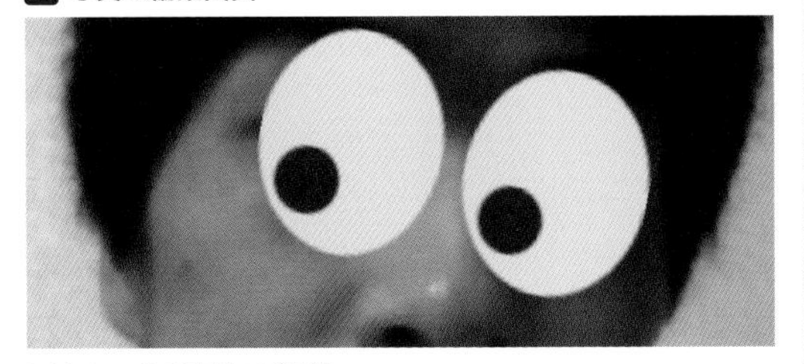

おもしろみのある写真加工が可能

ストーリー機能とディスカバー機能

そのほかに特徴的なのは、ストーリー機能とディスカバー機能です。 ストーリー機能では、作成した写真や動画のコンテンツを「ストーリー」と呼ばれる場所に投稿すると、通常最大10秒で消える投稿を、ユーザーが24時間無制限で見ることができます。さらに、その共有板である「Our Story」という機能では、近くにいるほかのユーザーもそのストーリーに投稿することができ、さまざまなユーザーによってストーリーを作り上げることができます。この機能を使えば、イベントや音楽フェスティバルなどの参加者どうしでストーリーを作り上げ、遠方にいる仲間もそれを見て盛り上がるといった楽しみ方ができるため、海外で大きな反響を集めています。

ディスカバー機能では、CNNやYahoo!などSnapchatと契約しているメディアのコンテンツを最大24時間見ることができます。そのコンテンツは自動的に選ばれているのではなく、人力で整理されているのが特徴です。写真、動画、アニメーション、テキストを駆使して表現されるそのコンテンツにより、ほかのSNSでは味わえない軽快な情報収集を体感することができます。

ユーザーとの接点を広げる

Google PlayやApp StoreでSnapchatアプリをダウンロードし、メールアドレスとパスワード、生年月日などを設定してアカウントを開設すると、直後にカメラの撮影画面が表示されます。SNSとしては奇抜ですが、この撮影画面がSnapchatのメイン画面です。

Snapchatではアカウント自体のページというものがなく、検索できる情報も基本的にユーザー名しかありません。そのため、最初はいかにユーザーにアカウントの存在を認知してもらうかがポイントです。こうした認知をサポートするために、「Snapコード」と呼ばれる黄色い四角のコードが各アカウントに用意されているので、まずはこれを活用しましょう。メインの撮影画面の左上に表示されたアイコンをタップし、表示されるSnapコードをタップして拡大表示したら、「Snapコードをシェア」をタップして、FacebookやTwitterなどで配信しましょう 02。Snapコードを Snapchatのカメラの枠内に入れた状態で画面を長押しするとSnapコードが認識され、フレンドに追加することができます 03。

ただし、SnapコードはSnapchatのカメラでしか読み取れないため、Snapchatユーザーにしか通用しません。そのほかのターゲットにアカウントを知らせる場合は、アカウントのリンクをほかのSNSなどで送信しましょう。この場合は、「プロフィールリンクをシェア」をタップして、共有するSNSを選択します 04。

02 Snapcodeの表示画面

Snapコードをタップして拡大表示する

03 Snapcodeによるフレンド追加

「フレンドを追加」をタップして追加する

04 アカウントのリンク配信

SNSへリンク付きの配信が可能

詳細な告知ではストーリーを活用する

Snapchatで配信される通常のコンテンツは、設定された10秒以内の時間で消えるようになっているわけですが、閲覧直後であれば、受信したコンテンツを長押しすることで、1回だけリプレイすることは可能です。しかし閲覧者が集中していなければ、内容を鮮明に覚えることは困難でしょう。そのため、このような通常のコンテンツ配信は、キャンペーン情報などといった詳細な告知を行うことには向きません。瞬間的なイメージを与えることができるにすぎないため、ブランディングやかんたんな告知などの用途に向いているといえるでしょう。

キャンペーン情報などの詳細な告知を行う場合は、24時間何度でも閲覧できるストーリーを活用しましょう。ストーリーとして配信する場合は、編集画面でをタップします。ただし、ストーリーは古い投稿順に、コンテンツが連続して再生される仕様になっていることには注意が必要です。無関係のコンテンツが連続してちぐはぐなイメージにならないように、タイミングを考慮しましょう。

09 Pinterestの活用ポイントをおさえよう

運用編

Pinterest（ピンタレスト）は、気になったWeb上の写真や動画などを集めるブックマークのようなサービスです。コミュニケーションよりも自分の興味を優先させる傾向があり、ほかのSNSとはユーザーの行動や属性が大きく異なるため、特徴をよく理解したうえでマーケティングに導入するようにしましょう。日本語でのサポート情報の配信も充実してきています。

詳細な告知ではストーリーを活用する

Pinterestは、Webサイトを閲覧しているときなどに興味を持った写真や動画を「ボード」と呼ばれるカテゴリ別に保存し、ユーザーと共有することができるSNSです。こうして共有されたコンテンツを「ピン」と呼びますが、ピンを通じて他者とつながりを深めることができる反面、人とのつながりよりも「自身にとって興味がある対象を見つけること」に主眼をおいて設計されている点が特徴です。

ユーザーのニーズを考慮する

Pinterestはイベントや旅行の計画、ショッピング、趣味に役に立つアイデアなど、すでに顕在化したニーズを持っているユーザーが多く存在します。そうしたニーズに対して役に立つ情報を美しいビジュアルで投稿することが、ユーザーのエンゲージメントを高める近道となります。

ユーザーを効果的に惹き付ける

Pinterestでは投稿の拡散力が高いため、積極的にユーザーを巻き込み、投稿をリピン（ほかのユーザーがピンしたコンテンツを自分のボードにピンすること。Twitterのリツイートのようなもの）してもらえるように仕向けたいところです。そのためには、まず自社アカウントやその投稿にユーザーが気付きやすい環境を用意しましょう。

投稿は、画面上部の検索欄によりキーワードで検索することができます。この際、説明文も検索対象に含まれるため、検索経由でのリーチを増やすためには、投稿の説明文をしっかりと記述しておくことが大切です。投稿画面左側の入力欄に、関連するキーワードをできるだけ盛り込んでおくとよいでしょう 01。ターゲットのニーズを具体的に考慮しながら、検索されやすいキーワードを設定することがポイントです。

また、こちらからユーザーをフォローしたり、ユーザーの投稿をリピンしたりすることも有効です。フォローやリピンなどのアクションを行うと、相手には通知が届き、こちらの存在に気付いてもらえます。同時に、相手から親しみを感じてもらえる効果も期待できるでしょう。ただし、フォローしたユーザーはアカウントページに表示され、リピンした投稿はフォロワーのフィードに投稿されるため、自社とまったく関係のないものは避けたほうが賢明です。自社に関連する対象などをフォロー／リピンし、コンテンツとして活用するのが望ましいでしょう。

フォロワーを積極的に巻き込むうえでは、ボードをほかのユーザーと共有する「グループボード」を活用するのも1つの手です。プロフィール画面で任意のボードの「編集」をクリックし、「ボード参加者」に共有したい相手のユーザー名／メールアドレスを入力すれば作成できます02。うまくユーザーを巻き込めば、ユーザー参加型のコンテンツに仕上げられます。WebサイトからPinterestアカウントや投稿をアピールしたい場合は、WebサイトにPinterestのボタンを設置すると効果的です。

01 説明文の入力

より多くのユーザーにリーチできるよう、説明文は具体的に記述しておきたい

02 ボードの共有設定

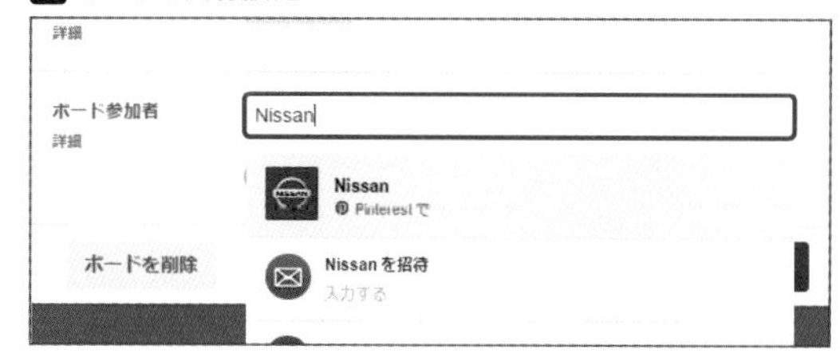

「ボード参加者」にユーザー名／メールアドレスを入力すれば、そのユーザーとボードを共有することができる

分析ツールを活用する

Pinterestの法人向けアカウントでは、分析ツール「アナリティクス」が利用できます。画面左上の「アナリティクス」にカーソルを合わせ、「概要」をクリックして確認しましょう。

アナリティクスで確認できるデータは、「プロフィール」、「アプローチするユーザー」、「ウェブサイト」の3つに分けられます。ただし「ウェブサイト」のデータを取得するためには、あらかじめプロフィールにWebサイトを設定しておく必要があります。

具体的なデータとしては、「プロフィールに追加されているピンやボードでユーザーにもっとも人気のアイテム」、「Webサイトからよく保存されているアイテム」をまず確認し、エンゲージメントとコンテンツの関連性を把握しましょう。「ユーザーの性別、居住国、そのほかの趣味などの情報」、「アイテムをピンする際に使用したデバイス」、「ピンボタンをWebサイトに追加したことで、Pinterest からの参照トラフィックがどのように増加しているか」なども、改善の参考にするとよいでしょう。

広告サービスの動向

PinterestにはPromoted Pin（広告ピン）と呼ばれる広告があり、ユーザーがPinterest内で検索を行ったり、メニューからカテゴリ分けされた画像を見たりした際に、通常のピンされた画像といっしょに広告用の画像が表示されます。広告を配信するターゲットのロケーションや言語、デバイス、性別などが設定できるほか、リンク先や予算なども設定することができます。2016年9月時点では、この広告サービスはアメリカとイギリスの企業しか出稿できませんが、今後日本でも利用できるようになる可能性があるため、Promoted Pinの存在を覚えておくとよいでしょう。

10 SNSを連携して使いこなそう

活用編

SNSマーケティングを展開する場合、複数のSNSを並行して運用している企業が多いものですが、SNSごとに毎回ログインして投稿しようとすると作業の負担が増えてしまいます。そのようなときに便利なのがSNSどうしの連携です。

SNSの連携でできること

通常、SNSではそれぞれの投稿画面からそれぞれの方法でテキストや写真などを投稿します。しかし、多くのSNSに同じ内容のコンテンツを投稿する場合には、それぞれのSNSから投稿すると二度手間になってしまうでしょう。そのようなときのために、主要なSNSでは、SNSどうしで投稿機能を連携することができるようになっています。SNSどうしで連携した場合、一方のSNSにコンテンツを投稿すると、もう片方のSNSにも同じコンテンツが自動で投稿されるため、複数のSNSを運用している場合に大変便利です01。

ここで注意しなければならないのは、写真や動画などのメディアを投稿する場合です。SNSごとに、対応している写真や動画の仕様が異なるからです。たとえばFacebookに対応しているもののTwitterには対応していない仕様の写真をFacebookで投稿した場合、連携していたとしても、そのコンテンツはTwitterでは投稿されません。反対もまた同様です。あらかじめ連携するSNSで投稿可能なメディアの仕様を確認し、こうしたミスが発生しないようにしておきましょう。

もっとも、これまでに確認してきたように、SNSにはそれぞれ適切なコンテンツの仕様があります。仮に連携機能で同時投稿ができるとしても、それぞれのSNSに合わせて調整したほうがより効果が高くなると思われる場合は、個別に投稿するほうがよいでしょう。

01 連携による投稿例

同じ内容の投稿を、一度の投稿で済ませることができる

InstagramとFacebookを連携する

Instagramに投稿したコンテンツをFacebookページに自動的に投稿する連携方法を紹介します。注意したいのは、Facebookページから投稿したコンテンツは、Instagramには自動的に投稿されない点です。なお、ここではスマートフォンのInstagramアプリから設定を行いますが、あらかじめスマートフォンのFacebookアプリで、Facebookページの管理権限を持ったFacebookアカウントにログインしておきましょう。

1 メニューボタンをタップして、

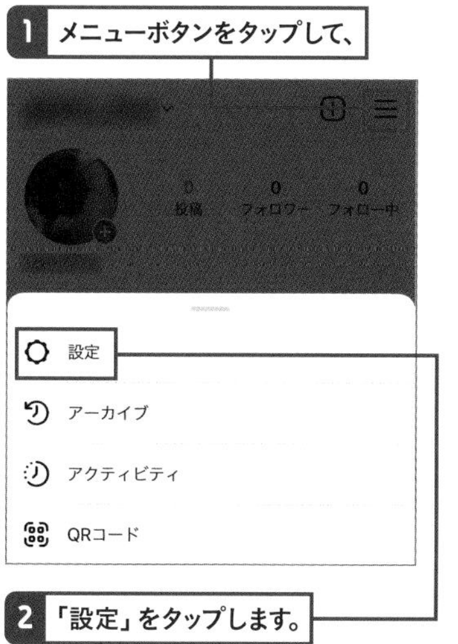

2 「設定」をタップします。

3 「アカウント」をタップします。

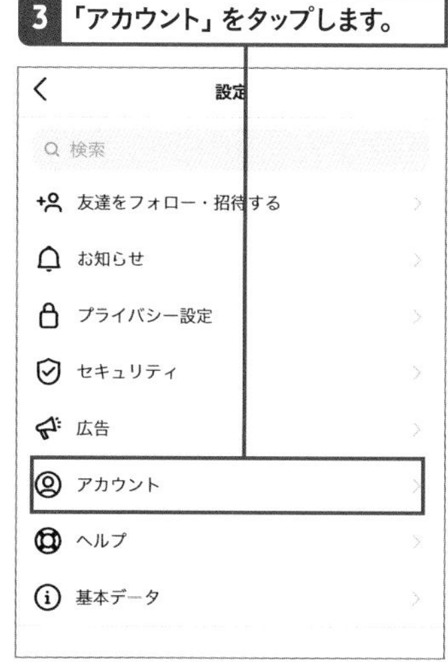

4 「他のアプリへのシェア」をタップします。

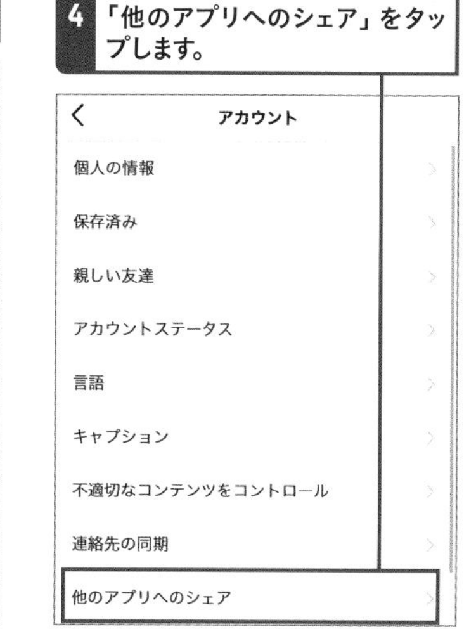

5 「Facebook」をタップします。

6 シェア先をタップして、

7 アカウントかFacebookページを選びます。

8 投稿時に投稿場所として追加できるようになります。

投稿ツールで連携する

FacebookとInstagramは直接連携して自動投稿できますが、TwitterとInstagramなど、そのほかのSNSと連携する場合は投稿ツールを使うとよいでしょう。以下のようなものが存在します。

◎Buffer

Facebook、Twitter、Instagram、Pinterest、LinkedInの連携に対応したツールです。同じ内容のコンテンツを、SNSごとに異なる時刻に予約投稿できるのが特徴です。

https://buffer.com/

◎IFTTT

様々なサービスとの連携に対応しており、連携の条件も細かく設定できる非常に拡張性の高い連携ツールです。設定方法がやや複雑ですが、ほかのユーザーが公開している連携設定を流用することもできます。

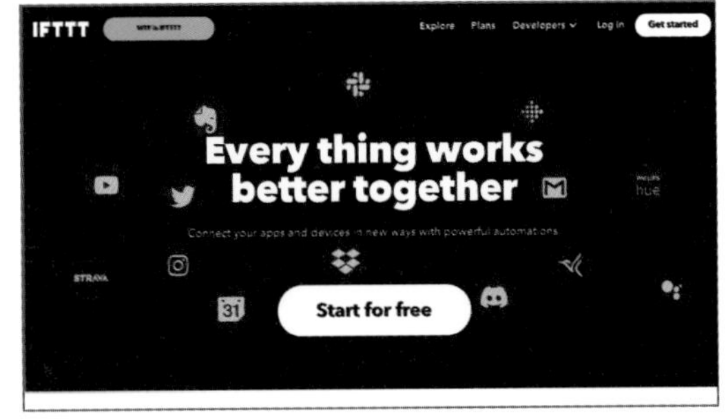

https://ifttt.com/

◎Hootsuite

Facebook、Twitter、Instagram、YouTube、LinkedIn、WordPressの連携に対応しています。SNSのタイムラインを並べてモニタリングしたり、「いいね」やコメントを付けたりするクライアント機能を備えているのが特徴です。

IFTTT、Buffer、Hootsuiteともに一部の機能を無料で利用することができるため、気軽に使ってみるとよいでしょう。

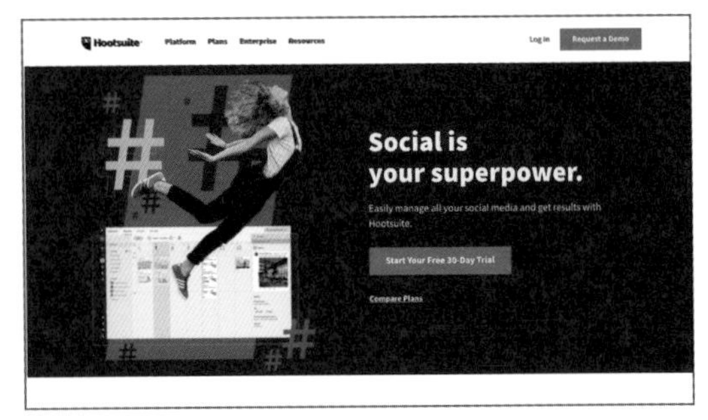

https://hootsuite.com/ja/

CHAPTER 6

SNSマーケティングの分析と改善

SNSの運用効果をさらに高めていくには、運用データを正確に把握して、投稿内容を適切に改善していく必要があります。SNSの専用ツールや外部ツールを駆使して成果や課題を洗い出し、継続的に改善を行いましょう。

01 分析ツールの使い方を覚えよう

分析編

SNSの運用効果を高めていくためには、データの分析が欠かせません。分析にはツールを用いますが、これまでのCHAPTERで紹介した各SNSの分析ツール以外にも、さまざまな分析ツールが存在します。ここでは、そうしたSNSの分析に有用な外部ツールと、その基本的な使い方を紹介します。

BuzzSumoの使い方

BuzzSumoでは、インターネット上に投稿されているコンテンツが主要なSNSでどの程度シェアされているのかを把握することができます。どのようなコンテンツがバズっているのかや、自社に関するコンテンツがどの程度拡散されているのかを把握する場合に重宝します。それ以外にも、インフルエンサーのデータやコンテンツの詳細なデータなどが分析でき、さまざまな応用が可能です。無料でも部分的に利用することができますが、機能に大きな制限が課せられているため、本格的に活用する場合は有料版（月額99ドル～）を利用しましょう。なお、有料版は30日間試用できます。BuzzSumoのWebサイト（http://buzzsumo.com）にアクセスし、「Pricing」→「Get free plan」の順にクリックして、まずは試してみましょう。

◎シェア上位コンテンツの表示

特定のキーワードに関するコンテンツのうち、SNS上でシェアされたものの上位を確認する場合は、「Search for a topic」で調査したいキーワードを入力して検索します 01。各SNSごとのシェア数と、SNS全体のエンゲージメント数が表示されます。

◎インフルエンサーの表示

特定のキーワードに関して、Twitter上で影響力のあるユーザーを確認する場合は、「Influencers」→「Twitter」をクリックし、調査したいキーワードを検索欄に入力して「SEARCH」をクリックします 02。ユーザー情報を確認したい場合は、表示されているそれぞれのTwitterアカウントをクリックしましょう。

01 シェア上位コンテンツの表示

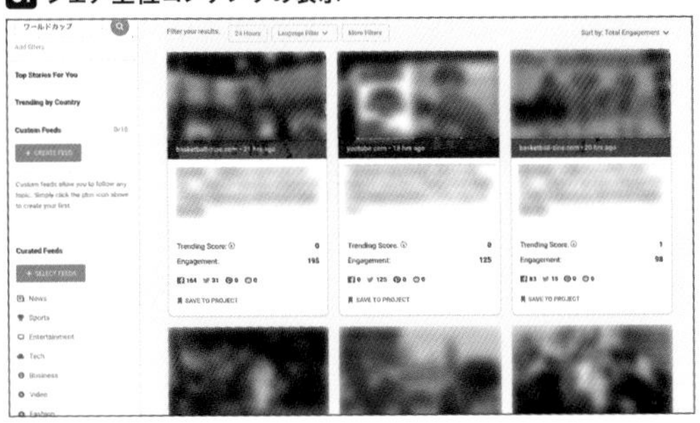

02 インフルエンサーの表示

◎モニタリング

あらかじめ任意のキーワードなどを登録しておくことで、そのキーワードに関するコンテンツをモニタリングし、その通知をメールで受け取ることもできます。自社のブランド名や商品名、関連するキーワードなどを長期的に調査する場合に有効です。モニタリングの設定をするには、まず「Monitoring & Alerts」をクリックし、「Keyword」をクリックします。次の画面03で、モニタリングしたいキーワードとメールに関する設定を行います。設定が完了すると、登録したメールアドレスに、キーワードに関連したコンテンツ情報が配信されます。

◎コンテンツの分析

「Content」→「Content Analyzer」の順にクリックすると、コンテンツの分析画面が表示されます。調査したいキーワードを検索欄に入力して「SEARCH」をクリックして、検索結果から「VIEW ANALYSIS REPORT」をクリックすると、そのキーワードに関するコンテンツの詳細な分析データが確認できます04。たとえば、「Average engagement by network」ではコンテンツがどのSNSでどれくらいエンゲージメントを稼いだかがわかり、「Average engagement by content types」では動画などコンテンツの種類ごとにどれくらい人気があるかがわかります。同じキーワードに関するコンテンツであっても、SNSやコンテンツの種類によってシェアされる傾向が異なることも多いため、ここでSNSやコンテンツの種類ごとのデータを比較しておくとよいでしょう。ここではそのほかに、エンゲージメント数を曜日ごとに確認したり、コンテンツの文字量を確認したりすることもできます。

◎トレンドの分析

「Discover」→「Trending」とクリックして、さらに左のメニューの「Trending by Country」で「Japan」に設定すると、日本のSNSでトレンドとなっているコンテンツが一覧表示されます。画面上部の「Sort by」でFacebookやTwitterでの人気順に並べ替えることもできます。どのようなトピックが話題になっているのかを把握したい場合に参考にするとよいでしょう05。

03 モニタリングの設定

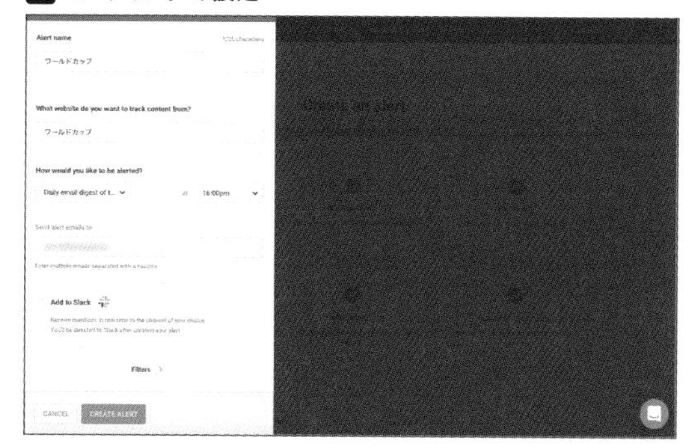

04 コンテンツの分析画面

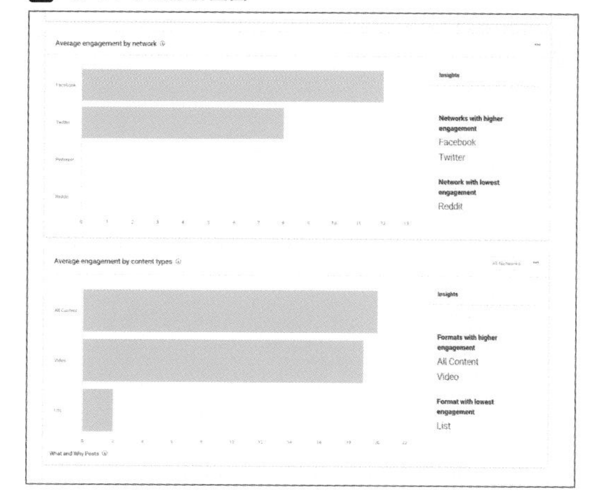

05 トレンドの分析画面

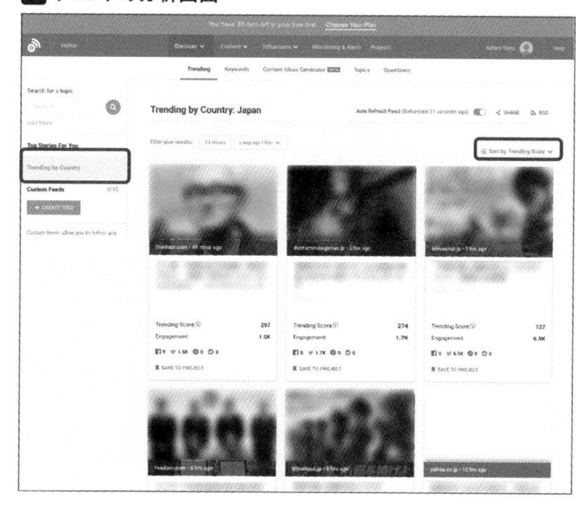

SimilarWeb PROの使い方

SimilarWeb PROは、Webサイトのアクセス状況を解析できるツールです。自社サイトでなくとも解析することができるため、主に競合他社のWebサイトとのユーザー流入の比較に使われているツールですが、SNS関連データの分析にも優れています。競合他社のWebサイトとの差とあわせてSNS関連のデータを把握することで、新たな施策を検討するのに役立つでしょう。無料版と有料版がありますが、ここでは無料版の主な機能をご紹介します。SimilarWeb PROのWebサイト（https://www.similarweb.com）にアクセスし、URLの入力欄に調査したいWebサイトのURLを入力します06。

◎流入元の割合

トップに表示されるのはそのサイトのトラフィックの概要です07。ここで注目したいのは、「トラフィックソース」のグラフです。流入元別に割合が表示され、「ソーシャル」の項目でSNS経由の流入の割合を確認することができます08。

◎SNSごとの流入割合

SNSからWebサイトへの流入数を詳細に分析するには、左側のメニューの「ソーシャル」をクリックします。トラフィックのうちの何%がSNS経由か確認可能なほか、その下にはSNSごとの内訳も表示されます09。

有料版のSimilarWeb PROではさらに詳細な分析が可能になります。試用することもできるため、まずは試してみるとよいでしょう。

06 SimilarWeb PRO

07 流入元の割合

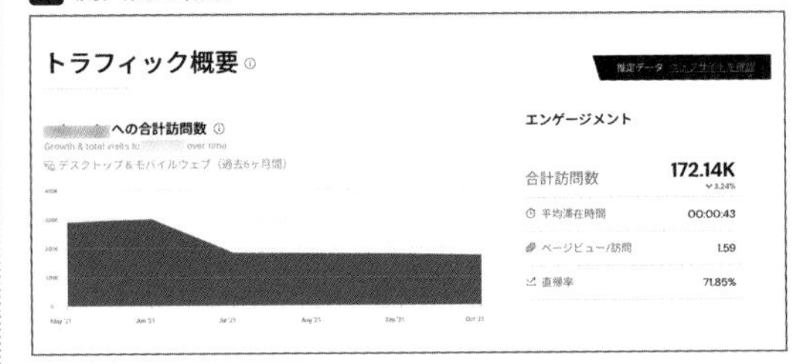

08 SNSからの流入割合

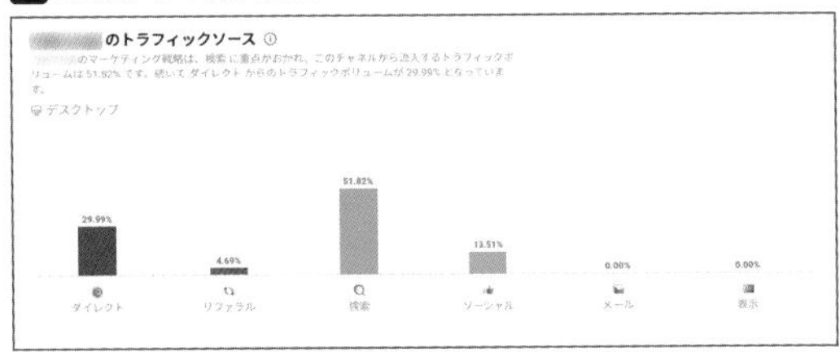

09 SNSごとの流入の割合

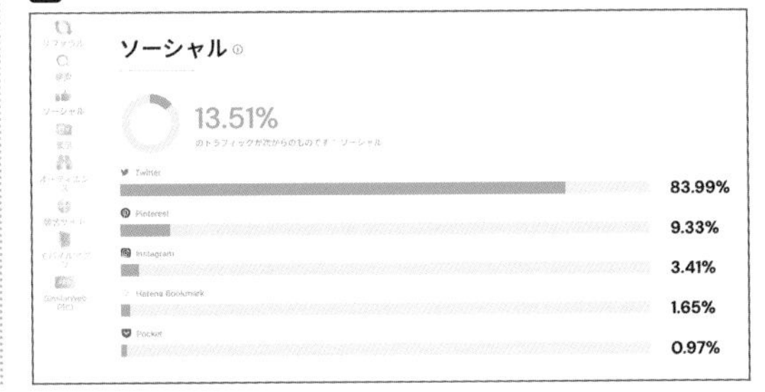

Googleアナリティクスの使い方

Googleアナリティクスは、Googleが提供しているアクセス解析ツールです。自社サイトのみの分析にはなりますが、コンバージョン数や売り上げから、Webサイト内でのユーザーの行動や訪問経路まで、具体的なデータを確認することができます。SNS関連データも豊富に確認でき、SNSマーケティングの分析においても有効です。SNSの活用目的が自社サイトへのユーザーの流入であれば、とりわけWebサイトへのSNSの影響度などを把握するのに役立ちます。無料で利用できるため、ぜひ積極的に活用しましょう。Googleアナリティクスを利用するには、Googleアカウントの作成ページ（https://accounts.google.com/SignUp?hl=ja）にアクセスし、必要事項を入力して、まずGoogleアカウントを作成します。そのあとでGoogleアナリティクスのWebサイト（https://www.google.com/intl/ja_jp/analytics/）にアクセスし、「アカウントを作成」をクリックしてアカウントを作成します。

◎SNS関連データの概要

管理画面で「レポート」→「集客」→「ソーシャル」→「サマリー」の順にクリックすると、SNS関連データの概要を確認できる「集客サマリー」画面が表示されます10。SNSからのユーザーの流入数やコンバージョン数、各SNSからの流入数などを把握できます。なお、コンバージョン数を確認できるようにするには、あらかじめGoogleアナリティクスで目標を設定しておく必要があります。「管理」→「目標」の順にクリックして設定しておきましょう。なお、下部の「共有されたURL」では、SNSのユーザーによって共有されたURLを把握できます。「共有されたURL」をクリックすれば、各SNSで共有されたURLごとのセッション（流入から離脱までのユーザーの流れ）の数を分析することができます11。

◎SNSユーザーのフロー

管理画面で「レポート」→「集客」→「ソーシャル」→「ユーザーフロー」の順にクリックすると、各SNSからどのランディングページへ流入し、どのWebページへ流れていくのかというフローを視覚的に把握できる「ソーシャルユーザーのフロー」画面が表示されます12。流入から離脱までの流れが意図したとおりであるかどうかを確認する場合に役立ちます。

10「集客サマリー」画面

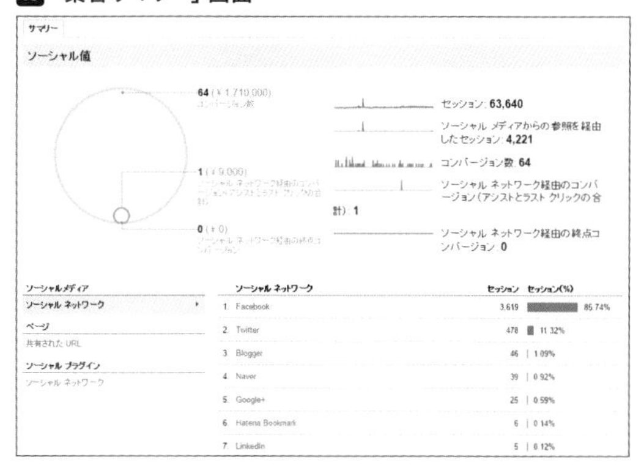

11 共有されたURL

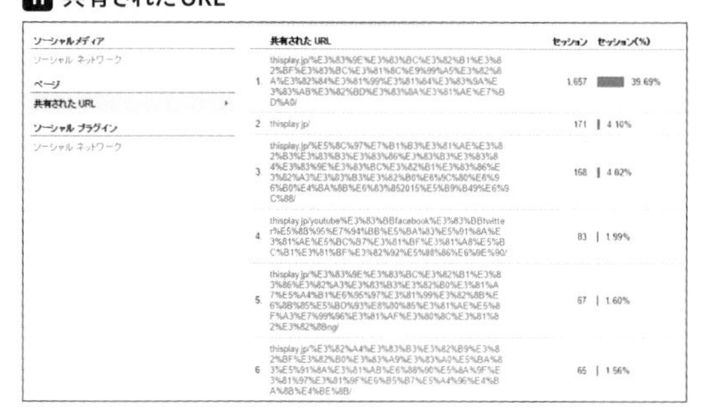

12「ソーシャルユーザーのフロー」画面

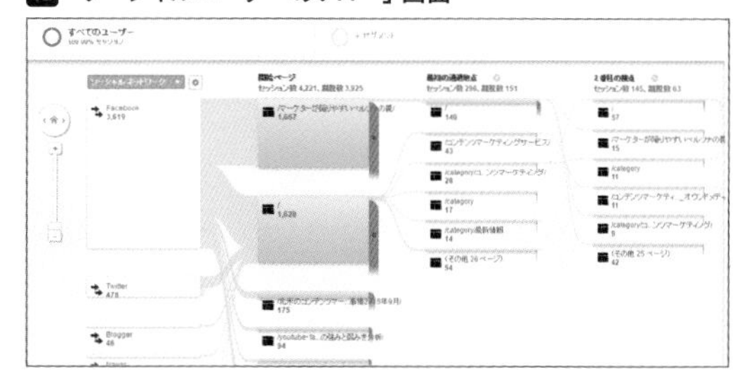

02 SNSマーケティングの分析ポイントを把握しよう

分析編

分析ツールの使い方を把握したら、実際にデータを分析していきましょう。SNSのデータを分析する仕方やポイントは、SNSマーケティングの目的などによって異なります。ここでは、ブランディング、集客を目的とした場合を中心に想定し、それぞれの基本的な分析方法を解説します。

ブランディングでの分析ポイント

SNSの目的が認知度向上などのブランディングにある場合は、どれだけのユーザーにアカウントや投稿が見られたかを表す指標を見ることで、認知度が高まったかどうかを判断することができます。

◎アカウントの分析ポイント

まずはアカウント全体の状況を把握して、目標の達成状況や数値に大きな変化が起きていないかを確認してみましょう。ブランディングの向上の度合いを把握するために有効な、SNS別の確認箇所をまとめておきます。Facebookページでは、「インサイト」→「リーチ」の順にクリックし、「合計リーチ」の折れ線グラフでデータの推移を確認しましょう。Twitterでは、画面左のメニューから「もっと見る」→「アナリティクス」→「ツイート」の順にクリックし、日別のインプレッション数を棒グラフで確認しましょう。Instagramではアプリからインサイトを開いて（P.144）確認しましょう。

◎投稿の分析ポイント

次に、投稿別の効果を確認して、ブランディングの向上に貢献しやすい投稿内容、貢献しづらい投稿内容の傾向を把握しておきましょう。投稿別のブランディング効果を把握するために有効な、SNS別の確認箇所をまとめておきます。Facebookページでは、「インサイト」→「投稿」の順にクリックし、「公開済みの投稿」のリーチ数を確認しましょう 01。Twitterでは、画面左のメニューから「もっと見る」→「アナリティクス」→「ツイート」の順にクリックし、ツイート別のインプレッション数を確認しましょう 02。Instagramではアプリからインサイトを開いて（P.144）確認しましょう。

01 「公開済みの投稿」のリーチ数の確認

公開済みの投稿

リーチ オーガニック / 有料 ▼　投稿クリック数　リアクション、コメント、シェア ▼

公開日時 ▼	投稿	タイプ	ターゲット設定	リーチ	エンゲージメント	ステータス
2016/07/27 13:27				1	0 1	投稿の広告を出す
2016/07/11 10:43				3	0 1	投稿の広告を出す
2016/03/17 10:31				1	0 0	投稿の広告を出す
2016/03/17 18:30				1	0 0	投稿の広告を出す
2016/01/26 13:12				3	0 3	投稿の広告を出す
2015/12/15 18:05				1	0 0	投稿の広告を出す

02 ツイート別のインプレッション数の確認

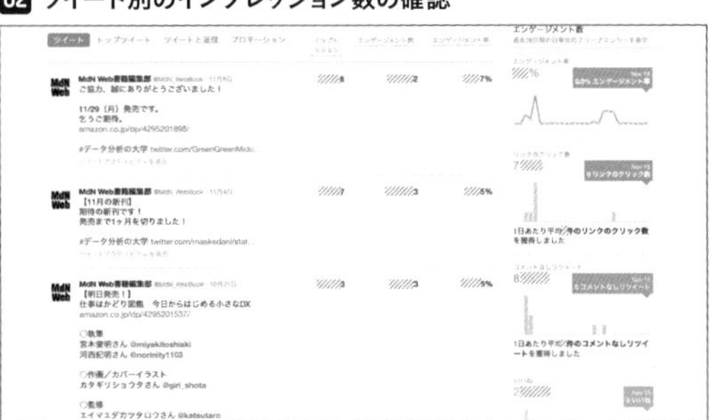

集客での分析ポイント

SNSの投稿からWebサイトに集客することを目的としている場合は、Webサイトへどれだけの流入があったかを表す指標を見ることで、集客の効果が得られたかどうかを判断することができます。

◯Webサイト流入の分析ポイント

まずはWebサイト全体の状況を把握して、目標の達成状況や数値に大きな変化が起きていないかを確認してみましょう。Webサイトのデータ分析では、Googleアナリティクスを活用すると効率的です。Googleアナリティクスで SNSからWebサイトへの流入数を把握するには、管理画面で「集客」→「ソーシャル」→「参照元ソーシャルネットワーク」の順にクリックし、「ソーシャルメディアからの参照を経由したセッション」の折れ線グラフを確認しましょう。「すべてのセッション」の折れ線グラフが下部に表示されるため、比較することでSNSの集客効果がわかります 03。

なお、SNSに投稿するコンテンツにWebサイトのURLを含める場合は、「Bitly」などのURL短縮サービスでURLを短縮して投稿すると、短縮されたURLがクリックされた回数を把握できます。Bitly（https://bitly.com/）を利用する場合、Googleアカウントなどでログインし、「CREATE」ボタンをクリックしてURLを入力します 04。さらに「CREATE」をクリックすると短縮されたURLが表示され、「COPY」でコピーして投稿時にペーストします。URLのクリック数はBitlyの管理画面で確認することができます。

◯投稿クリックの分析ポイント

次に、投稿別の効果を確認して、Webサイトへの流入に貢献しやすい投稿内容、貢献しづらい投稿内容の傾向を把握してみましょう。Googleアナリティクスでは、管理画面で「集客」→「ソーシャル」→「参照元ソーシャルネットワーク」→「セカンダリディメンション」→「行動」→「ランディングページ」の順にクリックして確認しましょう。Facebookページでは、「インサイト」→「投稿」の順にクリックし、「投稿クリック数」を確認しましょう。Twitterでは、画面左のメニューから「もっと見る」→「アナリティクス」→「ツイート」→「データをエクスポート」の順にクリックしてデータをダウンロードし、URLのクリック数を確認しましょう。

定期的な分析が重要

ここで紹介した方法は、SNSの分析においてもっとも基礎的な内容ではありますが、慣れるまでは短いスパンでくり返し分析を行って感覚を養っていきましょう。その後は分析頻度を落としてもよいのですが、定期的に分析する習慣は付けるようにしましょう。

03「参照元ソーシャルネットワーク」画面

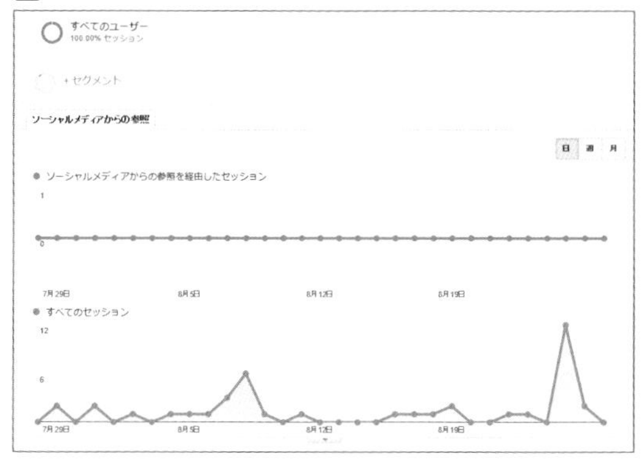

04 BitlyのURL短縮画面

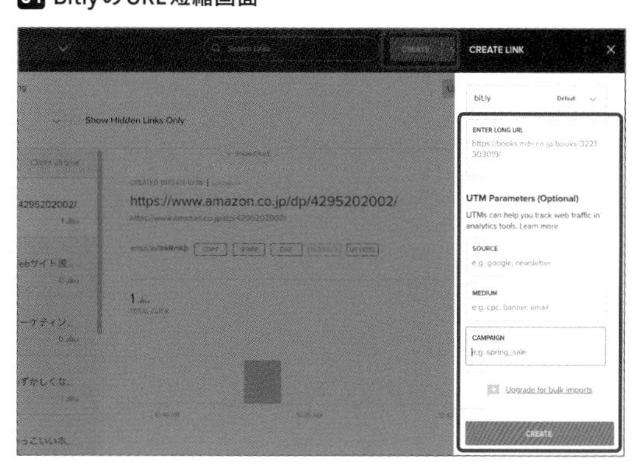

自社に関する情報をモニタリングする

「自社のアカウントや投稿がどれだけのユーザーに見られたか」などの内部のデータを把握することだけでなく、「自社に関する情報がどれだけ話題になっているか」という外部のデータをモニタリングして、定量的に把握することも重要です。SNSの活用目的が認知度向上などのブランディングにある場合は、認知度が高まったかどうかを判断するための基準として、この指標を利用するとよいでしょう。この場合、自社に関するキーワードやURLを含む外部コンテンツの拡散数や、自社に関するハッシュタグの出現数などを確認することが第一です。

◎キーワードやURLのモニタリング

自社に関するキーワードやURLは、BuzzSumoを使って分析します。BuzzSumoの管理画面で「Discover」→「Trending」の順にクリックし、検索欄に企業名やサービス名、ブランド名などのキーワードやURLを入力して検索すると、それらを含む外部コンテンツのうち、SNSで話題になっているものを把握することができます05。どのようなSNSでどれくらい自社のことが話題になっているのかを、SNSごとの違いを意識しながら確認してみましょう。また、「Monitoring & Alerts」→「Keywords」の順にクリックしてキーワードを登録すると、そのキーワードを含むコンテンツのアラートをメールで受け取ることもできます(P.173)。

◎ハッシュタグのモニタリング

Yahoo!のリアルタイム検索（http://search.yahoo.co.jp/realtime）で、検索欄に任意のハッシュタグを入力して「検索」をクリックすると、そのハッシュタグを含むツイートが新着順に一覧表示されます。画面右側のエリアには、そのハッシュタグを含むツイート数の分析グラフが表示されます06。タブで期間を切り替えると、過去30日間までの推移が確認できるため、話題性が上昇傾向にあるか下降傾向にあるかをかんたんに把握することができます。

◎アカウントや投稿のモニタリング

外部データの把握とあわせて、自社に関する内部データも確認しておきましょう。ここでは、SNSの情報の拡散性を示すエンゲージメント数の把握が重要です。

Facebookページの場合は、「インサイト」→「概要」の順にクリックし、「投稿のエンゲージメント」を確認してアカウント全体のエンゲージメント数を確認します。投稿別のエンゲージメント数は、「インサイト」→「投稿」の順にクリックし、「公開済みの投稿」で各投稿のエンゲージメント数を確認します。Twitterの場合は、画面左メニューの「もっと見る」→「アナリティクス」→「ツイート」の順にクリックし、画面右側の「エンゲージメント数」でアカウント全体のエンゲージメント数を確認します。この画面で投稿ごとの「エンゲージメント」を見ると、投稿別のエンゲージメント数が確認できます。

05 BuzzSumoによるキーワード検索

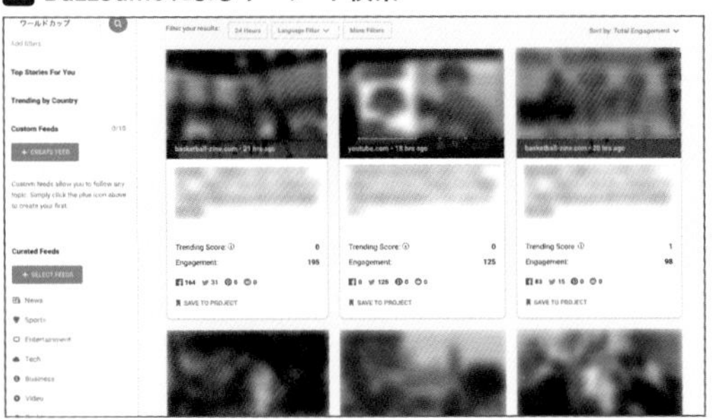

06 Yahoo!JAPANによるリアルタイム検索

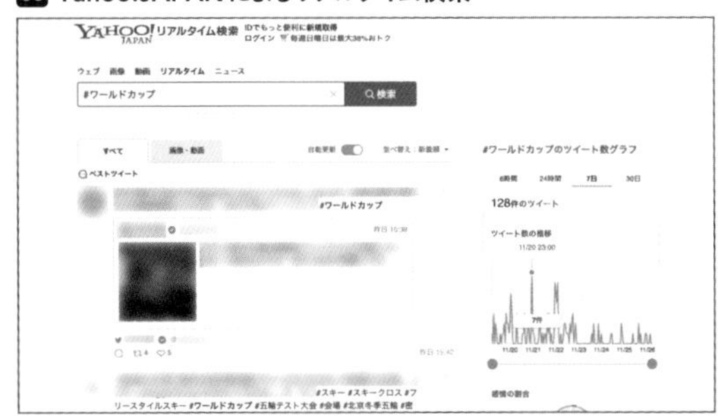

コンテンツマーケティングでの分析ポイント

SNSをコンテンツマーケティングの一環として活用している場合は、コンテンツの評価をどのように行ったらよいのか悩ましいところでしょう。この場合、SNSにおける効果を把握するだけでは十分ではありません。また、SNSがWebサイトに与えた影響を把握するだけでも十分ではありません。SNSにおける効果、SNSがWebサイトに与えた影響、そしてその両方、という3つの視点を持つことによって初めて、コンテンツをバランスよく評価することができます。

◎SNSにおける効果の分析

SNSにおけるコンテンツの効果を把握する場合は、SNSの投稿がシェアされた数や、リンクがクリックされた数など、エンゲージメントの数を指標とするのが一般的な方法です。Facebookページの場合は、「インサイト」→「投稿」の順にクリックし、「公開済みの投稿」で「投稿クリック数」、「リアクション、コメント、シェア」などの数値を確認しましょう。Twitterの場合は、画面左メニューの「もっと見る」→「アナリティクス」→「ツイート」の順にクリックし、任意のツイートをクリックすると、エンゲージメントの内訳を確認することができます。見づらい場合は、「データをエクスポート」をクリックしてデータをダウンロードし、投稿ごとのエンゲージメントの詳細を一覧で確認しましょう。

◎Webサイトに与えた影響の分析

SNSの投稿がWebサイトに与えた影響を把握する場合は、Googleアナリティクスを活用し、コンテンツごとにどのSNSからの流入効果が高かったのかを分析してみましょう。Googleアナリティクスの管理画面で「行動」→「サイトコンテンツ」→「ランディングページ」の順にクリックし、「セカンダリディメンション」→「ソーシャル」→「ソーシャルネットワーク」の順にクリックすると、コンテンツごとにどのSNSからどれだけのユーザーが流入しているのかを把握することができます07。

◎双方を一体的に分析する

SNSにおける効果と、Webサイトに与えた影響を別々に分析するだけでなく、それらを一体的に分析することで、コンテンツごとにどれだけの効果があったのかを評価することが重要です。この場合はサードパーティ製の分析ツールなどを利用すると効率的です。

有料分析ツールの導入

SNSの活用目的によっては、その効果を無料ツールだけで分析するのが困難な場合もあります。分析に必要な機能だけでなく、作業の負担を軽減する機能が搭載されているものもあるため、より本格的な運用のために、有料分析ツールの導入も検討してみるとよいでしょう。

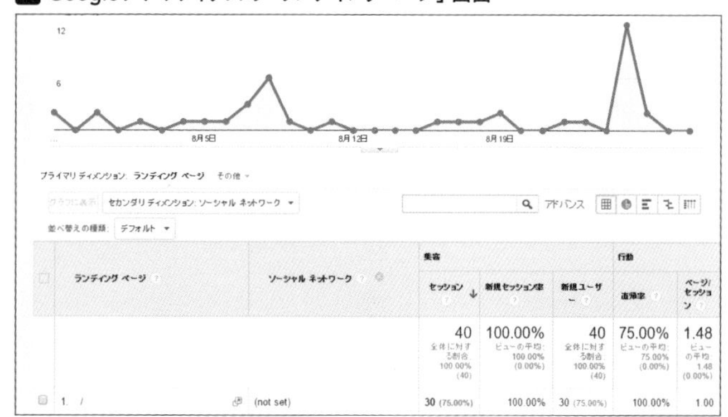

07 Googleアナリティクスの「ランディングページ」画面

03 SNSマーケティングの改善ポイントをおさえよう

分析編

これまでにSNSのデータの分析方法を解説してきましたが、分析するだけでは、現状や問題点の把握に留まってしまいます。分析結果をもとに具体的な改善方法を導き出すことが大切です。改善するためのポイントにはさまざまなものがあるため、目的や状況に応じて使い分けられるようにしましょう。

ブランディングでの改善ポイント

SNSの活用目的をブランディングとしている場合は、P.176で解説したように、どれだけのユーザーにアカウントや投稿が見られたかを表す指標を分析します。その結果、数値に大きな変化が見られる場合は、改善の緊急性が高いと考えましょう。大きく増えている場合は増加要因を分析してさらに効果を高める機会であり、大きく減っている場合は減少要因を分析して改善するタイミングといえます。以下の手順を参考にして、SNSごとに分析した結果から投稿内容を改善してみましょう。

◎Facebookページ

まずインサイトで合計リーチ数の推移を確認して、大きな変化が起こった日付または期間を特定します。次に、「インサイト」→「投稿」の順にクリックし、「公開済みの投稿」で、その期間に投稿したコンテンツをピックアップします。リーチ数の多いほかの投稿と比べて数値が大きく変化した要因を推測し、投稿内容を改善してみましょう。

◎Twitter

Twitterアナリティクスの「ツイートアクティビティ」画面で日別のツイートインプレッションを確認して、大きな変化が起こった日付または期間を特定します01。続いて、すぐ下に表示されているツイートの一覧から、その期間に投稿したツイートをピックアップします。インプレッション数の多いほかのツイートと比べて数値が大きく変化した要因を推測し、投稿内容を改善してみましょう。

◎Instagram

過去の投稿の中から「『いいね！』数＋コメント数」が多い投稿と少ない投稿をピックアップします。両者を比較しながらその要因を推測し、投稿内容を改善してみましょう。

◎改善のくり返し

その後も、「数値の比較」、「変化要因の推測」、「推測をもとにした投稿内容の改善」をくり返してコンテンツを継続的に改善していきます。また、数値が下降傾向にある場合やほとんど変化がない場合でも、SNSの運用効果を高めていくためには、投稿内容の改善が必要になってきます。そのような場合は投稿内容がニーズと一致していない可能性があるため、ファンやフォロワーの属性を確認して、その人たちに対して適切な投稿内容になっているかを見直してみましょう。

01 大きな変化に注目する

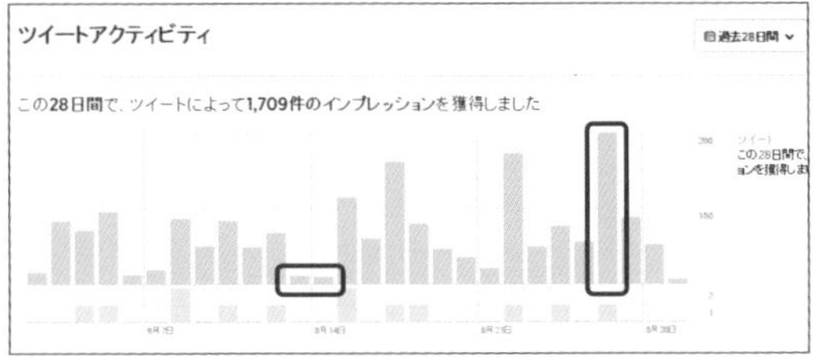

急増していたり急減していたりする部分に注目し、原因を突き止める

集客での改善ポイント

SNSの活用目的を集客としている場合は、P.177で解説したように、SNSからWebサイトへどれだけのユーザーの流入があったかを表す指標を分析します。Googleアナリティクスでは「参照元ソーシャルネットワーク」画面を、Facebookページでは「投稿クリック数」を、Twitterではダウンロードしたデータを確認しましょう。ここでもやはり、前月や前日などの数値と比べて大きな変化が見られる場合は、改善の緊急性が高いと考えられます。数値が変化した前後の投稿内容を比較してその要因を推測し、投稿内容を改善してみましょう。基本的には左のページで解説したブランディングの場合と同様に、「数値の比較」、「変化要因の推測」、「推測をもとにした投稿内容の改善」をくり返してコンテンツを継続的に改善していきます。

また、競合他社のデータを分析して集客を改善する方法も有効です。

◯Facebookインサイトでの競合他社の分析

Facebookページの場合は、ファンが100人を超えると競合他社のFacebookページのデータを取得できるようになります。「インサイト」→「概要」→「ページを追加」の順にクリックして、5つ以上の競合Facebookページを設定しましょう。以降、設定した競合Facebookページのファン数とその先週比、今週の投稿数、エンゲージメント数を確認できるようになります。とくに自社のFacebookページよりエンゲージメント数が優れている競合ページがあれば、その要因を分析して自社の投稿内容に生かしてみましょう。競合ページのエンゲージメントが高い投稿は、「インサイト」→「投稿」→「競合ページの人気投稿」の順にクリックすると確認することができます。

◯SimilarWeb PROでの競合他社の分析

SimilarWeb PROを利用する場合は、競合サイトのURLを検索欄に入力したうえで、「トラフィック概要」と「トラフィックソース」を確認しましょう 02。総トラフィックとソーシャル流入の割合から見て、自社サイトより競合サイトのほうがSNSからの流入が多い場合は、競合サイトがどのSNSから集客しているのかを「ソーシャル」で確認します 03。そのSNSにアクセスして、どのような内容を投稿しているのか、どのような文言や見た目でWebサイトへ誘導しているのかを確認し、自社の投稿に取り入れてみましょう。

02 他社サイトの集約状況の把握

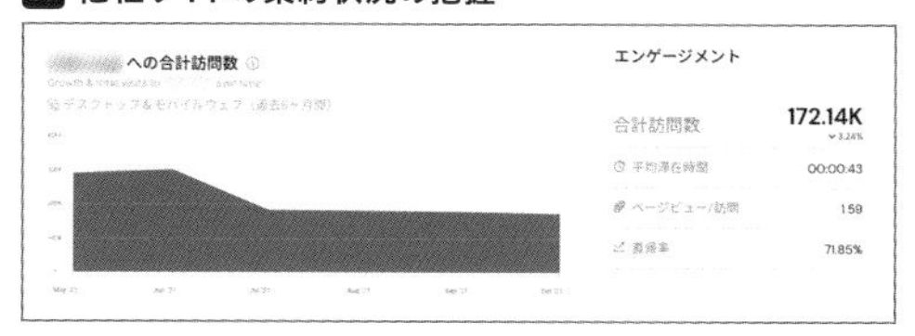

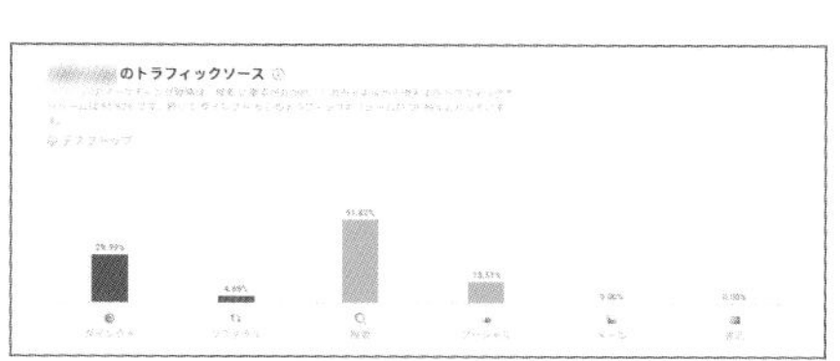

03 他社サイトのSNS別の集客状況の把握

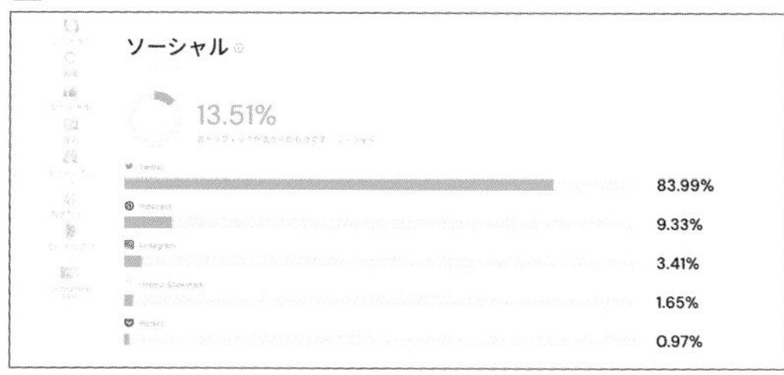

一度では改善できない

改善策を導き出すプロセスでは仮説や推測をともなうことが大半のため、一度の施策によって問題がすべて解消することは稀です。トライアルアンドエラーをくり返して改善を積み重ねることで、問題が解消されていくイメージを持つとよいでしょう。

自社情報のモニタリングからの改善ポイント

自社に関する情報のモニタリングから投稿を改善する場合は、P.178で解説した分析ポイントを確認します。その結果、前月や前日の数値と比べて大きな変化が見られる場合は、早急な対応が必要な異変が起こっている可能性があります。とくにアカウントや投稿の分析では、数値が変化した前後の投稿内容を比較してその要因を推測し、早急に投稿内容を改善しましょう。

◎長期的な改善

ブランディングをSNSの活用目的としている場合は、継続的にその変化をモニタリングしていかなければなりません。キーワード、URL、ハッシュタグの拡散数や出現数が停滞または減少している場合は、インフルエンサーやエンゲージメントの高いユーザーによる言及回数が伸びていない可能性が考えられます。BuzzSumoやtwitonomy（P.102参照）などのツールでインフルエンサーを特定し、彼らの興味・関心が高そうな話題やハッシュタグを投稿内容に取り入れられないか検討してみましょう04。なお、関連性の高いハッシュタグは、Hashtagify（P.103参照）を使うとかんたんに確認することができます05。

結局のところ、個々の投稿の改善を積み重ねていくことが、アカウント全体のエンゲージメントを改善することにもつながります。Facebookページのインサイトや Twitterアナリティクスでエンゲージメント数の多い投稿記事を定期的にピックアップし、その要因を推測して投稿内容をくり返し改善していきましょう。

◎短期的な改善

数値の異変がネガティブな要因によって起こっている場合、そのまま放置してしまうと炎上のリスクが高まります。すぐに異変に気付き、一刻でも早く対応することが肝心です。Facebookページのインサイト、Twitterアナリティクス、BuzzSumo、Hashtagifyなどを使って、定期的に関連数値の変化を確認するようにしましょう。また、数値の変化がネガティブな要因によって起こっている場合、Facebookページではコメントやメッセージ、Twitterではリプライやダイレクトメッセージなどにユーザーからの不平不満が現れやすいため、あわせてチェックするようにしましょう。

04 twitonomyでのインフルエンサーの検索

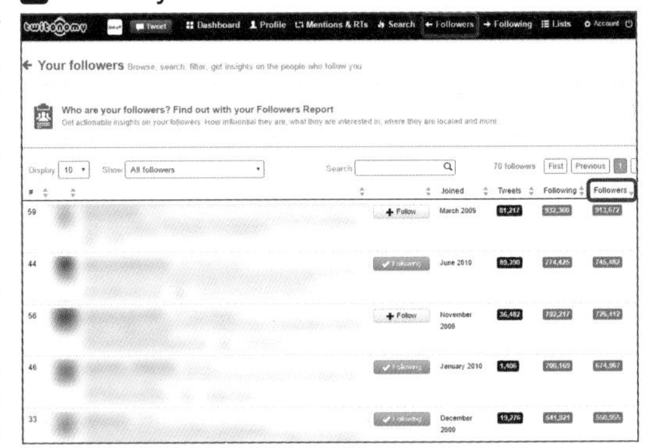

画面上部の「Followers」をクリックし、フォロワー一覧の「Followers」を2回クリックすると、フォロワーの多いフォロワーが確認できる

05 Hashtagifyでの関連ハッシュタグの検索

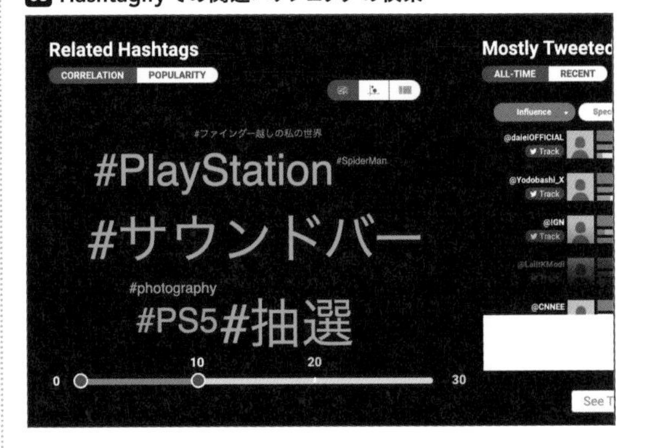

> **優先順位を決めておく**
>
> モニタリングの改善には長期と短期の視点があることに注意。また、改善すべきポイントが多い状況にある場合は、どれから対処するのかという優先順位を付けるようにしないと、どれも中途半端な施策になってしまう可能性があります。注意して優先順位を定めておきましょう。

コンテンツマーケティングでの改善ポイント

SNSをコンテンツマーケティングの一環として活用している場合は、P.179で解説したように、SNSにおける効果と、SNSがWebサイトに与えた影響の双方を一体的に分析します。ここでもまた、前月や前日の数値と比べて大きな変化が見られる場合は、改善の緊急性が高いと考えられます。数値が変化した前後の投稿内容を比較してその要因を推測し、投稿内容を改善してみましょう。

◎コンテンツのジャンルの改善

コンテンツのジャンルやテーマによっては、特定のSNSでの効果が高くなる傾向が現れることがあります。Googleアナリティクスで設定しているWebサイトが、コンテンツのURLによってジャンルやテーマを区別できる場合、分析は容易です。たとえば、URLがディレクトリごとに分かれていたり、ジャンルごとに特定の文字を含むような場合は、P.179の手順でGoogleアナリティクスの「ランディングページ」画面を表示し、「セカンダリディメンション」で「ソーシャルネットワーク」を選択することで、コンテンツのジャンルやテーマ別にどのSNSでの効果が高いのかを把握することができます。この結果から、各SNSと相性のよいジャンルやテーマを把握し、コンテンツに反映していきましょう。URLでコンテンツのジャンルやテーマを区別できない場合でも、Google以外のツールやサービスによって作成されたコンテンツのジャンルやテーマなどのデータがあれば、それをインポートすることによって、Googleアナリティクスのアクセスデータと紐付けて分類することができます。この場合は、「管理」→「データのインポート」→「新しいデータセット」の順にクリックし、コンテンツデータをアップロードします 06。またP.175で解説した、Googleアナリティクスの「ソーシャルユーザーのフロー」画面でも、各SNSとコンテンツの相性が確認できます 07。

◎目的ごとのコンテンツ改善

CHAPTER6-02を参照して、SNSの活用目的に合わせたコンテンツ分析を行い、改善を重ねながらコンテンツの効果を高めていきましょう。Googleアナリティクスを活用する場合もSNSの目的別に分析を行うと効果的です。ブランディング目的の場合は企業名やサービス名などのキーワードによる流入の増加、集客目的の場合はSNSによる流入の増加、モニタリングの場合は日ごとの数値の変化やリアルタイム分析の数値変化に注目するとよいでしょう。いずれの場合も、数値が大きく変化した前後の状況を比較してその要因を推測し、投稿内容の改善をくり返していくことで、コンテンツの効果を高めていきます。

06 Googleアナリティクスでのデータのインポート

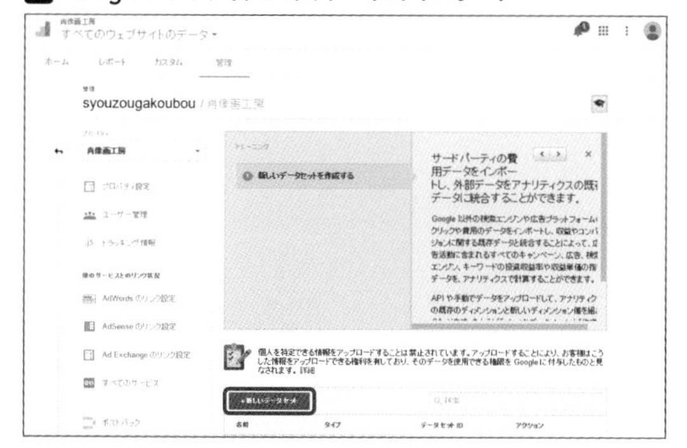

「新しいデータセット」をクリックしてコンテンツデータをアップロードする

07 Googleアナリティクスでのユーザーフローの確認

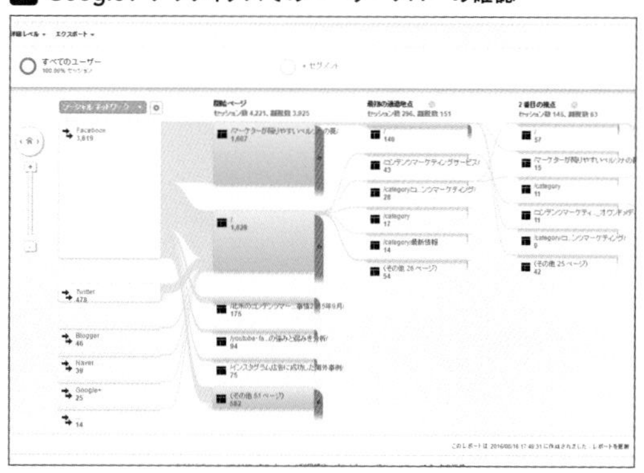

04 ランディングページを最適化しよう

活用編

ユーザーにSNSの投稿に興味を持ってもらい、リンクをクリックさせることに成功しても、リンク先にある肝心のランディングページが期待外れでは、シェアなどのエンゲージメントは獲得できません。そのような機会損失がないように、ランディングページを最適なものに仕上げておきましょう。文字数の最適化やスマートフォン対応などを中心に、改善ポイントを解説します。

記事の最適な文字数とは

文字数を増やしてもエンゲージメントが増えるかどうかわからないため、リンク先のランディングページの記事はなるべく少ない文字数で済ませたいと考えている人も多いのではないでしょうか。しかし「文字数を増やすとエンゲージメントが増える」という事実があるとすると、反対にしっかりとした文字数まで書こうとする人が多いのではないかと思います。そういった文字数の迷いを取り除かなければ、中途半端な文字数の記事に落ち着き、いたずらに無駄や機会損失を招くことにもなりかねません。そのようなことがないように、エンゲージメントを増やすために最適なランディングページの文字数について考えてみましょう。

もっとも、文字の量によってコンテンツに対する印象が変わるということはあるような気がしますが、文字数を基準にシェアするかどうかを決めるユーザーはさすがにいないと思ってよいでしょう。冒頭ではコンテンツを配信する側の立場で心境を述べましたが、実際にコンテンツを読む側の立場で考えてみましょう。たとえば今この記事を読みながら、「何文字以上だったらシェアしよう」などとは考えないはずです。それよりも、どれほど充実した内容であるのかのほうに、ユーザーは関心を持っているのではないでしょうか。しかし、「記事の文字数」と「エンゲージメント数」の関連性について調査された資料を調べてみると、こうした感覚に反するような結果が確認できるのです。

文字数と被リンク数はほぼ比例する

SEOの解析ツールなどで有名なMozの調査（https://moz.com/blog/what-kind-of-content-gets-links-in-2012）によると、コンテンツの長さとコンテンツが獲得したリンクの数には、明確な相関関係があるとされています。文字数の多い順に記事の被リンク数を示した調査グラフを見ると、確かに文字数が多くなるにつれて被リンク数が増えていく傾向が確認できます。文字数と被リンクの数はおおむね比例しているといえるでしょう。もっとも被リンク数の多い記事の文字数は、実に35,000字にも及んでいるほどです。文字数が多すぎるとユーザーから敬遠されてしまうのではないかという印象があるものですが、実際は正反対だということです。記事の文字数を抑え目にしている場合は、とくに注意しましょう。

1,500字以上が基準になる

起業家であり著名なブロガーでもあるNeil Patel氏が300以上に及ぶ自身のブログ記事を調べたところ、1,500文字を超える記事では、そうでない記事に比べて以下のような現象が見られたと述べています。

「Facebookでは22.6%も多く『いいね！』が獲得できた」

「Twitterでは68.1%も多くツイートされた」

前述したMozの調査とは異なり、コンテンツが長ければ長いほど効果的であるかどうかまでは明らかになっていませんが、1,500という文字数を基準に見ると、やはり長いコンテンツのほうがシェアなどのエンゲージメントを獲得しやすいことは間違いなさそうです。

SNSに投稿されている記事を見ると、興味を誘う概要記事にリンクを付けて自社のWebサイトやブログにユーザーを誘導するケースが一般的です。読み手からすると、わざわざ別のWebサイトに移動するのであれば、それなりに読み応えのある記事を期待してしまいます。実際にWebサイトに訪れてみて、記事のボリュームの少なさにがっかりした経験がある人もいるのではないでしょうか。1,500字というボリュームを基準とし、読み応えのあるランディングページを用意するように心がけましょう01。

01 ボリュームのある記事の例

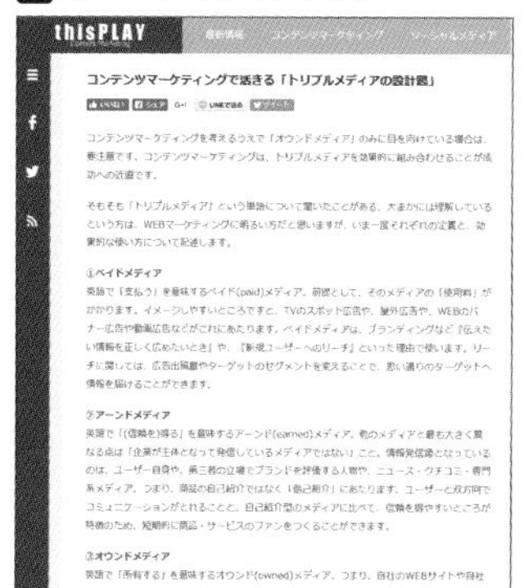

SNSから誘導して読ませる以上、一定以上のボリュームの記事を用意したい

適正文字数は認知度で変わる

ただし、文字数が多ければ多いほどよいというわけでもなさそうです。Copy Hackers社がWebページの適正な長さの判断方法を分析していますが、ユーザーの課題や解決策の認知度によって、Webページの適正なボリュームが変わるとしています。

商品やサービスの認知度自体にも共通してると思いますが、商品やサービスがユーザーの課題をどのように解決していくのかが理解しやすいものであれば、説明は少なくても問題ありません。しかし、理解しにくいものであれば、ある程度の説明が必要になるということです02。

自社の商品やサービスは多くの説明が必要なのかをあらためて考えてみましょう。説明が少なくても理解できるものであれば、必要以上に長い記事を書くのは適切とはいえません。商品やサービス自体の認知度とあわせて、文章量を検討してみるとよいでしょう。

02 文字数と認知度の関係

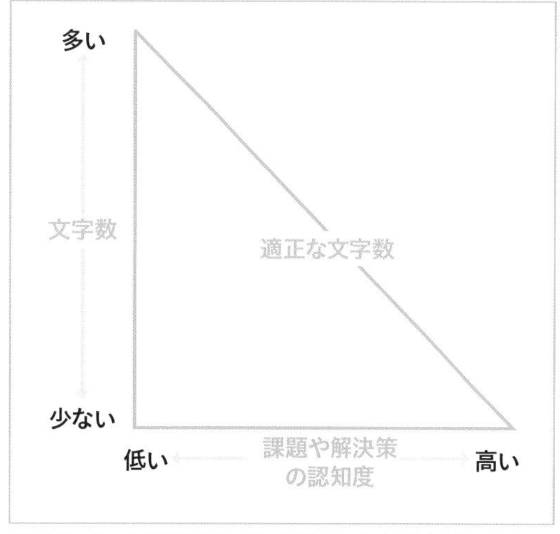

商品やサービスによる課題解決策の認知度が高ければ、必要な文字数は少なくなる

スマートフォンに最適化する

SNSの利用動向に関するニールセンの調査（http://www.netratings.co.jp/news_release/2015/01/Newsrelease20150127.html）によれば、SNSを利用しているユーザーの92%は、スマートフォンから利用しているとされています。そのため、パソコンから閲覧して最適化されているだけでは、十分なランディングページとはいえません。ランディングページを最適化するためには、スマートフォンに最適化されていることが不可欠になります。

まずは、Googleのモバイルフレンドリーテストを使い、ランディングページがスマートフォンにどこまで最適化されているのかを確認しましょう。モバイルフレンドリーテストのWebサイト（https://search.google.com/test/mobile-friendly）にアクセスし、入力欄にテストしたいランディングページのURLを入力して、「分析」をクリックします。しばらくすると分析結果が表示されます。問題があれば「モバイルフレンドリーではありません」などと表示され、スマートフォンに最適化されていない理由が列挙されます03。たとえば、「テキストが小さすぎて読めません」、「リンク同士が近すぎます」などがその代表的な理由です。

スマートフォンユーザーが小さな画面で閲覧していることを想定し、テキストサイズを大きくしたり、リンクの間隔を広くするなどして改善しましょう。なお、分析ツールの「Google Search Console」のアカウントを取得している場合は、ユーザビリティの問題も確認できます。

03 モバイルフレンドリーテスト

スマートフォンの表示速度を改善する

スマートフォンはパソコンよりも通信速度や処理速度が遅い場合が多いため、スムーズにランディングページが表示されるかどうかもポイントになります。そのため、Googleの「PageSpeed Insights」を使い、ランディングページの表示速度に問題がないかを確認しましょう。まず、PageSpeed InsightsのWebサイト（https://pagespeed.web.dev/）にアクセスし、入力欄にテストしたいランディングページのURLを入力して、「分析」をクリックします。しばらくすると分析結果が表示されます。改善を推奨する項目がある場合は、「改善できる項目」に必要な対応が列挙されます04。「適切なサイズの画像」、「使用していないJavaScriptの削減」などの修正方法を確認して、ランディングページを改善してください。

04 PageSpeed Insights

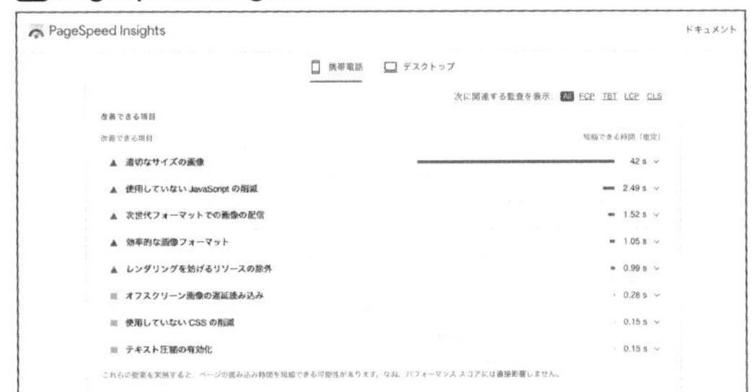

ランディングページをABテストで比較する

ランディングページの改善では、「ABテスト」が有効です。ABテストとは、AとBという2パターンのWebページを用意したうえでその効果を比較し、どちらがより効果的なWebページであるかを測定するものです。まったく別のWebページを比較するのではなく、部分的に異なるWebページを比較することが、効率的にランディングページを改善するポイントです。Googleアナリティクスには ABテストの検証機能が備わっています。あらかじめ比較するランディングページを2パターン用意し、それぞれにGoogleアナリティクスのトラッキングコードを設定したうえで、以下の手順を参考にして検証してみましょう。

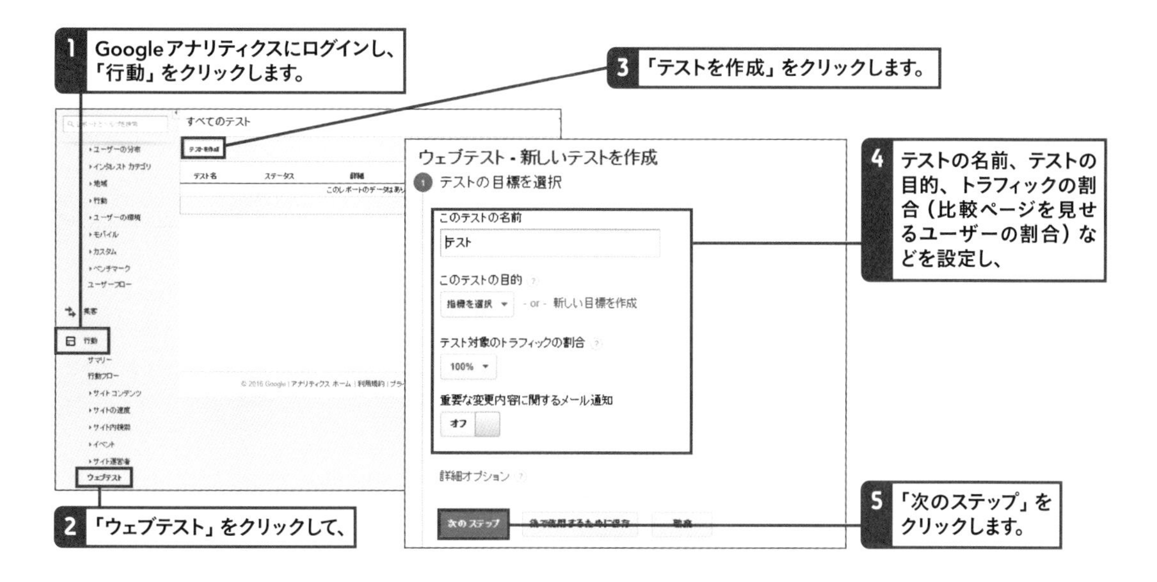

6 テストするランディングページのURLとページ名を入力し、

オリジナルのページ
テストするウェブページ
http:// www.cloudplay.jp/cloudplay%E3%81%A8%E3%81%
ページ名
オリジナル
他のコンテンツ レポート向けのテストの統合
パターン1
テストするウェブページ
http:// www.cloudplay.jp/aboutcloudplay/
ページ名
パターン1
+ パターンを追加
次のステップ
後で使用するために保存
破棄

7 「次のステップ」をクリックします。

8 「手動でコードを挿入」をクリックし、表示されるコードをコピーして、2つのランディングページのHTMLの<head>タグの直後に挿入します。最後に、「変更を保存」→「テストを開始」の順にクリックすると、テストが開始されます。

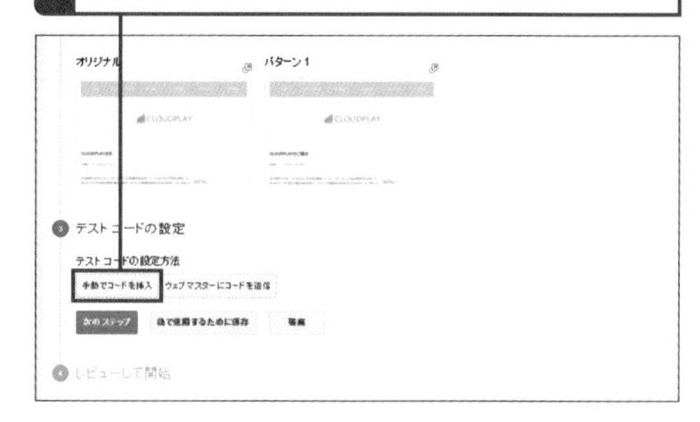

05

炎上してしまった場合の対処法を確認しよう

活用編

SNSは効果的なプロモーションツールとして活用することができる反面、炎上のリスクをはらんでいます。炎上してしまうと収拾がつかなくなり、なかなか食い止めることができません。炎上は、起こってから対処するべきものではなく、起こる前に対処するべきものと考えます。あらかじめ必要なポイントをおさえておきましょう。

炎上の主な原因

SNSでの炎上に関する話題は、毎日のように飛び込んでくるものです。実際にSNSの炎上に関する総務省の調査では、SNSにおける炎上に関する記事の件数が、近年急激に増加していることが示されています01。また同調査では、炎上のきっかけとなったメディアの種類についても調査していますが、ほかのメディアと比べものにならないほど圧倒的に、Twitterが炎上のきっかけになっていることがわかります。SNSの拡散力が高ければ高いほど、炎上に発展しやすいということを再認識しましょう。

SNSの一般アカウントでは多くの場合、犯罪や暴力、モラルに関する投稿内容がもとで炎上に発展していますが、企業アカウントの場合は、以下のような原因から炎上に発展しやすいものです。

◎SNSの誤操作

企業の運営担当者がSNSの操作を誤って、意図しない内容を投稿したことで炎上に発展するケースがあります。担当者がプライベートで利用している個人アカウントと勘違いして、企業アカウントに個人的な内容を投稿してしまうものがその代表例です。

◎不適切な投稿

事故や事件、災害などといった世の中の出来事を考慮しない内容を投稿してしまうことでも、炎上に発展する場合があります。大きな事故や大きな災害が発生した直後は、そうしたものを連想させる内容の投稿は控えましょう。

◎サービスやビジネス上の不手際

実際の店舗やサービスで顧客に対して不快な思いをさせてしまったり、従業員の態度などに失礼があったりすると、SNSで批判が拡散されることもあります。SNS外でのサービスから炎上に発展する可能性があることも常に考慮しておきましょう。

01 SNS炎上関連記事の件数

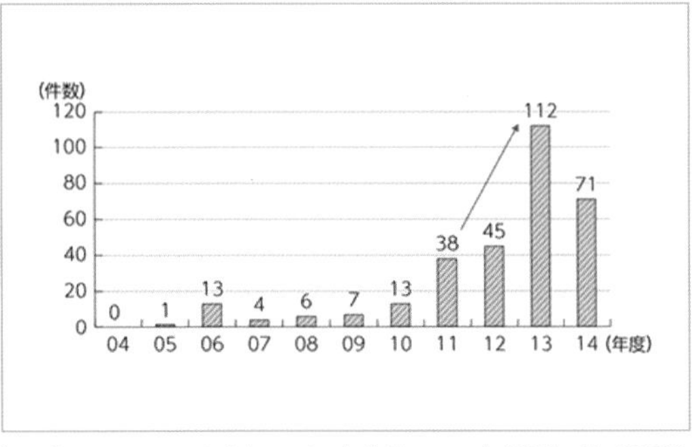

http://www.soumu.go.jp/johotsusintokei/whitepaper/ja/h27/html/nc242210.html

炎上を未然に防ぐための4つのポイント

SNSにかぎらず、各メディアに配信された情報は炎上するリスクがあります。さまざまな原因があるため炎上を100%回避することは困難ですが、事前に運用ガイドラインなどを作成しておくことで、炎上のリスクを軽減することが可能です。いったん炎上に発展してしまうと収束させることは困難なため、こうした事前の予防策が重要になります。ここでは、運用ガイドラインなどを作成するうえでぜひ盛り込んでおきたい、4つのポイントを紹介します。

◎ニュースなどの情報を鵜呑みにしない

現在では、多くのインターネットネットメディアにおいてさまざまなニュースや情報が発信されています。しかし、それらのすべてが正しいとはかぎりません。災害時にデマが出回るように、情報の中には少なからずデマが存在します。もちろん、意図的なデマもあれば、意図しない誤報もあるでしょう。しかし情報の精査をせずに、SNSで安易に情報の拡散をしてしまうことは、その企業の信頼を落としかねない行為であり、炎上の火種にもなり得ます。まずは、確実な情報元から発信されているのかを事前に確認する必要があるといえるでしょう。出回っている情報が二次情報、三次情報などの場合は、必ずオリジナルの情報源までさかのぼって裏付けをしてください。リンクもオリジナルの情報元ページのものを掲載するとよいでしょう 02 。

◎未解決の問題に対する過激な見解は控える

企業アカウントは、運営担当者一個人の発信の場ではなく、あくまで企業・団体のものです。株主、顧客がいる立場のため、解決していない事案、ニュース、紛争に対する個人的な見解を持ち出すのは適切ではありません。少しの誤解や言葉足らずが原因で、大炎上したケースもあります。キャラクター性を高めるために個人的な内容を投稿するにしても、議論の対象となるような内容は避けましょう。

◎偽造アカウントなどの迷惑行為を逐一確認する

Twitterは匿名性が高いがゆえに、誰でもかんたんに偽造アカウントを作れてしまいます。逐一、自社の偽造アカウントが作られていないか、悪質なツイートはないかなどの確認をする必要があるでしょう。炎上は、第三者経由で生じることもあるからです。

◎宗教や政治などに関するツイートを控える

宗教や政治に関しては、個々人によって見解が大きく分かれます。ちょっとした発言が、個人のみならず団体・組織、ひいてはその宗教観・政治観を支持している国を巻き込んだ大事に発展する可能性もあります。宗教や政治に関する話題は極力控えたほうが賢明でしょう。

SNSの炎上は、運用担当者の心がけと適切な使用により未然に防ぐことが可能です。大切なのは、画面の向こう側には相手がいるということを認識することです。そこを意識しながら、日々SNSを運用していきましょう。

02 引用情報の好ましい紹介例

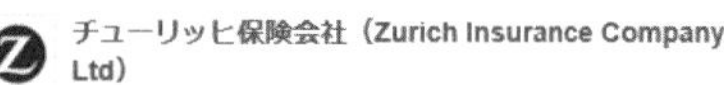

情報を引用する場合は、このようにオリジナルの情報元ページのリンクを掲載したい

それでも炎上してしまったら

SNSの炎上対策としては、事前の予防策が重要だと述べました。しかし、十分な予防策が施されていたにもかかわらず、予想外のきっかけから炎上に発展してしまうこともあるものです。実際に炎上してしまった場合は、まず炎上の状況を確認し、そのうえで早急に対応することがポイントになります。以下を参考にして、あらかじめシミュレーションを行っておくとよいでしょう。

◎まず状況を把握する

炎上にはさまざまな原因があり、炎上の性質もそれぞれ異なります。自社のアカウントが炎上してしまった場合は、まずはそれらの状況を正確に把握するところから始めましょう。Twitterの検索機能やYahoo!JAPANのリアルタイム検索（http://search.yahoo.co.jp/realtime）などで自社のアカウント名や関連キーワードを検索して、どのような経緯で炎上し、どの程度情報が拡散しているのかを確認しましょう。

なお、「Googleアラート」にあらかじめアカウント名や関連キーワードを登録しておくことで、それらに関する投稿が配信された場合に通知を受け取ることができます。炎上のきっかけを監視するためにも、登録しておくことを推奨します。Google アラートのWebサイト（http://www.google.co.jp/alerts）にアクセスし、検索欄で登録したいキーワードを検索したうえで、メールアドレスを設定しておきましょう03。

もっとも、これらの無料ツールでは把握できる情報に限界があります。不足を感じる場合は、有料サービスの導入も検討しましょう。炎上した場合に通知されるサービスもいくつかあり、監視業務を軽減するうえでも重宝します。たとえば、日立が提供するソーシャルリスクモニタリングサービス（http://www.hitachi-systems.com/biz/sbgateway/riskmonitoring/）や、リリーフサインが提供するe-mining（https://www.reliefsign.co.jp/service/e_mining/）などが代表的な炎上監視サービスです。これらのサービスは、炎上だけでなく、風評被害や情報漏洩などを監視するうえでも効果的です。

◎早急に対応する

前もって炎上対応向けのマニュアルがある場合は、対応マニュアルにもとづいて冷静に対応しましょう。対応マニュアルがない場合は、以下のポイントを参考にして対応策を検討してください。

まず、炎上のコメントに対応する必要があるかを確認しましょう。本格的な炎上の場合、殺到するすべてのコメントに対応することは困難ですが、炎上に直結するユーザーのコメントがあれば、場合によっては誠実な対応が必要です。これと関連して、公式に謝罪をする必要があるか確認しましょう。自社に落ち度があれば、素直に謝罪して、問題の解決策を明確にしましょう。謝罪の必要がない場合であっても、決して感情的にならず、冷静に状況を説明しましょう。

多くの場合、時間の経過ともに沈静化していくケースが多いと思いますが、沈静化しない場合は、弁護士など第三者に相談することで対処法が見つかる場合もあります。

03 Googleアラートの設定

キーワードとメールアドレスを登録するだけで、関連する投稿の通知を受け取ることができる

CHAPTER 7

SNSマーケティング活用事例

最後に、SNSの具体的な運用イメージをさらに深められるように、実際の企業が展開しているSNSマーケティングの事例を紹介します。各企業の目的に応じて異なる、さまざまな活用術に注目しましょう。

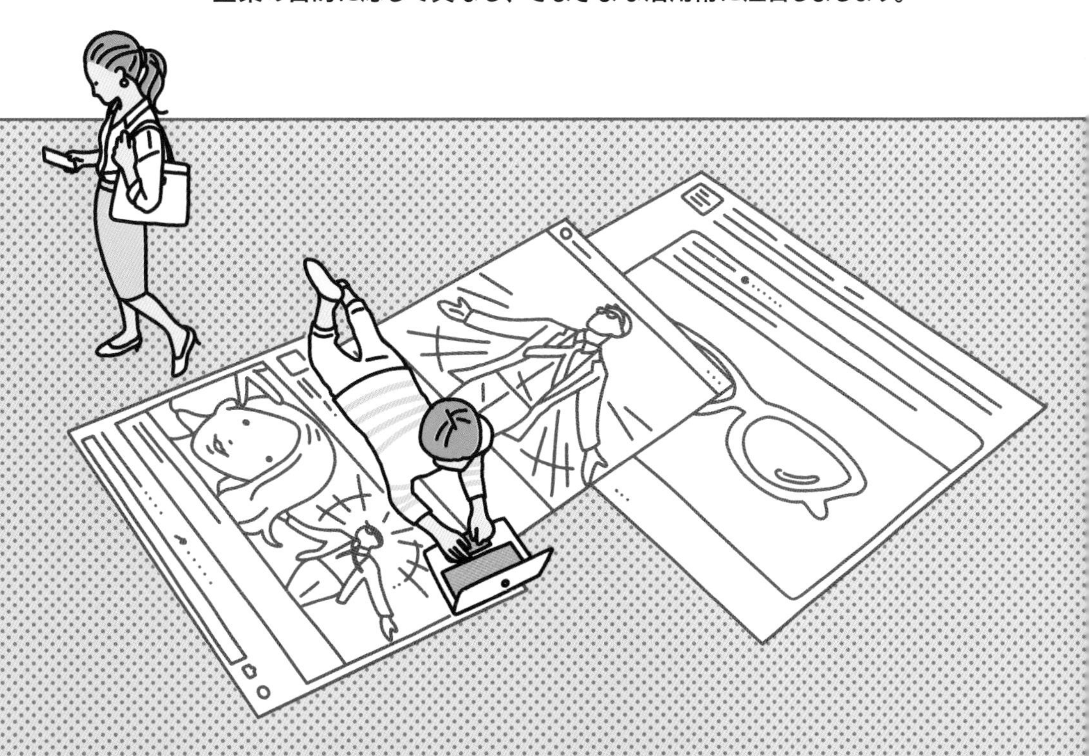

ブランディングでの活用事例——テイクアンドギヴ・ニーズ

事例編

ここからは、企業が実際にどのようにSNSマーケティングを展開しているのかを、具体的な事例とともに見ていきましょう。まずは、ウェディング事業を中心に展開している「テイクアンドギヴ・ニーズ」による、ブランディングを中心としたSNSマーケティングの取り組みから紹介します。

テイクアンドギヴ・ニーズのSNSの活用目的

株式会社テイクアンドギヴ・ニーズ 01 は、1998年創業。レストランウェディングのプロデュースより事業を開始し、2001年代官山に直営店を出店。これを機に全国展開を行い「ハウスウェディング」の認知度が向上しました。現在は全国に67のゲストハウスを展開し、年間20,000組以上の結婚式プロデュースを行っているという会社です。

現在の主な事業は、国内ハウスウェディング事業、コンサルティング事業、Haute couture Design（オリジナリティあふれる唯一無二のウェディングをプロデュース）、ドレス事業、レストラン事業を営んでおり、SNSでも積極的にブランディング活動を行っています 02 〜 04 。

01 テイクアンドギヴ・ニーズのWebサイトのトップページ

https://www.tgn.co.jp/

02 テイクアンドギヴ・ニーズのFacebookページ

https://www.facebook.com/oneheartwedding/

03 Instagramでの活用例

https://www.instagram.com/takeandgiveneeds_official/

04 テイクアンドギヴ・ニーズのYouTubeページ

https://www.youtube.com/user/oneheartwedding/

ブランディングでの活用

日本のウェディング市場規模は約2.5兆円、2017年の婚姻組数は約60万7千組[※1]といわれており、ブライダル関連市場規模全体は縮小傾向にありますが、ウェディングにかける費用は年々増加傾向[※2]にあります。費用の増加理由として初婚年齢の上昇や自分達らしい個性的な式を挙げたいというニーズの高まりが影響しているようですが、テイクアンドギヴ・ニーズではオリジナルウェディングを挙げたいというニーズに対して100組100通りの結婚式を具現化していくことで競合他社との差別化をしています。

SNSの活用例としては、心に残るエピソードがある映像やスタッフに密着した映像などを編集して配信・紹介しています。動画を通じてより直感的にテイクアンドギヴ・ニーズの差別化を理解促進することにより、ブランドコミュニケーションを円滑にしているようです。

※1　出典：テイクアンドギヴ・ニーズ経営方針
https://www.tgn.co.jp/company/ir/management/trend.html
※2　株式会社リクルートゼクシィ結婚トレンド調査1999-2017
https://ichimarke.net/bridal-market-size

○SNSマーケティングの効果

実際に得られた効果の1つとして、SNSから発信したコンテンツが映画化された例があります[※3]。

Facebook、Instagramともに、主に25歳から35歳の女性がコンテンツ消費を行なっている、理想的な閲覧状況になっています。

※3『8年越しの花嫁 奇跡の実話』松竹（監督：瀬々敬久、出演：佐藤健・土屋太鳳・薬師丸ひろ子・杉本哲太）

今後の課題

SNSマーケティングの今後としては、次のようなことを課題として挙げています。

- さらなるコンテンツリーチの拡散
- ターゲット前ユーザー層（10代～20代前半）の取り込み

02 ブランディングでの活用事例 ——HOME'S

ブランディングを行ううえでは、ユーザーに親近感を抱かせる工夫が重要なポイントになってきます。ここでは、魅力的なキャラクターを使用して精力的にブランディングを展開している、不動産・住宅情報サイト「HOME'S」の活用事例を詳しく紹介します 。

HOME'SのSNSの活用目的

「HOME'S」は、株式会社ネクストが運営する、日本最大級の不動産・住宅情報サイトです。賃貸物件はもちろん売買物件も豊富に扱っており、ユーザーは、好みの条件で最適な物件や情報を探すことができます。また、不動産用語集や住まい探しに役立つノウハウなどの情報も豊富に掲載しており、ユーザーの住まい探しを総合的にサポートしている点が魅力です。

こうした同社のサービス精神はSNSの活用にも活かされており、ユーザーの満足感を本位とした情報提供が徹底されています。一方的なセールスを避け、SNSを通してユーザーと直接のつながりを持つことにより、ブランドの認知を強化するだけでなく、ユーザーのファン化を促進し、親近感、信頼感をいっそう醸成することを目的に掲げています。

このようなブランディングをより効果的に展開するため、コミュニケーション性に優れたFacebookページ 01 やTwitter 02 はもちろん、InstagramやYouTubeなどのビジュアル性の高いSNSも効果的に活用しています。それぞれの特性を活かし、SNSごとに独自のコンテンツを用意するなど、使い分けにも注力しているところがポイントです。

01 HOME'SのFacebookページ

https://www.facebook.com/homes.co.jp/
※2016年8月25日時点

02 HOME'SのTwitter

https://twitter.com/homes_kun/
※2016年8月25日時点

ブランディングでの活用例

HOME'SのSNSの最大の特徴は、公式キャラクター「ホームズくん」を活用してユーザーに好感を持ってもらえるように工夫していることです。このホームズくんは、住まい探しをしているユーザーに寄り添ってサポートしてくれる、アドバイザーのような存在です。そのため、無理にセールスをするようなことはなく、ユーザーに親近感を持ってもらえるようなフレンドリーな投稿を大切にしています03。

Twitterでは、ホームズくんの魅力を活かした「ゆるい」内容を多く投稿しており、よい反応が得られています。主にトレンドになっているキーワードや、住まいやHOME'Sのサービスに絡めたツイートをしていますが、住まいとまったく関係のない、フォロワーに受けそうな「ひとりごと」をツイートすることも多く、商売っ気のなさがキャラクターの人気をさらに高めています04。もちろん、住み替えや住まいに関するノウハウや、ライトユーザーに好まれるような「間取り図」をテーマにした読み物などの記事も投稿しており、幅広いユーザーの満足度を高めています。

◎ユーザーとの交流

HOME'SのSNSは、ユーザーと交流するツールとしても積極的に活用されています。たとえばTwitterでは、「子育てによい街、よくない街」というテーマでユーザーから自由な意見を集めるキャンペーンを実施。ハッシュタグを利用して集まった意見をもとに、読み物コンテンツを作成して公開しました。ユーザーの参加意欲をうまく活用したコンテンツの成功例といえるでしょう。

また、Twitterではリプライやダイレクトメッセージに原則すべて返信しています。ネガティブな発信はせず、あくまで中立で誰からも愛されるというキャラクターとずれないような発信を守っています。さらにアクティブサポートとして、住まい探しで困っているユーザーを発見すれば、「何か困ったことがあれば相談してね」などと、親しみやすいニュアンスで話しかけています。

◎動画を活用したプロモーション

YouTubeも活用しているHOME'Sは、CM素材を活用するなど、動画も積極的に展開しています。YouTubeのYouTubeチャンネルでもホームズくんを前面に押し出したデザインで、ブランドとしての一貫性が強調されていることもポイントです05。

03 Facebookページでの投稿例

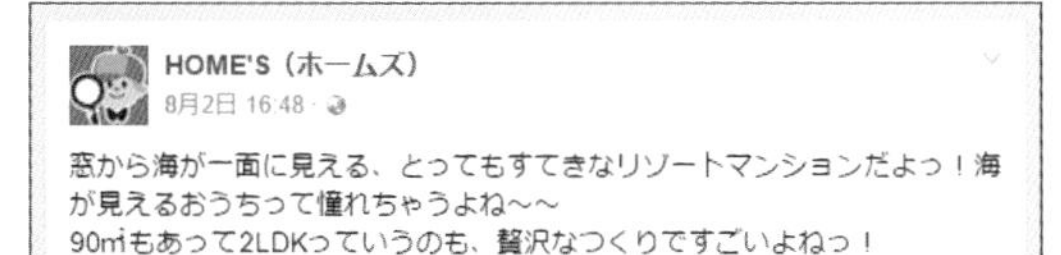

04 Twitterでの投稿例

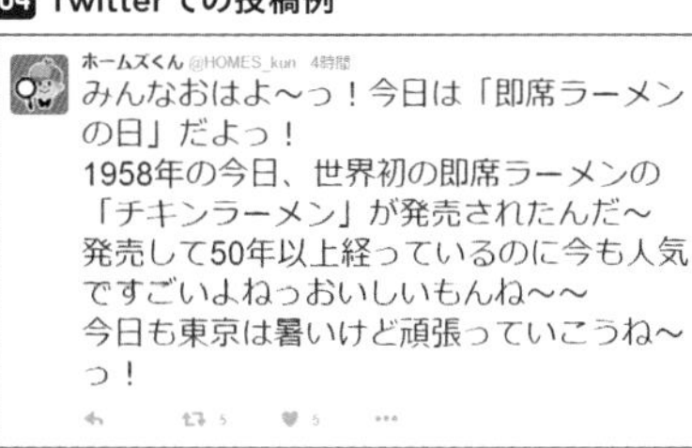

05 HOME'SのYouTubeチャンネル

https://www.youtube.com/user/HomesDiary/
※2016年9月5日時点

SNSマーケティングの効果

こうした運営の成果がどれくらい出ているのかを把握するために、HOME'SではSNSの分析ツールを活用しています。どのような投稿にどれくらいの反応があるのか、どのようなユーザーがどういった反応をしているかなどを重点的にモニタリングしています。こうした分析の結果、たとえばFacebookページでは、ルーチンで投稿している「おもしろ物件」の投稿で、反応がもっともよいことがわかっています。

Facebookページでは、記事コンテンツ元のWebサイトへの流入を指標としていますが、Facebook受けする記事の選定や効果的なリード文の作成に注力していることもあり、成果が上がっています 06。もっともTwitterでは、運用ベースではHOME'Sへの好感や認知が高まっていることは感じられますが、それを数値化し、売り上げに反映されているかどうかという定量的な調査はされていません。サービスの特性上、SNSの指標を直接売り上げと結び付けるべきではないと考えているからです。認知・好感の醸成など、あくまでブランディングを目的として使うものと捉えているのです。

◎予想外だった効果

拡散性のある話題を活用したキャンペーンの事例として、人気タレントを起用したCMが挙げられます。このCMを取り上げたTwitterのツイートでは、400を超える「いいね」、500を超えるリツイートを獲得しています。こうしたSNSの拡散効果もあり、「ホームズくん」から「HOME'S」のサービスの認知につながるケースも多くあります。以前にTwitterでホームズくんに住み替えの相談をしたユーザーが、2年後の更新の時期にまた相談にやってくるなど、リピーターの獲得にもSNSは貢献しています。YouTubeでは、通勤疲れをしている人をテーマにしたショートフィルム「ドリーマー」が100万回を超える再生数を記録しており、SNSの拡散効果が発揮された好例といえるでしょう 07。

また、想定していた効果を大幅に上回った事例もあります。キャラクターのファンが増えたことで、予想されていた反応に加えて、ユーザーどうしで会話が生まれていった事例もあります。たとえば街中の不動産会社に置いてある「ホームズくん」キャラクターのノベルティなどをフォロワーが写真に撮ってSNSに投稿し、それが拡散するということもありました。

06 効果的なリード文を使った投稿例

07 YouTubeでのバズの例

※2016年8月25日時点

今後の課題

HOME'SのSNSの運営担当者は、今後の課題としてエンゲージメントを重視することと、フォロワー数やファン数の増加を両立させることを挙げています。

現時点でHOME'SのSNSは、数万にものぼるフォロワー・ファンを獲得していますが、闇雲にフォロワーやファンを増やすというよりは、エンゲージメントを高められる、自社とマッチしたフォロワー・ファンを増やすことを重視しているのです08。ただし、そのエンゲージメントがどのような効果・利益をもたらすのかを、社内の誰もがわかるように整理することもまた課題の1つです。現状では社内で明確にエンゲージメントの効果を示すことができていないため、リソースがかかる作業などは、どうしても優先順位が低くなってしまい、思うようなコンテンツを用意することが難しい場合もあるのです。

こうした運用上の不自由の根本的な原因は、運用の体制が明確に確立できていないことにあるのかもしれません。戦略的にふさわしい部署に運用機能があるともかぎりません。明確な体制が整っていないと、運用はどうしても属人的になりがちです。場合によってはSNSの運用は属人的であるべきものとも考えられますが、ある程度は誰でも運用できる仕組み作りも必要です。そのためには、SNSの教育にかけるリソースの優先順位を高めることもポイントになってくるでしょう。

運営担当者からのコメント

SNSのユーザー属性に合わせた発信を続け、住み替えの顕在層だけでなく、幅広い層のユーザーに「ホームズくん」や「HOME'S」を知って利用していただきたいと思います。主にTwitterではブランドの認知とイメージ向上、FacebookページではHOME'Sへの誘導（集客）と使い分け、それぞれの効果を最大化させていきたいと考えています09。

08 Twitterでのフォロワー数

※2016年8月25日時点

09 集客を意識した投稿例

最新の話題などを活用し、集客効果を高めている

03 集客での活用事例 ——Forbes JAPAN

事例編

SNSは情報の拡散性が高く、ユーザーとの接点も多くなるため、集客にも適しています。経済系メディア「Forbes JAPAN」も、こうした集客を目的としてSNSを多く活用しています。具体的な施策を例に挙げながら、その取り組みを紹介します。

Forbes JAPANのSNSの活用目的

「Forbes JAPAN」は、世界的な経済誌である「Forbes」の日本版として、株式会社アトミックスメディアによって運営されているWebメディアです。ビジネス、テクノロジー、リーダーシップ、アントレプレナー（起業家）、ライフスタイル、投資、そして名物コンテンツのランキングなど幅広いジャンルの記事を配信しています。とりわけ、日本ではあまり紹介されない世界のビジネスニュースがふんだんに得られることが特徴です。

Forbes JAPANがSNSを活用する理由は、こうした魅力をより多くのユーザーに伝え、より多くの記事を目にしてもらうことにあります。そのため、Facebookページ 01 やTwitter 02 はもちろん、Instagram、LINEも並行して精力的に運用しています。もっともForbes JAPANは、サービスの認知度・注目度を向上させることだけでなく、Webを中心としたユーザー間のコミュニティを形成することをも目指しています。そのためにもSNSでフォロワーやファンを増加させ、ユーザーとの接点を増やしながら情報を収集していく必要があるのです。そうして形成されたコミュニティを活用しつつ、さまざまなビジネス展開を模索しています。

01 Forbes JAPANのFacebookページ

https://www.facebook.com/forbesjapan/

02 Forbes JAPANのTwitter

https://twitter.com/forbesjapan/

集客での活用例

Forbes JAPANは、ユーザーにとって有益なニュースを中心に配信していますが、広告主のイベント告知や、教育機関とのタイアップ企画の告知なども並行して配信しています。幅広いターゲットをWebサイトへ集客するために、SNSではWebサイトへのリンク付きのコンテンツを多く投稿していますが、投稿の際、短縮URLをあえて使わずにドメインをそのまま打ち込むことで、ブランドの認知度を高めるようにしています。また、リンク付きの投稿で写真が小さくならないように、リンク先の写真サイズをあらかじめ最適化されるように決めているだけでなく、写真をクリックするとそのままWebサイトへ誘導できるよう、Twitterカードを導入するなどして工夫しています03。

SNSのモニタリングも積極的に行っており、外部ツールを利用して、Forbesに対するコメントを確認しています。フォロワーでないユーザーがForbesに関する印象的な投稿をした場合は、リツイートをするなど、ユーザーを巻き込んだ運営につなげています。Facebookページのインサイトでは、「いいね！」数、リーチ、リンクのクリック数、SNSからWebサイトへの来訪者の行動などを毎週分析しています。分析結果で人気が確認された記事を紙媒体でランキング形式で紹介して好評を得るなど、分析結果のSNS外への応用にも取り組んでいます。また、人気ゲーム「ポケモンGO」の関連記事がTwitter上で非常に盛り上がったことを受け、関連する記事を短期間で作成したことで、ユーザーから多くの評価を得ることにも成功しました。

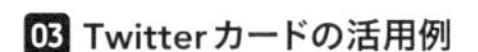
03 Twitterカードの活用例

SNSマーケティングの集客効果

こうしたさまざまな施策の結果、Webサイトへのユーザー流入数は毎月10%以上の上昇を記録しています。また、TwitterとFacebookページともに20～30代の女性によるコンテンツ消費量が高いことがわかりました。メディアの特性上、30代～40代の男性ビジネスマンのファンの割合が70%を超えていますが、SNSの活用により、実際にアクションを起こす女性の比率を高めることができています。SNSの活用が、リアルなイベントでの女性の参加にもつながっています。

運営担当者からのコメント

SNSのフォロワーやファンはWebサイト訪問者の中でもForbes JAPANへの関心の高いユーザーと捉え、「いいね！」やリツイートなどの反応を注視、PVとは別の指標として編集者と共有。反響のあった記事は続報を優先するなど、コンテンツの編成に活かしています。今後はWebにかぎらず、雑誌の企画にまつわるアンケートも実施するなどさらに活用していく予定です。SNS上でもユーザーが快適に記事を読めるようインスタント・アーティクルズ、AMPへの対応も準備中です。

集客での活用事例 ——マイナビニュース

事例編

集客におけるSNSの活用は、さまざまな企業でニーズが高いものです。具体的な運用のイメージをさらに高めるために、株式会社マイナビが運営する総合情報サイト「マイナビニュース」が展開しているSNSマーケティングの例も見ていきましょう。

マイナビニュースのSNSの活用目的

「マイナビニュース」は、ビジネス、デジタル、ライフスタイル、エンタメなどの各分野の最新ニュースを中心に配信している総合情報サイトです。真面目なレビュー・レポートだけでなく、興味深いランキングをもとにした誰かに話したくなるコラムなども提供しており、幅広いユーザーが楽しめる豊富なコンテンツが魅力です。

こうした魅力あるコンテンツを1人でも多くのユーザーに届けるには、積極的な集客が欠かせません。Webサイトへの主要な流入経路を増やすことを目的に掲げ、マイナビニュースではSNSを活用しています。ニュース記事へのリンクを配信することはもちろん、イベントに関する情報も配信しており、ユーザーのニーズを満たしてブランドロイヤリティを向上させることをも目指しています。

Facebookページでは、記事コンテンツだけでなく、動画コンテンツや写真コンテンツなど、さまざまなアプローチを展開しています01。拡散性が高いTwitterではイベントやキャンペーンの告知に力を入れるなどし、SNSに応じて投稿するコンテンツを臨機応変に使い分けていることが特徴です02。

01 マイナビニュースのFacebookページ

https://www.facebook.com/mynavinews/

02 マイナビニュースのTwitter

https://twitter.com/news_mynavi_jp/

集客での活用例

マイナビニュースではキャラクター性も考慮されており、とりわけFacebookページでは顔文字などを多用した投稿が多く、ユーザーが親しみやすい環境が演出されています03。自社サービスやニュースと関連のない動物の癒し動画なども投稿されており、「中の人」の存在が感じられる雰囲気が、集客効果をさらに高めているといえるでしょう。

またマイナビニュースでは、各SNSの分析ツールも効果的に活用しています。主に、投稿文、クリエイティブ、ジャンル、コンテンツの種類ごとに、リーチ数とエンゲージメント数を確認しています。たとえば長期的な価値を持つストックコンテンツと、時事的な価値を持つフローコンテンツの双方のエンゲージメント数を分析した結果、自社コンテンツへのユーザーの反応率は、フローコンテンツが約7割、ストックコンテンツが約3割とわかりました。ジャンルにおいては、フローコンテンツでは「エンタメ系」が、ストックコンテンツでは「ライフ」ネタがもっとも反応が高くなっています。こうした分析結果をもとに、より反応率が高くなるよう、日々投稿内容を改善しているのです。

03 顔文字を使用したFacebookページの投稿例

マイナビニュース
7月29日 13:00
きゃりーちゃんの電車がついに明日から運航開始です٩(ˊᗜˋ*)و✧*
西武鉄道9000系「SEIBU KPP TRAIN」きゃりーぱみゅぱみゅの地元・新宿線へ
西武鉄道は30日から、新宿線にて「SEIBU KPP...
NEWS.MYNAVI.JP | 作成: MYNAVI CORPORATION
いいね！ コメントする シェアする
41人
シェア2件
コメントする...
投稿するにはEnterキーを押します。

SNSマーケティングの導入後

フォロワーやファンは順調に増加しており、とりわけFacebookページを誘導メニューとして導入したことで、広告クライアントからの問い合わせが多くなりました。FacebookページやTwitterをはじめとするSNSを多くの企業は導入こそすれ、オウンドソーシャルメディアの活用がまだ不十分であると感じているようです。なお、マイナビニュースでは、基本的には流入数、リーチ数、クリック数を大きな指標としています。

運営担当者からのコメント

本格的にSNS運用を行うようになってから、いかにしてユーザーにWebサイトへ「訪れてもらう」かではなく、いかにしてユーザーに最適な情報を「届ける」かを意識してきました。運用開始当初は、この考え方を周囲に理解してもらうのに苦労しましたが、社内での勉強会を開いたり、個別相談を受けたりと、根気強く情報共有を行ってきたおかげで意識も高まり、現在ではメディアの大きな武器となっています。今後は、さらに運用効果を高められるように日々運用改善を行いながら、読者の方々に最適な情報を「届ける」運用を行っていきたいと考えています。

05 ユーザーサポートでの活用事例——チューリッヒ保険会社

事例編

企業がSNSを活用するメリットの1つとして、Webサイトではなかなかできない親切なユーザーサポートが可能だということが挙げられます。ここでは、「ハロ〜・チューリッヒ♪」のCMでおなじみの「チューリッヒ保険会社」によるユーザーサポートの活用例を見てみましょう。

チューリッヒ保険会社のSNSの活用目的

チューリッヒ保険会社は、自動車保険やバイク保険などの各種損害保険を提供している保険会社です。24時間365日の事故対応や、業界最高レベルの無料ロードサービスなどをはじめとした顧客サービスに定評があります。しかし同社がSNSを活用する目的は、こうした企業目線のメッセージの内容をよりよく伝えることにあるのではありません。顧客との接点を確保し、チューリッヒブランドへの興味・関心、満足度を高めてもらうことがまずその1つです。当時個人保険部門の責任者だった現CEOが、直感的に「お客様とのコミュニケーションの新しいプラットフォームになる」と感じたことで、2009年から運用を開始しました。

以前の保険業界では、硬い内容の一方的なコミュニケーションが主でしたが、SNSを使うことで、これまでにないやわらかい会話が実現できます。チューリッヒ保険会社ではこれにより、顧客に親しみを持ってもらったり、顧客との距離が近くなったりする効果を狙っています。FacebookページやTwitterへの投稿ではセールス的な要素をあえて避け、車や自転車を持っている人が事故やドライブなどについて知っておくべきこと、知っておきたいことをさりげなく伝えること、また、保険に関するさまざまな疑問に対してニュートラルな立場からサポートすることを意識しています 01 。Twitterでは、初期よりアクティブサポートを実施していることが特徴です 02 。通常は見えてこないクレームや評価・悩みを探り、顧客と積極的にコミュニケーションを図ることにより、チューリッヒ保険会社の好感度やブランド価値を向上させることを目指しています。

01 チューリッヒ保険会社のFacebookページ

https://www.facebook.com/ZurichJapan/

02 チューリッヒ保険会社のTwitter

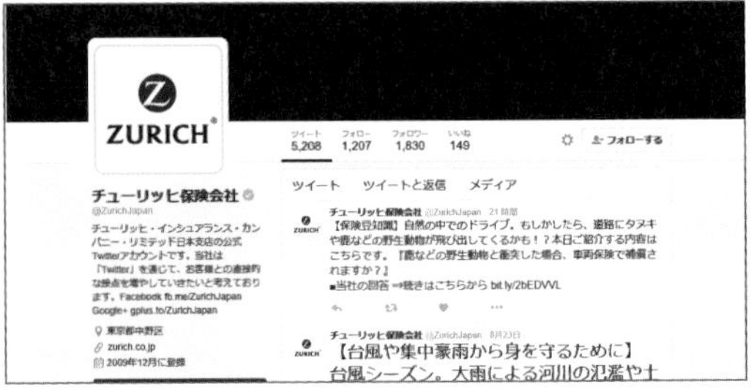

https://twitter.com/zurichjapan/

ユーザーサポートでの活用例

SNSの特性を考慮して、チューリッヒ保険会社ではFacebookページとTwitterをたくみに使い分けています。Facebookページでは日々の更新を通じて、「Care」の精神で顧客とのていねいな交流を図っています。自動車保険に関するお役立ちコンテンツや、安心してドライブを楽しむための情報など、自社サービス以外の情報も含めて提供し、ユーザーの直接的な利益につなげる工夫をしています03。

一方Twitterでは、ユーザーサポートを専門とするカスタマーケアセンター（CCC）の社員が、能動的に顧客に働きかけるアクティブサポートを実施しています。CMや商品などに関するツイートに対して、お礼をしたり自社コンテンツを紹介したりして、リプライを中心とした積極的な対応をしています。その結果、リプライを予想していなかった顧客から、喜びのリツイートがされるなどして、ポジティブな情報がより多くのユーザーに共有・拡散されています。

03 Facebookページでの投稿例

チューリッヒ保険会社（Zurich Insurance Company Ltd）
8月23日 7:00

【台風や集中豪雨から身を守るために】
台風シーズン。大雨による河川の氾濫や土砂災害、また、暴風・高波・高潮の被害が発生しています。雨天のお出かけには注意しましょう。
国土交通省から『道路防災情報WEBマップ（道路に関するハザードマップ）』が公表されています。みなさんもお出かけの際は確認してみてはいかがでしょうか。⇒ http://www.mlit.go.jp/road/bosai/doro_bosaijoho_webmap/（国土交通省ホームページ）

ユーザーサポートの効果

お役立ち情報の提供や、アクティブサポートを行った結果、顧客からのポジティブな反応が多く獲得できており、チューリッヒ保険会社では今後さらに運用を活発化させていくことを検討しています。

Twitterの運営では当初、専任担当者（SNS推進室）がアクティブサポート業務を行っていました。しかし、テレビやWebサイトを見て興味を持つユーザーに対するサポートと同様に、自社に関する何気ないツイートに対して、実際の顧客窓口であるCCCの担当者が対応するようにしたことにより、ユーザーをさらに強く意識したオペレーションを考えることができるようになったといいます。こうした社員の意識の向上もあり、各事業部や関連部署の日々の仕事の取り組みを生かし、自社ならではのコンテンツをさらに強化した情報発信が推進できています。

運営担当者からのコメント

中長期的なビジネス効果の側面が強いため、関係者の関与度合いがどうしても低下しがちな傾向があるのは課題です。今後は、より短期的な効果も図れるキャンペーン的な要素も含めた取り組みを検討していく余地もあるでしょう。また、ユーザーの視点で社内の差別化要素を深く理解し、かつSNSでの効果的なコミュニケーション発信力（テクノロジー、コピー力を含む）を兼ね備えた人材が不足しています。そのため、チーム体制の中でそれぞれの役割を明確に定義し、連携して推進することを考えています。なお、Facebookページでは、これまでは「いいね！」数をベースにモニタリングしていましたが、現在はユーザーの興味・関心の喚起などのSNSの利用目的を考慮し、エンゲージメント率を重要な指標と位置付けています。この指標を改善することにより、中長期的に、保険商品の契約やブランドの浸透につながると考えています。今後も、「Care」の精神と「Innovation」の発想で顧客に貢献している点を伝えていくことを、SNSならではのトーンや切り口でさらに展開していきたいと考えています。

INDEX 索引

記号・数字

アルファベット

A

B

E

F

G

H

I

J

K

L

M

P

R

S

さ

た

な

著者紹介

株式会社グローバルリンクジャパン

2002年よりSEOコンサルティング業務を開始。2010年にはSNSマーケティングのサービスや分析ツールを開発し、2015年からは新たにコンテンツマーケティングを活用したサービスを展開。
http://www.globallinkjapan.com

清水将之（しみず・まさゆき）

IT企業に入社後、大手企業のサイトデザインやディレクションを担当する。新たにマネージメントや新規事業開発を経験し、同社退社後（株）グローバルリンクジャパンの取締役に就任。著書に『SNSでシェアされるコンテンツの作り方』、『SNSマーケティングのやさしい教科書。 Facebook・Twitter・Instagram ― つながりでビジネスを加速する技術』（以上、MdN）、『効果が上がる！ 現場で役立つ実践的Instagramマーケティング』（秀和システム）、『自治体広報SNS活用法 ―地域の魅力の見つけ方・伝え方』（第一法規）等がある。

STAFF

本文執筆　株式会社グローバルリンクジャパン
　　　　　清水将之
装幀・本文デザイン　吉村朋子
カバー・扉イラスト　どいせな
編集・DTP協力　リンクアップ

編集長　後藤憲司
担当編集　後藤孝太郎

SNSマーケティングのやさしい教科書。改訂3版

Facebook・Twitter・Instagram――つながりでビジネスを加速する最新技術

2021年12月21日　初版第1刷発行

著者　株式会社グローバルリンクジャパン／清水将之
発行人　山口康夫
発行　株式会社エムディエヌコーポレーション
　〒101-0051 東京都千代田区神田神保町一丁目105番地
　https://books.MdN.co.jp/
発売　株式会社インプレス
　〒101-0051 東京都千代田区神田神保町一丁目105番地
印刷・製本　中央精版印刷株式会社

［内容に関するお問い合わせ先］
株式会社エムディエヌコーポレーション カスタマーセンター メール窓口

info@MdN.co.jp

本書の内容に関するご質問は、Eメールのみの受付となります。メールの件名は「SNSマーケティングのやさしい教科書。改訂3版　質問係」、本文にはお使いのマシン環境（OS、バージョン、使用ブラウザなど）をお書き添えください。電話やFAX、郵便でのご質問にはお答えできません。ご質問の内容によりましては、しばらくお時間をいただく場合がございます。また、お客さまの環境に起因する不具合や本書の範囲を超えるご質問に関しましてはお答えいたしかねますので、あらかじめご了承ください。

ISBN978-4-295-20216-5　C3055　¥2100E

［カスタマーセンター］
造本には万全を期しておりますが、万一、落丁・乱丁などがございましたら、送料小社負担にてお取り替えいたします。お手数ですが、カスタマーセンターまでご返送ください。

落丁・乱丁本などのご返送先
〒101-0051　東京都千代田区神田神保町一丁目105番地
株式会社エムディエヌコーポレーション カスタマーセンター
TEL：03-4334-2915

書店・販売店のご注文受付
株式会社インプレス 受注センター
TEL：048-449-8040 ／ FAX：048-449-8041